园林规划与绿色生态园林建设

主 编 杨 晶 郑 亮 王春军

东北林业大学出版社
Northeast Forestry University Press
·哈尔滨·

图书在版编目（CIP）数据

园林规划与绿色生态园林建设 / 杨晶，郑亮，王春军

主编. —哈尔滨：东北林业大学出版社，2023.4

ISBN 978-7-5674-3103-4

Ⅰ.①园… Ⅱ.①杨… ②郑… ③王… Ⅲ.①园林－规划

②生态型－园林设计 Ⅳ.①TU986

中国国家版本馆CIP数据核字（2023）第064496号

责任编辑：任兴华

封面设计：鲁　伟

出版发行：东北林业大学出版社

　　　　　　（哈尔滨市香坊区哈平六道街 6 号　邮编：150040）

印　　装：廊坊市广阳区九洲印刷厂

开　　本：787 mm × 1 092 mm　1/16

印　　张：15.75

字　　数：239千字

版　　次：2023年 4 月第 1 版

印　　次：2023年 4 月第 1 次印刷

书　　号：ISBN 978-7-5674-3103-4

定　　价：63.00元

编 委 会

主 编

杨　晶　北京市建筑设计研究院有限公司

郑　亮　山东省临朐县市政公用事业服务中心

王春军　黑龙江省齐齐哈尔市园林绿化中心

副主编

丁　涛　日照市万平口园林工程有限公司

刘国红　博兴县自然资源和规划局

马庆友　山东省临沂市平邑县园林环卫保障服务中心

武亚南　北京林丰源生态环境规划设计院有限公司

赵志荣　北京市房山区上方山国家森林公园管理处

（以上副主编按姓氏首字母排序）

前　言

　　近年来，我国的经济发展水平在不断提高，国内的各项事业也都取得了众多成就，在这个过程中，我国的技术及人才等各种因素发展飞快，虽然在经济上有所发展，但是相关生产和生活活动却给生态环境带来了巨大压力。因此，生态环境被提到了十分重要的高度，人们的生活观念也逐渐进步，对于城市的生活环境以及生态环境都有了新的看法。

　　我国经济实力不断增强，对生态环境建设的重视程度也在提高。当前阶段如何在建设生态园林业的基础上维持生态平衡成为人们关注的重点。在林业经济效益实现最大化的同时，让生态环境与自然和谐发展是当前社会各界应该关注的重点。

　　随着城市环境的日益恶化、人们对生活环境要求的日益提高，构建生态园林城市是城市发展的主要方向，作为支撑生态园林城市建设的理论体系，它对生态园林城市的构建具有重要的指导、规划意义，因此研究生态城市规划理论是开展生态园林城市规划的前提与基础。建设生态园林项目可以改善城市的生态环境，提高人们的生活质量，提升城市形象，弘扬城市特色文化。在生态园林的实际建设和管理中，管理人员应加强技术人员的实践技能，以满足新时代生态园林建设的需要，进一步保证生态园林的建设质量，改善生态园林的环境。

　　本书主要讲述了园林规划及绿色生态园林建设方面的知识，同时也对园林设计方面涉及的新技术和设计做了阐述，如 VR 技术、生态景观设计、城市景观设计与生态融合等，希望本书能够提供相应的参考，从而推动我国城市环境的进一步改善。

作　者

2023 年 4 月

目　　录

第一章 园林规划设计概述

本章内容具体为园林规划设计的含义、作用、原则和依据，中外园林发展所经历的历史阶段及其历史文化背景，国外园林发展概况及造园特点。重点内容有园林规划设计的概念，园林规划设计依据的原则，中外园林发展所经历的历史阶段及其历史文化背景，国外园林发展概况及造园特点、园林的功能等。

第一节 园林规划设计的含义

一、园林规划设计概述

（一）园林的含义

园林是指专供人游玩、休息的种植了花草树木的地方。园林的规范定义为：在一定范围内，主要由地形地貌、山、水、植物、建筑、园路、广场、动物等要素组成，根据一定的自然、艺术和工程技术规律组合建筑而成的环境优美的，主要供休息、游览和文化生活、体育活动的空间境域。

（二）规划的含义

规划是指筹划，计划；尤指比较全面的长远的发展计划，如长期规划。

（三）设计的含义

设计是指按照任务的目的和要求，制订工作方案和计划，绘出图样。

（四）园林规划设计的含义

园林规划设计包含园林绿地规划和园林绿地设计两个含义。

1. 园林绿地规划（发展规划）

园林绿地规划是指对未来园林绿地发展方向的设想、安排，由各级园林行政部门制定。园林绿地规划包括长期规划、中期规划、近期规划。国家林业局于1994年制定了《1996—2050年全国生态环境建设规划（林业部分）》：

（1）1996—2000年近期目标：城市绿化覆盖率达到30%。

（2）2001—2010年中期目标：城市绿化覆盖率达到35%。

（3）2011—2050年长期目标：城市绿化覆盖面积占城市总面积的40%左右。

2. 园林绿地设计

园林绿地设计是指在一定的地域范围内，在规划的原则下，运用园林艺术和工程技术手段，通过改造地形，种植树木、花草，营造建筑和布置园路等途径创作而建成美的自然环境和生活、游憩境域的过程。

园林规划设计的任务就是运用植物建筑、地形、山石、水体等园林物质要素，以一定的自然、经济和艺术规律为指导，充分发挥综合功能，因地制宜地规划和设计各类园林绿地。

二、园林规划设计的关系和成果

（一）园林规划设计的关系

从大的方面讲，园林绿地规划是指对未来园林绿地发展方向的设想安排，其主要任务是按照国民经济发展需要，提出园林绿地发展的目标、发展规模、速度及投资等。这种规划是由各级园林行政部门制定的。由于这种规划是若干年以后园林绿地发展的设想，因此常常制定长期规划、中期规划和近期规划，用以指导园林绿地的建设，这种规划也叫发展规划。另一种是指对某一个园林绿地（包括已建和拟建的园林绿地）所占用的土地进行安排和对园林要素如山水、植物、建筑等进行合理的布局与组合，如一个城市的园林绿地规划，结合城市的总体规划，确定出园林绿地的比例等。要建一座公园，也要进行规划，如需要划分哪些景区，各布置在什么地方，要多大面积、投资和完成的时间等。这种规划是从时间、空间方面对园林绿地进行安排，使之符合生态、社会和经济的要求，同时又能保证园林规划设计各要素之间取得有机联系，以满足园林艺术要求。这种规划是由园林规划设计部门完成的。

规划虽然在时空关系上对园林绿地建设进行了安排，但是这种安排还不能给人们提供一个优美的园林环境。为此要求进一步对园林绿地进行设计。所以园林绿地设计就是为了满足一定目的和用途，在规划的原则下，围绕园林地形，利用植物、山水、建筑等园林要素创造出具有独立风格、有生机、有力度、有内涵的园林环境，或者说设计就是对园林空间进行组合，创造出一种新的园林环境，这个环境是一幅立体景象，是无声的诗，它可以使游人愉快、欢乐并能产生联想。园林绿地设计的内容包括地形设计、建筑设计、园路设计、种植设计及园林小品等方面的设计。

（二）园林规划设计的最终成果

园林规划设计的最终成果是园林规划设计图和说明书。但是它不同于林业规划设计，因为园林规划设计不仅要考虑经济技术和生态问题，还要在艺术上考虑美的问题，要把自然美融于生态美之中。同时还要借助建筑美、绘画美、文学美和人文美来增强自身的表现能力。园林绿地规划设计也不同于工程上的单纯制作平面图和立面图，更不同于绘画，因为园林绿地规划设计是以室外空间为主，是以园林地形、建筑、山水、植物为材料的一种空间艺术创作。

（三）园林规划设计的要求

园林绿地的性质和功能规定了园林规划的特殊性，因此园林规划设计要符合以下几方面要求。

1. 在规划之前先确定主题思想

园林绿地的主题思想是园林规划设计的关键，根据不同的主题，可以设计出不同特色的园林景观来。

例如，苏州拙政园中"听雨轩"以"听雨"为主题，设计为"听雨"庭院。在设计景观和配置植物时，都围绕"听雨"这一主题。在"听雨轩"前设一泓清水，植有荷花，池边有芭蕉翠竹。这里无论春夏秋冬，雨点落在不同植物上，加上听雨人的心态各异，就能听到各具情趣的雨声，境界绝妙，别有韵味。

不同主题思想，不同景色。因此，在园林规划设计前，设计者必须独具匠心，仔细推敲，确定园林绿地的主题思想。这就要求设计者有一个明确的创作意图或动机，也就是先立意。意是通过主题思想来表现的。另外，园林绿地的主题思想必须同园林绿地的功能相统一。

2. 运用生态原则指导园林规划设计

随着工业的发展、城市人口的增加，城市生态环境受到破坏，直接影响到城市人民的生存条件，保持城市生态平衡已刻不容缓。为此要运用生态学的观点和途径进行园林规划布局，使园林绿地在生态上合理，构图上符合要求。具体来说，园林绿地建设应以植物造景为主，在生态原则和植物群落原则的指导下，注意选择色彩、形态、风韵、季相变化等方面具有特色的树种进行绿化，使景观与生态环境融为一体，或以园林景观反映生态主题，使城市园林既发挥了生态效益，又表现出城市园林的景观作用。

3. 园林绿地应有自己的风格

在园林规划设计中，如果流行什么就布置什么，想到什么就安排什么，或模仿别处景物盲目拼凑，就会造成园林形式不古不今、不中不外，没有自己的风格，缺乏吸引游人的魅力。

什么是园林风格？每处园林绿地，都要有自己的独到之处，有鲜明的创作特色，有鲜明的个性，这就是园林风格。有人认为，园林风格是多种多样的。在统一的民族风格下，有地方风格、时代风格等。园林地方风格的形成，受自然条件和社会条件的影响。长期以来，中国北方古典园林多为宫苑园林，南方多为私家园林，加上气候条件、植物条件、风土民俗及文化传统的不同，使得园林风格北雄南秀，各不相同。

北方园林因地域宽广，所以范围较大；又因大多为百郡所在，所以建筑富丽堂皇。因受自然气象条件所局限，河川湖泊、园石和常绿树木都较少。由于风格粗犷，所以秀丽媚美则显得不足。北方园林的代表大多集中于北京、西安、洛阳、开封，其中尤以北京为代表。

南方人口较密集，所以园林地域范围小；又因河湖、园石、常绿树较多，所以园林景致较细腻精美。因上述条件，其特点为明媚秀丽、淡雅朴素、曲折幽深，但面积小，略感局促。南方园林的代表大多集中于苏州、南京、上海、无锡、杭州、扬州等地，其中以苏州为代表。

园林的时代风格形成，也常受到时代变迁的影响。当今世界，科学技术发展迅猛，世界各国的交流日益频繁，随着新技术的发展，一些新材料、新技术、新工艺、新手法在园林中得到了广泛的应用，从而改变了园林的原有形式，增强了时代感。如在园中，采用了电脑控制的色彩音乐喷泉，与时代节奏合拍，体现了时代特征。

北海银滩国家旅游度假区的音乐喷泉，巨型不锈钢雕塑"潮"由环绕着的5 250个喷头和3 000盏水下彩灯组成，以大海、潮水为背景，与钢球、喷泉和七个少女青铜像遥相呼应、互为映衬，显示出海的风采，构成了潮的韵律。每当夜幕降临，水声、音乐声、涛声与变幻的激光彩灯融为一体，水柱最高可达到70米，气势磅礴，如人间琼台。

所谓园林的个性就是个别化了的特性，是对园林要素如地形、山水、建筑、花木等具体园林中的特殊组合，从而呈现不同园林绿地的特色，防止出现千园一面的雷同现象。中国园林的风格主要体现在园林意境的创作、园林材料的选择和园林艺术的造型上。园林的主题不同、时代不同、选用的材料不同，园林风格也不相同。

苏州拙政园为典型的中国古典园林，其中的香洲因临池而建，并把千叶莲花比作香草，莲荷芳香四溢，故取名"香洲"，又名芳洲。其形似画舫，上楼下轩，三面伸入水中，贴近水面。船头是台，船舱为亭，内舱是阁，船尾为楼，高三层。船旁小石桥不设栏杆象征为跳板。

（四）园林规划设计的作用和对象

1.园林规划设计的作用

城市环境质量的高低，在很大程度上取决于园林绿化的质量，而园林绿化的质量又取决于对城市园林绿地的科学布局，或称为规划设计。规划设计可以使园林绿地在整个城市中占有一定的位置，在各类建筑中有一定的比例，从而保证城市园林绿地的发展和巩固，为城市居民创造一个良好的工作、学习和生活的环境。同时规划设计也是上级主管部门批准园林绿地建设费用和园林绿地施工的依据，是对园林绿地建设检查验收的依据。所以园林绿地没有进行规划设计是不能施工的。

（1）城市规划中园林景观的生态功能。

①净化空气，调节小气候。

园林植物能吸收大量太阳光能，具有吸热遮阳的作用，减少太阳辐射，提高湿度，降低温度和风速，吸附大量飘尘，吸收大量有毒、有害气体。在冬季，绿地可促进建筑保温。树木能吸收同化有毒气体，阻止其在物质循环中的恶性循环。绿化区的空气中浮尘黏度、密度、有害物质浓度明显低于非绿化区，而绿化区氧离子浓度、空气清新程度等明显高于非绿化区。

②杀菌防尘，降低噪声。

茂密的树木枝叶可以降低风速，吸收大量飘尘，阻滞尘埃的扩散，许多植物本身能分泌杀菌素。树木枝叶能减弱声波传送或吸收声能，公园内成片的树木可以大大降低噪声。声能投射到枝叶上时，造成树叶微振而使声能反射到各个方向，从而起到使声能消耗或减弱的效果。

③美化城市环境、改善自然环境。

一个城市的美丽可以为人民劳动、工作、学习生活创造优美、清新、舒适的环境。美好的市容风貌有利于吸引人才和资金，有利于经济、文化和科技事业的发展。如果城市绿化布局得当、色彩醒目、季相分明，可激发人们的欣赏欲望，给市民以美的享受。人们对绿化功能的认识是随着科学的发展而逐步提高的，园林绿化是环境保护的重要手段，用植物绿化的方法保持生态平衡，保护自然环境是重要的方法之一。要加快园林绿地的建设步伐，以适应改善城市生态环境的需要。

④改善市民的生理和心理状况。

在城市中，建筑物高度密集，人口稠密，能源消耗量大，使城市被严重污染，此外城市居住环境拥挤，噪声大，使人们心情烦躁不安、紧张和忧郁。研究结果表明，绝大多数市民喜欢植物的色彩，在植物较多的环境中可以舒缓心情，还具有明显的生理效果，如心跳平缓、脉搏次数下降、呼吸平稳、皮肤温度降低、疲劳易恢复。

（2）城市规划中园林规划的设计方法。

①园林规划理念秉持节约型的设计理念。城市规划中林规划即是走一条

生态环保的城市建设道路，要保证资源不浪费，因地制宜，建设绿色科技城市。同时将节约自然资源与保护人居环境结合起来，这是目前比较先进的园林设计理念，也符合我国实际。然而，节约型理念实施难度大，既要保证资源节约又要保证城市建设质量，因此需要从各个方面进行考量，每一个环节都至关重要，城市建设的规划与施工、运营与养护都需要投入较多的精力。再者，资源的有效利用合理分配也是保证城市规划中秉承节约理念的重要因素。

②合理利用土地资源，提高土地利用效率。城市建设中要合理利用土地资源，在实际规划中，对水土资源进行设计时，要在保持城市水土结构原貌的基础上进行园林景观建设，尽量避免对地形进行大规模的改造，城市中的自然山坡林地、河湖水系、湿地等最好尽量保留，保留原来的生态和自然风光，这样既维持了生态的平衡，也达到了土地节约的目的，从而城市规划要科学合理、因地制宜，对水土资源达到提高利用率的目的。在进行实际的城市规划中，操作起来难度较大，审批时需要人员能够全面分析，进行实地考察，尊重原生态，对资源浪费严重的方案要坚决摒弃，科学合理地进行城市规划。

③城市规划中布局要合理。节约的城市规划理念同时也体现在布局的合理上，对绿植的选择要充分考虑到它对本土环境的适应性，对部分成本低的苗木要精心护理。在景观布局的过程中，设计上要突出新意，避免与别的城市雷同，努力体现城市特色和民俗优势，绿植的栽培要富有情趣和创意。可将高大的乔木种植在道路的绿化隔离带上，这样一来，还能提高其利用效率，达到遮阳遮雨的效果，打造出花园式的人行道；在停车场种植适应本地环境、成荫快的优质树种，既美观遮阴，减少汽车耗能，同时又减弱热辐射、净化空气。

④注重节水、降低消耗。节水观念要贯穿城市规划园林景观的始终。要采用科学的灌溉方式，大力普及节水灌溉技术、雨洪利用技术，科学合理地做好灌溉工作，努力实现精准灌溉。这样不仅可以满足植被生长的需要，还能降低用水消耗。提倡使用再生水灌溉，也应当重视雨水的回收利用，用"开源节流"的方式进行植被灌溉。

（3）园林规划建设对城市可持续发展意义深远。

一个城市如果能拥有足够的公园和绿地创造出优美的景观，不仅能起到净化、美化环境的作用，而且能在一定程度上起到提高市民素质的作用，起到激发群众热爱家园、共建美好家园的作用，还能使城市房地产增值，提高城市的品位和档次，这些有形和无形的作用，是使城市永葆青春、永续发展所必不可缺的。

①城市建设要坚持以人为本的理念，城市园林规划设计是以人为主要服务对象的事业。园林规划产生的"生态效益"是从改善人体生理健康的角度服务于人类。在人与环境的关系中，人具有自然和社会的双重属性，与人这个主体相对应的环境也具有自然和社会的双重含义。

②园林规划作为一门具有优化环境功能和拥有丰富的文化、艺术内涵的学科和建设行业，可以在上述两个领域同时为人类提供服务。人们通过城市规划，为人类社会创造优美的环境，既要致力于建立生态健全的环境，也要致力于建立文化、科学、艺术相互融洽和谐的环境，同时应具备文化审美价值。

③城市园林的存在不仅能促进人们的身体健康，还能陶冶人们的思想情操，提高人们的艺术修养、社会行为道德水准和综合素质。城市园林规划是一项具有精神文明建设和物质文明建设双重效益的行业建设。优美的城市环境是有形的资源和重要的投资条件，是竞争优势和经济发展的动力。城市园林规划作为城市可持续发展的重要组成部分，对协调社会、经济、资源和环境等因素的关系具有重要意义。

2. 园林规划设计的对象

当前我国正处在改革开放的新时期，我们不仅要建设一批新城镇，而且还要改造大批旧城镇。因此，园林规划设计的对象主要是这些新建和需要改造的城镇还有各类企事业单位。具体是指城镇中各类风景区公园、植物园、动物园、街道绿地等公共绿地规划设计；公路、铁路、河滨、城市道路以及工厂、机关、学校、部队等一切单位的绿地规划设计。对于新建城镇、新建单位的绿化规划，要结合总体规划进行，对于改造的城镇和原有单位的绿化规划，要结合实际城镇改造统一进行。

三、园林规划设计的依据和原则

（一）园林规划设计的依据

园林规划设计的最终目的是要创造出景色如画、环境舒适、健康文明的游憩境域。一方面，园林是反映社会意识形态的空间艺术，园林要满足人们精神文明的需要；另一方面，园林又是社会的物质福利事业，是现实生活的实境，所以还要满足人们拥有良好的休息、娱乐的物质文明的需要。

1. 科学依据

例如，工程项目的科学原理和技术，如生物科学、建筑学及水、土科学等。在任何园林艺术创作过程中，都要依据工程项目的科学原理和技术要求进行。如在园林中，要依据设计要求结合地形进行园林的地形和水体规划。设计者必须对该地段的水文、地质、地貌、地下水位、北方的冰冻线深度、土壤状况等资料进行详细了解。可靠的科学依据，为地形改造、水体设计等提供了物质基础，避免产生水体漏水、土方塌陷等工程事故。种植各种花草、树木，也要根据植物的生长要求、生物学特性，根据不同植物喜阳、耐阴、耐旱、怕涝等不同的生态习性进行配植。一旦违反植物生长的科学规律，必将导致种植设计的失败。对园林建筑、园林工程设施，更有严格的规范要求。园林规划设计关系到科学技术方面的问题很多，有水利、土方工程技术方面的，有建筑科学技术方面的，有园林植物动物方面的生物科学问题。所以，园林设计的首要问题是要有科学依据。

2. 社会需要

如游憩职能，园林属于上层建筑范畴，它要反映社会意识形态，为广大人民群众的精神与物质文明建设服务。《公园设计规范》指出，园林是完善城市四项基本职能中游憩职能的基地。所以，园林设计者要了解广大人民群众的心态，了解全心全意对公园开展活动的要求，创造出能满足不同年龄、不同兴趣爱好、不同文化层次的游人需要的、面向大众、面向人民的园林。

3. 功能要求

功能（分区）决定设计手法，园林设计者要根据广大群众的审美要求、功能要求、活动规律等方面的内容，创造出景色优美、环境卫生、充满情趣、舒适方便的园林空间，满足游人游览、休息和开展健身娱乐活动的功能要求。园林规划设计空间应当定于诗情画意，处处茂林修竹、绿草如茵、繁花似锦、山清水秀、鸟语花香，令游人流连忘返。不同的功能分区，选用不同的设计手法。如儿童活动区，要求交通便捷，一般要靠近主要出入口，并要结合儿童的心理特点，园林建筑造型要新颖，色彩要鲜艳，空间要开阔，形成生机勃勃、充满活力、欢快的景观气氛。

4.经济条件：有限投资条件下，发挥最佳设计技能

经济条件是园林设计的重要依据。经济是基础，同样一处园林绿地，可以有不同的设计方案，采用不同的建筑材料、不同规格的苗木、不同的施工标准，给有不同需要的建园投资。当然，设计者应当在有限的投资条件下，发挥最佳设计技能，节省开支，创造出最理想的作品。综上所述，一项优秀的园林作品，必须做到科学性、社会性、功能性、经济性和艺术性的紧密结合、相互协调、全面运筹，争取达到最佳的社会效益、环境效益和经济效益。

5.园林规划设计的艺术性

（1）园林规划设计艺术构图法则。

园林规划设计是一种造型艺术，同其他造型艺术一样，也必须遵循一定的艺术法则。在园林构图设计过程中必须遵循多样与统一法则、协调与对比的法测、均衡与稳定的法则、节奏和韵律的法则。

①多样与统一。

多样与统一要求园林设计时要使对象在体形体量、色彩线条、形式风格等方面有一定程度的相似性或一致性和变化，给人以既统一又富于变化的感觉，变化太多，整体就会显得杂乱无章，变化太少则又显得单调呆板。

②协调与对比。

园林中协调的表现是多方面的，如体形、色彩、线条比例、实光暗等，都可以作为要求协调的对象。

景物的相互协调必须相互有关联，而且含有共同的因素，甚至相同的属性。形体对比可突出乔木的高大、草本和花灌木的低矮；色彩对比可以创造"万绿

丛中一点红"的景观；明暗对比创造不同的境，给人以不同的心理感受；质地对比凸显植物之轻巧、活泼、庄严。

③均衡与稳定。

一般来说，色彩浓重、体量庞大、数量繁多、质地粗厚、枝叶茂密的植物种类，给人以重的感觉。相反，色彩素淡、体量小巧、质地细柔、枝叶疏朗的植物种类，则给人以轻盈的感觉。在植物造景时，将轻重不同的植物按均衡的原则合理搭配，才能获得稳定、舒适的感觉。

④节奏与韵律。

交替排列是获得节奏与韵律的必要条件，植物的形态、色彩、质地等园林规划设计要素同样要进行节奏与韵律的搭配。如柳树中隔三五聚散、疏密有致、形式多样地配置桃树，其间再点缀几株常绿的球类，既富于情调又有规律，在景观上能获得较好的效果。如果三种植物或更多交替排列，会获得更丰富的韵律感。节奏与韵律表现景观的有行道树、河岸绿化、道路隔离带等。

（2）园林规划设计中艺术性的体现形式。

①空间布局的艺术性。

空间布局的艺术性包含了布局的合理性和美观性，设计师要注重空间的灵活运用，注重园林的空间融和、动静分区。

园林的空间布局是根据计划确定所建园林的性质、主题、内容，结合选定园址的具体情况，进行总体的立意构思，对构成园林的各种重要因素进行综合全面的安排，确定它们的位置和相互之间的关系。在设计最初需对设计的场所和对象进行分析，包括建筑分布、规划空间组织、园林的使用对象等，无论是公共的园林空间，还是居住区的园林等都有其自身的特殊性和唯一性，园林空间的合理利用，对于现代城市中的每一块土地都是非常有必要的。因此空间布局的艺术性显得尤为重要，需要做到以人为本、空间融合、因地制宜。

②园林绿化植物的艺术性。

园林艺术中的植物造景有着美化丰富空间的作用，园林中许多景观的形成都与花木有直接或间接的联系。如"万壑松风""松壑清朝""梨花伴月""金莲映月"等都是以花木作为景观主题而命名的。任何一个好的艺术作品都是人们主观感情和客观环境相结合的产物，不同的园林形式决定了不同的环境和主题。休闲的节日广场和公园，应营造出欢快、喜庆的氛围，色彩上以暖色调为主；纪念意义的烈士陵园和主题园就应该以庄严、肃穆为基调，色彩以冷色调为主。

植物种植的艺术性不仅包括植物的习性，还有植物的外形和植物之间搭配的协调性。保持各自园林特色的同时，更要兼顾到每个植物材料的形态、色彩、风韵、芳香等美的因素，考虑到内容与形式的统一，使观赏者在寓情于景、触景生情的同时，达到情景交融的园林艺术审美效果。

③铺装材料的艺术性。

随着现代科技的发展，园林铺装表现材料的种类繁多、风格各异。园林铺装一般作为空间的背景，很少成为主景，它以多种多样的形态纹样来衬托和美化环境，增加园林的色彩。所以色彩常以中性色为基调，以偏暖或偏冷的色彩做装饰性纹样，做到稳定而不沉闷、鲜明而不俗气。铺地的色彩应与园林空间气氛协调，如儿童游戏场可用色彩鲜艳的铺装，而一些比较正式的场地则宜使用色彩素雅的铺装。铺地纹样因场所的不同又各有变化，如与视线相垂直的直线可以增强空间的方向感，而那些横向通过视线的直线则会增强空间的开阔感。

铺装的美，在很大程度上要依靠材料质感的美。同样的材料也有不同的质感分类，如有光滑、粗糙的不同表面，在进行铺装时，要考虑空间的大小，大空间要粗犷些，可选用质地粗大、实线条明显的材料。粗糙往往给人稳重、沉着、开朗的感觉，而且可吸收光线，不晕眼。而在小空间则应选择较细小、圆滑、精细的材料，细质感给人轻巧、精致的柔和感觉。

铺装图案的大小对外部空间能产生一定的影响，形体较大、较开展则会使空间产生一种宽敞的尺度感，而较小紧缩的形状，则使空间具有压缩感和亲密感。铺装图尺寸的不同以及采用了不同色彩、质感的材料，还能影响空间的比例关系，可构造出与环境相协调的布局。

④园林小品的艺术性。

园林小品在现代园林中的应用日渐广泛，它不仅是花坛、灯具花架、座椅等设施，一组山石、几丛草木、一捧花钵、一屏挂泉、几组雕塑，都用它们的语言与观赏者交流，努力为我们提供最好的服务，满足人生理和心理方面的需求。园林小品的重要作用主要体现在它们在园林中可观可赏，又可组景，起着分隔空间与联系空间的作用，使步移景异的空间增添了变化和明确的标志；重要的园林小品可渲染气氛，相对独立的意境、一定的思想内涵，才能产生感染力。这是小品的核心与生命力所在。他们用自己的语言向人们诉说着一个个动人的故事，或表达中国山水花鸟的情趣、唐诗宋词的意境，或是一种回忆、一种探求、一种对未来的向往。优秀的景观小品是一本无字的书，带给不同品位的人不同的想象空间，小品的内在之美隐藏于外在形式中，需要用心去交流、思索。

（二）园林规划设计的原则

"适用、经济、美观"是园林设计必须遵循的原则。园林设计工作的特点有较强的综合性，所以要求做到适用、经济、美观三者之间的辩证统一。三者之间的关系是相互依存、不可分割的。当然，与任何事物的发展规律一样，三者在不同的情况下，根据不同性质、不同类型、不同环境的差异，彼此之间要有所侧重。

一般情况下，园林设计首先要考虑适用的问题。所谓适用，一是要因地制宜，具有一定的科学性；二是园林的功能要适合服务对象。适用的观点带有一定的长久性和永恒性。就连清代皇帝在建造帝王宫苑颐和园、圆明园时也考虑因地制宜，具体问题具体分析。

颐和园原先的瓮山和瓮湖已具备大山、大水的骨架，经过地形整理，依照杭州西湖，建成了万寿山、昆明湖的山水骨架，以佛香阁为全园构图中心建造主景突出式的自然山水园。与颐和园毗邻的圆明园原先自然喷泉遍布，河流纵横。根据圆明园的原地形和分期建设的情况，建成在平面构图上以福海为中心的集锦式的自然山水园。由于其因地制宜，适合于原地形的状况，从而创造出独具特色的园林佳作。

在考虑是否适用的前提下，还要考虑经济问题。实际上，正确地选址，因地制宜，本身就减少了大量投资，也解决了部分经济问题。经济问题的实质，就是如何做到事半功倍，尽量在投资少的情况下多办事，办好事。当然，园林建设要根据园林性质确定必要的投资。

在适用、经济的前提下，尽可能地做到美观，满足园林布局、造景的艺术要求。在某些特定条件下，美观则应被提到重要的位置上。实质上，美、美感，本身就是一种适用，也就是它的观赏价值。园林中的孤置假山、雕塑作品等起到装饰美化环境的作用，创造出感人的精神文明氛围，这就是一种独特的实用价值、美的价值。

在园林设计过程中，适用、经济、美观三者不是孤立的，而是紧密联系不可分割的整体。如果单纯地追求适用、经济，不考虑园林艺术的美感，就会降低园林的艺术水准，失去吸引力，不受广大群众的喜爱；如果单纯地追求美观，不全面考虑适用和经济问题也是不可以的，必须在适用和经济的前提下，尽可能地做到美观。美观必须与适用、经济协调起来，统一考虑，才能最终创造出理想的园林设计艺术作品。

第二节　规划设计案例分析

根据北京元大都城垣遗址公园规划设计进行分析。

一、历史概况

北京建都从金中都至今已有 800 多年的历史，而元大都土城始建于 1267 年，历时 9 年。它是由刘秉忠负责规划督建、郭守敬负责梳理河道，共同完成的，是当时世界上最宏伟、壮丽的城市之一。元代土城能遗存至今，是因为明代建都时为了便于防守，将元大都城空旷的北部废弃，南缩了 2.5 千米，在今德胜门一线重筑新城，被遗废的北城逐渐荒废坍塌，护城河道堵塞。土城公园于 1957 年被列为市文物古迹保护单位，并于 20 世纪 80 年代开始规划设计，形成了初步的绿化格局。

二、地理位置及现状

元大都城垣遗址公园全长 9 千米，分跨朝阳和海淀两大区，宽 130~160 米，总占地面积约 113 平方千米，是京城最大的带状休闲公园。小月河（旧称土城沟）宽 15 米，贯穿始终，将绿带分为南北两部分。改造前的状况虽有一些园林景点，像蓟门烟树、紫薇入画、海棠花溪、大都茗香等，但整体水平杂乱无序、环境脏乱，作为奥运景观工程的重要组成部分，急需改善。两个区于 2003 年 2 月通过审批后同时开始整治，定于 2003 年 9 月完工。

三、设计内容

公园定位：公园作为北京奥运景观工程的一个重要组成部分，是集历史遗址保护、市民休闲游憩、改善生态环境于一体的大型开放式带状城市公园，力求创建一个"以人为本、以绿为体、以水为线、以史为魂"的精品园林。

公园整体是由三条主线（土城遗址、绿色景观及历史文化）和五个重要节点（蓟门烟树、银波得月、古城新韵、大都鼎盛及龙泽鱼跃）组成，点线结合，景点设计因地而异，穿插其间，主次分明，使土城遗址、文化景点与城市的关系得到了融合。

（1）保护和整修遗存的土城遗址，全面提升它的景观品质，体现传统文化遗产应有的社会价值。土城作为元代重要的遗存，至今没有受到重视，主要是没有得到应有的尊重。长期的取土、坍塌、践踏，使昔日雄浑的土城面目全非，与普通的土山没有什么区别。所以首先应提高人们保护和尊重文物的意识，请文物保护部门划定了文物保护线，勾画出土城的基本位置，在保护范围内，本案设计了围栏、台阶、木栈道、木平台及合理的穿行、参观需要的交通路线，避免继续踩踏土城。同时提倡普遍植草，可以起到固土、防尘的作用，并在坍塌的地方做断面展示及文字说明，整修的重要节点为蓟门烟树、水关及角楼遗址等。

（2）绿色景观这条线包含了两部分内容：亲水景观和植物景观的设计。

①改造护城河，创造亲水环境：现在的小月河又称土城沟，其位置是原来的土城护城河。史料记载当时的护城河宽窄不一、深浅不一，中华人民共和国成立后被改为钢筋混凝土驳岸，并被作为城市的排污河，完全失去了自然感。本次结合截污工程，尽量恢复原有的野趣及亲水景观，并发挥其横向串联、竖向联系的作用。先将原来的河岸降低，形成斜坡绿化，同时结合景点设计将河

道局部加宽，并种植芦苇、菖蒲等水生植物，形成郊野的自然景观，加宽的局部也可以作为码头全线通船。另外，在多处设了临水平台和休息广场。

②强化植物景观的季相变化，改善城市密集区的生态环境：土城公园是城市的绿化隔离带，是一条绿色的屏障，同时作为城市的开放空间，与城市又有9千米长的界面，是这一区域重要的城市流动空间的景观，所以植物的色彩和季相变化是最好的表现方式。本案在此设计的四季景观有城台叠翠、杏花春雨、蓟草芬菲、紫薇入画、海棠花溪、城垣秋色等。这些植物景观利用带状绿地的优势，大尺度、大空间成片成带，形成色彩变化的街景，同时这些植物景观又具有一定的文化内涵。

（3）尊重历史，强化文脉，普及和提升元代文化的历史作用。

在尊重历史、保护和延续遗址的同时，不应脱离现实生活，应尊重和满足现实文化生活的需要，如果忽视了利用，就会淡漠人们对这段历史的关心。因此本案在设计时除了表达这片土地固有的文化记忆外，还应适当加以引申和补充，面向新一代年轻人，使其从中得到教育和启发，激发爱国精神和民族自豪感。

已经遗存700余年的土城一直未引起人们的重视，原因之一是它与最初16米高时的形象已相差甚远，现状多为3~5米的土山，再加上树枝遮掩，感觉非常平淡，缺乏视觉冲击力，很难再感受到土城昔日的辉煌。因此，本案在设计中，特别是对竖向景观的处理，利用雕塑、壁画、城台及各类小品的形象语言，以在局部竖向吸引人的点来打破整体连绵数公里的平淡土城，产生兴奋点，同时展现元大都的繁荣昌盛、科技发达及尚武骑射等一些特点。这类新增的景观，本案选在土城荡然无存的地段，将断开的土城连接起来。因为我们设计了与土城气势相同的带状巨型雕塑群，其创意是感觉群雕犹如从土城中生长出来的一样，好像是土城的一部分，雕塑风格粗犷有力，质朴自然，材料选用近似黄土的黄花岗及黄砂岩，使其与土城融为一体。

这类大型景点在海淀、朝阳各一处，分别位于两区绿化队拆迁后的空地上，海淀段位于花园路，主题为"大都建典"。主雕塑高9米，总长80米的雕塑壁画群，展现了建都时的盛况，如忽必烈骑象辇入京的典故等，特别凸显了土城的规划者刘秉忠的雕像。而整个 9 千米长的土城公园最大的景区在朝阳段的安定门，主题为"大都鼎盛"，定义为"露天博物馆"的形式，体现出元朝经济文化发达、军事强盛的气势，主雕加城台高 12 米，台长 60 米，气势雄伟，主雕群设在一座好似土城城台的平台上，台高 6 米，台下拟建金代文化展览馆，人们既可登高望远，又可与雕像穿插交流，散点式的雕像布局使人们可自由接近，产生互动，完全融入其间。主雕坐北朝南，位于胜古庄西路的轴线终端，成为新的城市景点，台前文化广场作为定期举办元文化的各类纪念活动场地，平时为周边居民的晨练广场。其他的一些文化景点因地适宜、点到为止，注重与周边的融合，如文化柱、大汉亭元妃亭、马面广场等。

以下是主要景观区。

1. "龙泽鱼跃"

在公园的最东端，城市轻轨与小月河斜向交汇出一块三角地，形似龙头，面积约 17 000 平方米，形成具有郊野风光的自然野趣湿地公园，成为北京市城区内最大的人工湿地。清澈自然的水潭小溪，鱼儿在其间快活地畅游，青蛙、野鸟栖息于小岛及芦苇丛中，形成了十分自然和谐的景致。古人对土城外的自然风光曾有过这样的描述："落雨翠花随处有，绿茵啼鸟坐来闻。"追求自然野趣是现代人的时尚需要，也是人们渴望回归自然的精神需要。置身园中，眼前的水面、自然山石和植物，处处体现出"虽由人作，宛自天开"的境界。人在木制栈道上行走，可以欣赏溪中的鱼儿和水草，还有不时掠过天空的小鸟。水边有木制的休息亭，路边有自然的山石及木桩、木凳。园中道路由碎石、石子和石板铺砌而成，身临其境，野趣十足，使人忘记身在北京城中，仿佛置身于古老的土城郊外。

2. "双都巡幸"

该景区是公园的最西端，在健德门桥东侧。至元元年（公元 1264 年）忽必烈正式在燕京设立都城，并改名为"中都"，至元九年（公元 1272 年）又将其地位提升称为"大都"。当时在草原上有另一个政治中心为开平府，称为"上都"。这种两都并立，是元代政治统治的特点之一。每年春天，元帝携同后妃、诸多贵族及大小官吏等，从大都前往上都度夏，秋天再从上都返回大都过冬。

年复一年，从无例外，形成了"双都巡幸"的习俗。景区内的"双都巡幸"浮雕墙生动地展现了元帝春秋往返、百官迎送的场面，使广大游客在了解元帝国强盛的同时，又了解到其草原文化与中原文化相结合的特征以及大都和上都并重的特点。景区内还设有游船码头，泛舟于清澈的河中，游客可尽览小月河两岸如诗如画的景致。

3．"四海宾朋"

该景区位于中华民族园南侧，反映了元代是个对外开放的朝代，礼贤纳士，世界各国纷纷前来朝拜、觐见或进行交往的政治特点。景区北侧三个下沉式马面广场上的"青花瓷器""箭与盾""铜墙铁壁"雕塑反映了元朝艺术、军事等方面的成就。景区南侧将原来的"百鸟园"迁走，为游客铺设了广场，同时在景区内保留了"百鸟园"石碑和部分飞禽，使游客在鸟语花香中感受到"百鸟园"的存在。

青花瓷器技术在元代景德镇发展到了高峰，雕塑选用元代特有的扁瓶作为主造型，采用民间传统工艺配合现代金属材料创造出极具现代感的新视觉。瓶子上方的镂空处理使作品显得更加灵动巧妙，而盘子和半截青花瓶更像是刚出土的文物一样，和主造型的扁瓶形成高低错落的造型，像音乐一样富有节奏和韵律。

雕塑采用富于创造性的戏剧效果模拟了古代的战争场面，乱箭齐飞、攻守相济，采用盾牌插满乱箭的形式造成一种空间错觉，让我们仿佛在金戈铁马声中梦回元朝。

火药是中国的四大发明之一，在宋代对外战争中"火炮"就已得到了运用。到了元代，随着制造技术的增强，人们制成了壁厚、体沉，真正具有大杀伤力的管形火器，这是世界兵器史上的一大创举。此雕塑正是展现了当年威力无比的火炮坚守在大都城垣上那无限威严的场面。看着这一半掩埋在地下，另一半露出的火炮及炮弹、炮架，我们的耳边仿佛又响起了阵阵轰鸣……

4．"海棠花溪"

该景区位于熊猫环岛东侧，经整理、修缮、提高后保留下来，景区内种植了西府海棠、贴梗海棠、金星海棠、垂丝海棠等诸多品种的海棠树近 2 000 株，是城区内最大的海棠林。每年四月中下旬，海棠花竞相开放，红白相间、花潮如海、蜂飞蝶恋、游人如织，微风吹来，落英缤纷。海棠林中有一座观花台，台上矗立着一座桃红色石碑，正面是著名书法家刘炳森题写的"海棠花溪"四个隶书大字，背面刻有唐宋两朝诗人咏诵海棠的著名诗句。拾级而上，小月河两岸的景色尽收眼底，绿树与花海相映、碧云芳菲、花香四溢，令人心旷神怡。

5. "大都鼎盛"组雕

这是北京市最大的室外组雕，雕塑造型粗壮有力，用最符合土城特色的砂岩、粗陶和人造石制成，以忽必烈和元妃的石像为中心。

"大都鼎盛"组雕共有 19 个人物，除忽必烈、元妃、意大利旅行家马可波罗、中国著名天文学家郭守敬、尼泊尔建筑师及雕塑家阿尼哥等代表性人物外，还有文官、武将、指挥官、宗教人士和一些外国的使节、朝拜者和各国演奏歌舞的艺术家等。主雕像忽必烈及元妃分别高 5.8 米和 6.6 米，马可波罗、郭守敬、马队军帅等高分别 4~7 米，大体量立雕及其他雕刻人物高约 3 米。元世祖忽必烈身材魁梧，威严地伫立于天地之间，目光温和深邃，"运筹帷幄之中，决胜千里之外"的雄韬伟略和安邦定国、治国安天下的雄才大略藏于眉宇之间。美丽的元妃庄重而平和地站在忽必烈身边，将元帝国的大国风仪显现于无形之中。

总长达 80 米的壮观壁画把元朝在政治、经济、军事、文化教育等方面的特点展现得淋漓尽致。

中心壁画反映的是大都的皇城、内城的面貌及经济文化、物质交流等方面的情况。大都的布局，依据的是儒家经典《周礼·考工记》所规定的原则："匠人营国，方九里，旁三门。中学九经九律，经涂九轨。左祖右社，面朝后市。"大都的平面规划呈一个南北略长的长方形，由外郭城、望城、宫城自外向内三重套合组成。以太液池风景区为中心，由宫城、隆福宫和兴圣宫三大壮丽的建筑群组成皇城。另外，壁画对海运、物流方面也进行了刻画。元朝的漕运和海运十分发达，主要的运河有三条，分别为济州河、会通河和通惠河，它们极大地便利了南北交通和物资交流。各国大量的客船、货船及从丝绸之路而来的驼队、马队云集大都，各国、各族人民在此进行物质文化交流，大大促进了当时的经济文化发展。东侧的壁画描述了元代公主出嫁的盛大场面，也反映了社会的宗教情况。画面上除了显示元代风格的宫殿、学府、教堂、居民建筑外，还描绘了元代一些著名的历史人物。

6. "水街华灯"

由于河道与道路之间有几米的高差，有利于修筑半地下建筑，并使其临水而居。这些建筑的功用主要是娱乐、商业和旅游，不仅具有公园的休闲服务功能，也为附近的居民提供了一个良好的娱乐场所。景区南岸由于土城保存较好，可以展现土城城垛"马面"的轮廓线，因此其绿化较为完整地保留下来，并在游客活动处铺设了林下广场，在水边设置了"元曲广场"，方便群众的健身娱乐活动。

7. 小品雕塑

本雕塑用波斯造型的瓶子来暗喻当时的元代是个对外开放的朝代。雕塑由一个斜淌着水的瓶子和大半个圆瓶组合构成，静中有动，瓶上绘有波斯图案，演绎出一种异国情调。

雕塑将坚硬的岩石精雕细刻出炮车的车轮，并以大刀阔斧的手法凿出火炮基座，基座上方的元代火炮造型由生铁铸成，塑造出一种因年代久远而风化的艺术效果。这座大炮雄壮而威武，为我们讲述着那段久远的历史故事。

本雕塑群充分展示了元代军队的勇猛和不可侵犯，近7米高的勇士驾驭着战车，率领着庞大的马队，强壮的牛队拉着护有展翅雄鹰的帐篷，气势磅礴，犹如从石缝中瞬间迸发而出，在视觉上给人以强烈的冲击和震撼。

蒙古马素有"龙驹"之称，能日行百里，以肌腱圆浑饱满、身姿矫健、四肢灵活强壮及善走著称。元代，马既是蒙古族人民的生产和交通工具，又是勇敢和力量的象征，在社会发展与生活中和蒙古族人民结下了不解之缘。雕塑通过各种姿势的骏马形象，表现出元代蒙古族人民勇敢剽悍的性格和不畏艰险、勇往直前的精神。

历史是前进和发展的，雕塑通过残缺的战车车轮、马鞍及马镫告诉我们——强大的帝国已经失去了昔日的辉煌，一切都成为历史，给我们留下的只是残缺的记忆。往事越千年，但今天的中国依然强大。这组雕塑使人们回顾历史、追忆往事，激励我们现代人与时俱进，把我们的国家建设得更加强大。

第三节　中外园林发展简史及功能

一、中外园林发展简史

园林是人类社会发展到一定阶段的产物。世界园林有东方、西亚和希腊三大系统。由于文化传统的差异，东西方园林发展的进程也不相同。东方园林以中国园林为代表，中国园林已有数千年的发展历史，具有优秀的造园艺术传统及造园文化精髓，被誉为世界园林之母。中国园林从崇尚自然的思想出发，发展成山水园林。西方古典园林以意大利台地园和法国园林为代表，把园林看作建筑的附属和延伸，强调轴线、对称，发展成具有几何图案美的园林。到了近代，东西方文化交流增多，园林风格也互相融合渗透。

（一）中国园林发展经历的历史阶段及其历史文化背景

1. 萌芽期

中国园林的兴建是从商殷时期开始的，当时商朝国势强大，经济发展也较快。文化上，甲骨文是商代巨大的成就，文字以象形字为主。在甲骨文中就有了园、囿、圃等字，而从园、囿、圃的活动内容中可以看出，囿最具有园林的性质。在商代，帝王、奴隶主盛行狩猎游乐。《史记》中记载了银洲王"益广沙丘苑台，多取野兽蛮鸟置其中。……戏于沙丘"。囿不仅可以供帝王狩猎游乐，同时也是欣赏自然界动物活动的审美场所。因此说，中国园林萌芽于殷周时期。最初的形式"囿"是画出某一范围，让天然的草木和鸟兽繁衍生息，还挖池筑台，供帝王们狩猎和游乐。

春秋战国时期，出现了思想领域"百家争鸣"的局面，其中主要有儒、道、墨、法、杂家等。绘画艺术也有相当的发展，开阔了人们的思想领域。当时神仙思想最为流行，其中东海仙山和昆仑山最为神奇，流传也最为广泛。东海仙山的神话内容比较丰富，对园林的影响也比较大。于是，模拟东海仙境成为后世帝王苑囿的主要内容。此时春秋战国时期则从囿向苑转变，"台苑"是从囿向苑发展的建筑标志。

春秋战国时期，原来单个的狩猎通神和娱乐的囿、台发展成为城外建苑、苑中筑囿、苑中造台，集田猎、游憩、娱乐于一苑的综合性游憩场所。作为敬神通天的台，其登高赏景的游憩娱乐功能进一步增加，苑中筑台，台上再造华丽的楼阁，成为当时园林中一道道美丽的风景线。其中以楚国的章华台、荆台，吴国的姑苏台最为著名。

章华台位于今湖北武汉市以西，荆州市沙市区以东，监利西北的荆江三角洲上。这里水网交织，湖泽密布，自然风景绮丽。据史书记载，楚灵王游荆州后，对其之美念念不忘，并决定营造章华台。据汉代文人边让《章华台赋》中的描写，这里有甘泉汇聚的池，其中可以荡舟，有遍植香兰的高山。山上有可供瞭望的瑶台，瑶台有馆室，有能歌善舞的美女，有酒池肉林，被后世誉为离宫别苑之冠。

经考古发掘，章华台遗址东西长约 2 000 米，南北宽约 1 000 米。遗址内有若干大小不一、形状各异的夯土台，许多宫、室、门、阙遗迹仍清晰可辨。最大的台长 45 米，宽 30 米，分三层。每层台基上均有残存的建筑物作为基础。每次登临需休息三次，故又称"三休台"。章华台三面被水环抱，为中国古代园林开凿大型水体工程的先河。

2. 形成期

秦始皇统一中国后，建立了中央集权的秦王朝封建帝国，开始以空前的规模兴建离宫别苑。这些宫室营建活动中也有园林建设，如《阿房宫赋》中描述的阿房宫"覆压三百余里，隔离天……长桥卧波，未云何龙，复道行空，不霁何虹"。汉代，在台苑的基础上发展出全新完整的园林形式——苑，其中分布着宫室建筑。苑中养百兽，可供帝王狩猎取乐，保留了囿的传统。苑中有馆、有宫，成为以建筑组群为主体的建筑宫苑。汉武帝时，国力强盛，政治、经济、军事都很强大，此时大造宫苑，在秦的旧苑上加以扩建。汉上林苑地跨五县，"中有苑三十六，宫十二，观三十五"。建章宫是其中最大、最重要的宫城，"其北治大池，渐台高二十余丈，名曰太液池，中有蓬莱、方丈、瀛洲，壶梁像海中神山、龟鱼之属"。这种"一池三山"的形式，成为后世宫苑中池山之筑的范例。

上林苑本为秦代营建阿房宫时的一处大苑囿，汉武帝时扩而广之为上林苑。

上林苑东南至蓝田、宜春、鼎湖、昆吾，傍南山。西至长样、五柞，北绕黄山，濒渭水而东。离宫 72 所，皆可容千乘万骑。苑中养百兽，天子春秋射猎取之，苑中掘长池引渭水，池中筑土为蓬莱仙境，开创了我国人工堆土的先河。

上林苑作为皇家禁苑，是专供皇帝游猎的场所。因此，苑中养百兽，天子春秋射猎苑中，取兽无数，这是修建汉上林苑的主要意图。

建章宫是上林苑中最重要的一个宫城，位于汉长安城西城墙外，今三桥北的高堡子、地堡子一带。其宫殿布局利用有利地形，显得错落有致、壮丽无比。章建宫打破了建筑宫苑的格局，在宫中出现了叠山理水的园林建筑。它在前殿西北部开凿了一个名叫太液池的人工湖，高岸环周，碧波荡漾，犹如"沧海之汤"。池中有瀛洲、蓬莱、方丈三座仙山，象征着东海中的天仙胜境，并用玉石雕琢"鱼龙、奇禽、异兽之属"，使仙山更具神秘色彩。

3. 发展、转折期

魏晋南北朝时期的园林属于园林史上的发展、转折期。这一时期是历史上的一个大动乱时期，是思想、文化、艺术上重大变化的时代。这些变化引起了园林创作的变革。西晋时已出现山水诗和游记。当初，对自然景物的描绘，只是用山水形式来谈玄论道。到了东晋，如在陶渊明的笔下，自然景物的描绘已是用来抒发内心的情感和志趣。在园林创作中，人们对自然景物的描绘则追求再现山水，有若自然。南朝地处江南，由于气候温和、风景优美，山水园别具一格。这个时期的园林因挖池构山而有山有水，结合地形进行植物造景，因景而设园林建筑。北朝时期，植物、建筑的布局也发生了变化。如北魏官吏茹皓营造的华林园，"机构楼馆，列于上下。树草栽木，颇有野致"。从这些例子可以看出南北朝时期园林形式和内容的转变。园林形式从粗略的模仿真山真水转到用写实手法再现山水；园林植物由欣赏奇花异木转到种草栽树，追求野致；园林建筑不再徘徊连属，而是结合山水，列于上下，点缀成景。南北朝时期园林是山水、植物和建筑相互结合组成山水园。这一时期的园林可称作自然（主义）山水园或写意山水园。

华林园原称芳林园，后因避齐王曹芳之讳而改名华林园。据《魏略》记载，景初元年（公元 237 年），曹魏明帝在东汉旧苑基础上重新修建华林园。起土山于华林园西北，使公卿群僚皆负土成山，树松林杂木于其上，捕山禽兽善置其中。园的西北面以各色文石堆筑为土石山景阳山，山上广种松竹。东南面的池可能就是由东汉天渊池扩大而来，引来水绕过主要殿堂之前而形成完整的体系，创设各种水景，提供舟行浏览之便，这样的人为地貌显然已有全面缩移大自然山水景观的意图。流水与禽鸟雕刻小品结合与机枢做成各式小戏，建高台"凌云台"及多层的楼阁，养山禽杂兽，殿宇森列并有足够的场地进行上千人的活动和表演"鱼龙漫延"的杂技。另外，"曲水流觞"的园景设计开始出现在园林中，为后世园林所效法。

南北朝时佛教兴盛，广建佛寺。佛寺建筑可采用宫殿形式，宏伟壮丽并附有庭园。尤其不少是贵族官僚舍宅为寺，将原有宅院改造成寺庙的园林部分。很多寺庙建于郊外，或选山水胜地进行营建。这些寺庙不仅是信徒朝拜进香的胜地，而且逐步成为风景游览的胜区。五台山、峨眉山的佛寺，道观选址最具特色。此外，一些风景优美的胜区，逐渐有了山居、别业、庄园和聚徒讲学的精舍。这样，自然风景中就融入了人文景观，便逐步发展成具有中国特色的风景名胜区。

五台山位于山西五台县东北角，方圆250千米，由五座山峰环抱而成。五峰高耸，峰顶平坦宽阔，如垒土之台，故名五台山。五台各有其名，东台望海峰，西台挂月峰，南台锦乡峰，北台叶斗峰，中台翠岩峰。山中气候寒冷，每年四月解冻，九月积雪，台顶坚冰累年，盛夏气候凉爽，故又名清凉山。山上长满松柏和松栎、桦等混交林，清泉长流，鸟兽来往频繁，充满天然野趣。

4. 成熟期

中国园林在隋唐时期达到成熟，这个时期的园林主要有隋代山水建筑宫苑、唐代宫苑和游乐地、唐代自然园林式别业山居和唐宋写意山水园、北宋山水宫苑。

（1）隋代山水建筑宫苑。

隋炀帝杨广即位后，在东京洛阳大力营建宫殿苑囿。别苑中以西苑最为著名，西苑的风格明显受到南北朝自然山水园的影响，采取了以湖、渠水系为主体的风格，将宫苑建筑融于山水之中。这是中国园林从建筑宫苑演变到山水建筑宫苑的转折点。

（2）唐代宫苑和游乐地。

唐朝国力强盛，长安城宫苑壮丽。大明宫北有太液池，池中蓬莱山独踞，池周建回廊400多间。兴庆宫以龙池为中心，围有多组院落。大内三苑以西苑最为优美。苑中有假山、湖池，渠流连环。

大明宫初是唐太宗为其父高祖李渊专修的"清暑"行宫，而后成为唐王朝的主要朝会之地。"大明宫在禁苑东南，西接宫城之东北隅"。《唐两京城坊考》记其南北五里，东西三里，为长安在大内中规模最大的一组宫殿群。大明宫其平面布局相对对称，建筑物错落有致，较显灵动。但从大的方面看，大明宫仍采用"前朝后寝"的传统建筑的设计思想。《唐两京城坊考》载，大明宫中有26门、40殿、7阁、10院及许多楼台堂观池亭等，各种建筑百余处，是长安三大内中规模最大、建筑物最多的宫殿建筑群。其东内苑绿化主要以梧桐和垂柳为主、桃李为辅，所谓"春风桃李花开日，秋雨梧桐叶落时"。太液池是大明宫的主要园林建筑之一。它位于大明宫北面的中部，在龙首原北坡的平地低洼处，四周建有回廊百间，使其绿水弥漫，殿廊相连。池中筑有蓬莱山，山上遍是花木，犹以桃李繁盛。湖光山色，碧波荡漾，成为宫苑中的园林风景区。大明宫之大，建筑之多，园林之胜，得到不少文人雅士的赞叹歌咏。

（3）唐代自然园林式别业山居。

盛唐时期，中国山水画已有很大发展，出现了即兴写情的画风。园林方面也开始有体现山水之情的创作。盛唐诗人、画家王维在蓝田县天然胜地，利用自然景物，略施建筑点缀，经营了辋川别业，形成既富有自然之趣，又有诗情画意的自然园林。中唐诗人白居易游庐山时，见香炉峰下云山泉石胜绝，因置草堂，建筑朴素，不施朱漆粉刷。草堂旁，春有绣谷花（映山红）、夏有石门云、秋有虎溪月、冬有炉峰雪，四时佳景，收之不尽。这些园林创作反映了唐代自然式别业山居是在充分认识自然美的基础上，运用艺术和技术手段来造景借景从而构成优美的园林景城。

（4）唐宋写意山水园。

从《洛阳名园记》中可知，唐宋宅园大都是在面积不大的宅旁地里，因高就低，掇山理水，表现山壑溪流之胜。点景起亭、览胜筑台、茂林蔽天、繁花覆地、小桥流水、曲径通幽，巧得自然之趣。这种根据造园者对山水的艺术认识和生活需求，因地制宜地表现山水真情和诗情画意的园，称为写意山水园。

（5）北宋山水宫苑。

北宋时建筑技术和绘画水平都有所发展，出版了《营造法式》，兴起了界面。政和七年，宋徽宗赵佶始筑万岁山，后更名为艮岳，岗连阜属，西延平夷之岭，有瀑布、溪涧、池沼形成的水系。在这样一个山水兼胜的境域中，树木花草群植成景，亭台楼阁因势布列。这种用全景式来表现山水、植物和建筑之胜的园林，就是山水宫苑。

当时京城西郊的"三山五园"名闻天下，所谓"三山五园"是指万寿山、香山、玉泉山和圆明园、畅春园、静宜园、静明园、清漪园。

元、明、清是我国园林艺术的集大成时期，元、明、清园林继承了传统的造园手法并形成了具有地方特色的园林风格。在北方，以北京为中心的皇家园林，多与离宫结合，建于郊外，少数建在城内，或在山水的基础上加以改造，或是人工开凿兴建，建筑宏伟浑厚、色彩丰富、豪华富丽。南方苏州、扬州、杭州、南京等地的私家园林，如苏州拙政园，多与住宅相连，在不大的面积内，追求空间艺术变化，风格素雅精巧，因势随形创造出了"咫尺山林，小中见大"的景观效果。

元、明、清时期造园理论也有了重大发展，其中比较系统的造园著作就是明末计成的《园冶》。书中提到了"虽由人作，宛自天开""相地合宜，造园得体"等主张和造园手法，为我国造园艺术提供了珍贵的理论基础。

从鸦片战争到中华人民共和国成立，中国园林发生的变化是空前的。园林为公众服务的思想，把园林作为一门科学的思想得到了发展。这一时期，帝国主义国家利用不平等条约在中国建立租界，他们用掠夺中国人民的财富在租界建造公园，并长期不准中国人进入。随着资产阶级民主思想在中国的传播，清朝末年便出现了首批中国自建公园。辛亥革命后，北京的皇家园囿和坛庙陆续开放为公园，供公众参观。许多城市也陆续兴建公园，如广州中央公园、重庆中央公园、南京中山陵等新园林。到抗日战争前夕，在全国已经建有数百座公园。但从抗日战争爆发直至 1949 年，各地的园林建设基本上处于停顿状态。

5. 新兴期

新兴期主要是指 1949 年中华人民共和国成立以后营造、改建和整理的城市公园。新兴期我国非常重视城市园林绿化建设事业，把它视为现代文明城市的标志。几十年来城市园林绿化得到了前所未有的发展，取得了空前的成就。但是，由于认识上的原因，在发展的过程中也走了一条曲折的道路。

随着改革开放，园林绿化事业被提高到两个文明建设的高度来抓，园林绿化事业恢复到了应有的地位，展现出一派欣欣向荣的局面，使园林绿化事业走上了健康发展的道路。城市公园建设正向纵深方向发展，新公园的建设和公园景区、景点的改造、充实、提高同步进行，小园和园中园的建设得到重视，出现了一批优秀园林作品，受到广大群众的欢迎。如北京的双秀园、雕塑公园、陶然亭公园中的华夏名亭园、紫竹院公园，上海的大观园，南京的药物园，洛阳的牡丹园等，都在公园建设中取得了很大成就，以植物为主造园越来越受到重视，用植物的多彩多姿塑造优美的植物景观，体现了生态、审美、游览、休息等多种价值。

北京陶然亭公园占地 56.56 公顷，由东湖、西湖、南湖和沿岸 7 座小山组成，其中水面约占 1/3。园中有一园中园，名为华夏名亭园。陶然亭公园山清水秀、花红柳绿、湖光山色、小桥流水、游艇荡漾，让人陶然心醉。

上海大观园建于 1988 年，景区宽阔，另有内河。西部是根据中国古典文学名著《红楼梦》的意境，运用中国传统园林艺术手法建造的大型仿古园林"大观园"，建筑面积 8 000 平方米，有大观楼（省亲别墅）、怡红园、潇湘馆等 40 余处大小景点，兼具江南园林精致秀丽与北方皇苑宏伟壮观的风格气派。大观园东部的"梅坞春浓""柳堤春晓""金雪飘香""群芳争艳"等景点植有花木 34 万株，景区处处绿树成荫、繁花似锦。

（二）外国园林发展概况及其造园特点

1. 外国古代园林

外国古代园林就其历史的悠久程度、风格特点及对世界园林的影响而言，具有代表性的有东方的日本庭园、古埃及与西亚园林、欧洲园林。

（1）日本庭园。

日本气候湿润多雨，山清水秀，为造园提供了良好的客观条件，日本民族崇尚自然，喜好户外活动。中国的造园艺术传入日本后，经过长期实践和创新，形成了日本独特的园林艺术。

日本历史上早期虽有掘池筑岛，在岛上建造宫殿的记载，但主要是为了防御外敌和防范火灾。后来，在中国文化艺术的影响下，庭园中出现了游赏的内容。日本宫苑中开始建造须弥山、架设吴桥等，朝廷贵族纷纷建造宅园。20世纪60年代，平城京考古发掘表明，奈良时代的庭园已有曲折的水池，池中设岩岛，池边置叠石，岸上和池底敷石块，环池疏布屋宇。平安时代前期庭园要求表现自然，贵族别墅常采用以池岛为主题的"水石庭"。到平安时代后期，贵族邸宅已由过去具有中国唐朝风格的左右对称形式发展成符合日本习俗的"寝造殿"形式。这种住宅前面有水池，池中设岛，池周布置亭、阁和假山，是按中国蓬莱海岛（一池三山）的概念布置而成的。在镰仓时代和室町时代，武士阶层掌握政权后，武士宅园仍以蓬莱海岛式庭园为主。由于禅宗很兴盛，在禅与画的影响下，枯山水式庭园发展起来。这种庭园规模一般较小，园内以石组为主要观赏对象，又用白砂象征水面和水池，或者配置以简素的树木。在桃山时期多为武士家的书院庭园和随茶道发展兴起的茶室和茶亭。江户时期发展了草庵式茶亭和书院式茶亭，特点是在庭园中各茶室间用"洄游道路"和"露路"联通，一般都设在大规模园林之中，如修学院离宫、桂离宫。

石灯，汲水井，沙地中顺水流势，设置了大小石块，水流由窄而宽，水纹激荡旋流，好似一出令人紧张的激流险滩的景观。

枯山水庭园是源于日本本土的缩微式园林景观，多建于小巧、静谧、深邃的禅宗寺院中。在其特有的环境气氛中，仅仅是细细耙制的白砂石、叠放有致的几尊石组，就能让人的心境产生神奇的变化。它同音乐、绘画、文学一样，可表达深刻的哲理，而其中的许多理念便来自禅宗道义，这也与古代大陆文化的传入息息相关。

在公元538年的时候，日本开始接受佛教，并派一些学生和工匠到古代中国学习内陆艺术文化。13世纪时，源自中国的另一支佛教禅宗在日本流行起来，为反映禅宗修行者所追求的苦行及自律精神，日本园林开始摒弃以往的池泉庭园，而使用一些如常青树、苔藓、沙、砾石等元素，营造枯山水庭园。园内几乎不使用任何开花植物。

此类禅宗庭院内，树木岩石、天空、土地等常常是寥寥数笔即蕴含着极深的寓意，在修行者眼里，它们就是海洋、山脉岛屿、瀑布。后来，这种园林发展及乔灌木、小桥、岛屿甚至园林不可缺少的水体等造园惯用要素均被一一剔除，仅留下岩石、耙制的沙砾和自发生长于荫蔽处的一块块苔地，这便是典型的、流行至今的日本枯山水庭园的主要构成要素。

明治维新以后，随着西方文化的输入，在欧美造园思想的影响下，日本庭园出现了新的转折。一方面，庭园从特权阶层私有专用转为开放公有，国家开放了一批私园，也新建了大批公园；另一方面，西方的园路、喷泉、花坛、草坪等也开始在庭园中出现，使日本园林除原有的传统手法外，又增加了新的造园技艺。日本庭园的种类主要有林泉式、筑山庭、平庭、茶亭和枯山水。

（2）古埃及与西亚园林。

古埃及与西亚邻近，古埃及的尼罗河流域与西亚的幼发拉底河、底格里斯河流域同为人类文明的两大发源地，园林出现的时间也最早。

埃及早在公元前4000年就跨入了奴隶制社会，到公元前28至公元前23世纪，已形成法老政体的中央集权制。法老（古埃及国王）死后都要兴建金字塔做王陵，成为墓园。金字塔浩大、宏伟、壮观，反映出当时埃及的科学与工程技术已很发达。金字塔四周布置了规则对称的林木；中轴为笔直的祭道，控制两侧的均衡；塔前留有广场，与正门相呼应，营造出庄严、肃穆的气氛。奴隶主的私园把绿荫和湿润的小气候作为追求的主要目标，把树木和水池作为主要内容。

西亚地区的叙利亚和伊拉克也是人类文明的发祥地之一。早在公元前3500年时，已经出现了高度发达的古代文化。奴隶主在宅园附近建造各式花园，作为游憩观赏的乐园。就奴隶主的私宅和花园，一般都建在幼法拉底河沿岸的谷地草原上，引水注园。花园内筑有水池或水渠，道路纵横方直，花草树木充满其间，布置非常整齐美观。基督教（圣经）中记载的伊甸园被称为"天国乐园"，就在叙利亚首都大马士革城附近。公元前2000年的巴比伦、亚叙或大马士革等西亚广大地区中有许多美丽的花园。尤其是距今 3000 年前新巴比伦王国由五组宫殿组成的宏大都城，不仅异常华丽壮观，而且在宫殿上建造了被誉为世界七大奇观之一的"空中花园"。

空中花园估计位于距离伊拉克首都巴格达大约 100 千米附近，位于幼发拉底河东面，在堪称四大文明古国巴比伦最兴盛的时期——尼布甲尼撒二世纪时代（公元前 604 年—公元前 562 年）所建。它建于皇宫广场的中央，是一个四角椎体的建筑，每层平台都是一个花园，由拱顶石柱支撑着，台阶上铺有石板、草、沥青、硬砖及铅板等材料，目的是为了防止上层水分的渗漏，同时泥土的土层也很厚，足以使大树扎根；最上方的平台面积小而高，因此远看就仿似一座小山丘。

同时，尼布甲尼撒王更在花园的最上面建造了大型水槽，透过水管随时供给植物适量的水分。有时候，也用喷水器降下人造雨。在花园的低洼部分建有许多房间，从窗户可以看到成串滴落的水帘。即使在炎炎盛夏，也非常凉爽。在长年平坦干旱只能生长若干耐阳灌木的土地上，就这样出现了令人感叹的绿洲。撰写奇观的人说："那是尼布甲尼撒王的御花园，离地极高，土人高过头顶，高大树木的系根由跳动的喷泉滴出水沫浇灌。"公元前 3 世纪菲罗曾记述："园中种满树木，无愧山中之国，其中某些部分层层叠长，有如剧院一样，栽种密集枝叶扶疏，几乎树树相触，形成舒适的遮阴，泉水从高高的喷泉中涌出，先渗入地面，然后再扭曲旋转喷发，通过水管冲刷旋流，充沛的水汽滋润树根土壤，使其永远保持滋润。"

作为一种精巧华丽的古代建筑，空中花园是出类拔萃的，仅仅是成功地采用了防止高层建筑渗水及供应各平台用水的供水系统，就足以令它名垂千古了。

西亚的亚述有猎苑，后来演变成游乐的林园。巴比伦、波斯气候干旱，所以更重视水的利用。波斯庭园的布局多以位于十字形道路交叉点上的水池为中心，这一手法被阿拉伯人继承下来，成为伊斯兰园林的传统，流传于北非、西班牙、印度，传入意大利后，演变为各种水法，成为欧洲园林的重要内容。

伊斯兰园林中富有特色的十字形水渠体现了"水、乳、酒、蜜"四条河流汇集的概念。伊斯兰园林往往以水池和水渠来划分庭院，水缓缓流动，发出轻微的声音。建筑物大都通透宽敞，使园林景观蕴含一种深沉、幽雅的气氛；矩形水池、绿篱、下沉式花圃、道路均按中轴对称分布。几何对称式布局、精细的图案和鲜艳的色彩是伊斯兰园林的基本特征。

（3）欧洲园林。

古希腊是欧洲文化的发源地。古希腊的建筑、园林开欧洲建筑、园林之先河，直接影响着意大利及法国、英国等国的建筑、园林风格。后来英国吸取了中国山水园的意境，将其融入造园之中，对欧洲造园也有很大影响。

公元前3世纪，希腊哲学家伊壁鸠鲁在雅典建造了历史上最早的文人园，利用此园给门徒讲学。公元5世纪，希腊人渡海东游，从波斯学到了西亚的造园艺术，最终发展成了柱廊园。希腊的柱廊园，改进了波斯在造园布局上结合自然的形式，变喷水池为中心位置，使自然符合人的意志，成为有秩序的整形园；把西亚和欧洲两个系统早期的庭园形式与造园艺术联系起来，起到了过渡的作用。

古罗马继承希腊庭园艺术和亚述林园的布局特点，发展成了山庄园林。欧洲中世纪时期，封建领主的城堡和教会的修道院中建有庭园。修道院中的园地同建筑功能相结合，如在教士住宅的柱廊环绕的方庭中种植花卉，在医院前辟设药铺，在食堂厨房前辟设菜圃。此外，还有果园、鱼池、游憩的园地等。在今天，欧洲一些国家还保留着这些传统。

在文艺复兴时期，意大利的佛罗伦萨、罗马、威尼斯等地建造了许多别墅园林。以别墅为主体，利用意大利的丘陵地形，开辟成整齐的台地，逐层配置灌木，并把它修剪成图案式的植坛，顺山势利用各种水法（流泉、瀑布喷泉等），外围则是树木茂密的林园。这种园林统称为意大利台地园。台地园在地形整理、植物修剪艺术和水法技法方面都有很高的成就。法国继承和发展了意大利的造园艺术。1638年法国J.布阿依索写成西方最早的园林专著《论造园艺术》。他认为："如果不加以条理化和整齐化，那么，人们所能找到的最完美的东西都是有缺陷的。"17世纪下半叶，法国造园家勒诺特尔提出要"强迫自然接受匀称的法则"。他主持设计的凡尔赛宫苑，根据法国地区地势平坦这一特点，开辟了大片草坪、花坛、河渠，创造出宏伟华丽的园林风格。这一风格被称为勒诺特尔风格,各国竞相效仿。

18世纪欧洲文学艺术领域中兴起了浪漫主义运动。在这种思潮的影响下,英国开始欣赏纯自然之美,重新恢复传统的草地、树丛。于是产生了自然风景园。初期的自然风景园对自然美的特点还缺乏完整的认识。18世纪中叶,中国园林造园艺术传入英国。18世纪末,英国造园家H.雷普顿认为,自然风景园不应任其自然,而要进行加工,以充分显示自然的美而隐藏它的缺陷。他并不完全排斥规则式布局形式,在建筑与庭园相接地带也使用行列栽植的树木,并利用当时从美洲、东亚等地引进的花卉丰富园林色彩,把英国自然风景园林推进了一步。自17世纪开始,英国把贵族的私园开放为公园。18世纪以后,欧洲其他国家也开始纷纷效。

2.外国近现代园林

17世纪中叶,英国爆发了资产阶级革命,武装推翻了封建王朝,建立起土地贵族与大资产阶级联盟的君主立宪制政权,宣告资本主义社会制度的诞生。不久,法国也爆发了资产阶级革命,继而,革命的浪潮席卷了全欧洲。在资产阶级"自由、平等、博爱"的口号下,新兴的资产阶级没收了封建领主及皇室的财产,把大大小小的宫苑和私园都向公众开放,并统称为公园(Public Park)。这就为19世纪欧洲各大城市出现一批数量可观的公园打下了基础。

此后,随着资本主义近代工业的发展,城市逐步扩大,人口大量增加,污染也日益严重。在这样的历史条件下,资产阶级对城市也进行了某些改善,开辟一些公共绿地并建设公园就是其中的措施之一。然而,从真正意义上进行设计和营造的公园则始于美国纽约的中央公园。1858年,政府通过了由欧姆斯特德和他的助手沃克斯合作设计的公园设计方案,并根据法律在市中心划定了一块约340公顷的土地作为公园用地。在市中心保留这样大的一块公园用地是基于这样一种考虑,即将来的城市不断发展扩大,公园会被许多高大的城市建筑所包围。为了使市民能够感受到大自然和乡村景色的气息,在这块较大面积的公园用地上,可创作出乡村景色的片段,并可把预想中的建筑实体隐蔽在园界之外。因此,在这种规划思想的指导下,整个公园的规划布局以自然式为主,只有中央林荫道是规则式的。纽约中央公园的建设成就受到了社会的瞩目和赞赏，从而影响了世界各国，推动了城市公园的发展。但是，由于各国地理环境、社会制度、经济发展、文化传统以及科技水平的不同，在公园规划设计的做法与要求上表现出较大的差异性，呈现出不同的发展趋势。

二、园林的功能

随着城市的工业化和现代化，随之而来的是工矿企业的"三废"污染。这严重地破坏了人居环境，威胁着居民的身心健康。科学家和园林专家曾多次提出，将森林引入城市，让森林发挥其生态功能，以改善城市日益严重的环境污染。园林的基本功能是作为现代城市建设范畴的城市园林绿化，其出发点和归宿点都应落实在有利于促进城市居民身心健康这一目标上。所谓身健康，就是城市园林绿化首先应产生良好的生态效益，使城市生态环境得到最有效的改善，从而有利于人们的身体健康；所谓心健康，就是城市园林绿化应该给人们美的视觉享受，并且通过城市园林绿化景观的展现，使人们感受到城市色彩的丰富绚丽，品味到城市特有的人文风貌与历史脉络，从而使人们获得心灵的满足。因此，城市园林绿化的根本目的决定了它应充分发挥出这两方面的功能。

（一）环境效益

城市绿地系统是城市中唯一有生命的基础设施，在保持城市生态系统平衡、改善城市环境质量方面，具有其他设施不可替代的功效，是提高城市居民生活质量的一个必不可少的依托条件。城市园林绿化通过植树、种灌、栽花、培草、营造建筑和布置园路等过程，不仅要提高城市的绿地率，也要充分利用立体多元的绿色植被的生态效应，包括吸音除尘、降解毒物、调节温湿度等，能够有效降低城市污染的程度，改善城市生态环境，使城市环境质量达到清洁舒适、优美、安全的要求，从而为市民创造出一个良好的城市生活空间，但草坪的生态功能有限，只相当于森林的1/25，光靠草坪来改善生态环境是远远不够的。相比起来，建设上有高大的乔木林，中有低矮的灌木林，地面上又有草本地被植物的森林，其生态和环境价值就要高得多了。国际上以"城市之肺"来比喻森林对城市的作用。由城市森林构造的"肺部"吸纳的则是尘土、废气、噪声等污染物，呼出的是氧气和水分。这是提高城市居民生活质量的必要条件。因此，城市园林绿化要把改善城市生态环境作为首要任务。

1. 净化空气，改善空气质量

空气是人类赖以生存和生活的不可缺少的物质，在人们所吸入的空气中，当二氧化碳含量达到 0.05% 时，人们呼吸就会困难，当二氧化碳的含量达到 0.2% 时，人们的身体就会出现不适的症状，例如头昏耳鸣、心悸、血压上升。由于城市的人口比较集中，又因为在城市中，不仅仅是人们呼出二氧化碳，吸收氧气，还有人们城市生活中燃烧的各种燃料，如家用煤气、汽车所需要的石油的燃烧都需要大量的氧气并排出大量的二氧化碳，所以有些大城市，尤其是人口密集、车辆较多的城市，空气中的二氧化碳的浓度会达到 0.07%。虽然二氧化碳不是什么有毒气体，但是浓度太高的话，会让人们的身体产生不适，从而危害到人们身体的健康。而园林绿化中所种植的植物可以通过光合作用，吸收二氧化碳，放出人们生存所必需的氧气，从而起到净化空气的作用。尤其是在人群比较密集的城市，这种作用更加明显。所以，园林绿化对于人口密集的城市来说，是非常有必要的。

2. 调节气候，改善"热岛效应"

"城市热岛"是城市气候中的一个显著特征，其成因是由于以沙石、混凝土、砖瓦、沥青为主的建筑所构成的城市，工厂林立、人口拥挤、交通繁忙，产生强大的人工热源，进而影响整个地区的气候，产生了明显的热岛效应。规模较大、布局合理的城市园林绿地系统可以在高温的建筑组群之间交错形成连续的低温地带，起到良好的降温作用。

园林绿化植物还具有吸收和折射太阳光线的作用，拦阻了大量太阳辐射带来的光和热，有效地降低温度。据测定，在夏季，有林荫的地方要比空旷的地方温度低 3~5℃，草坪地的表面温度要比裸露地面低 6~7℃，比柏油路表面温度低 8.0~20.5℃。因此，在城市大面积地进行园林绿化，就能有效地改善城市气候，成为大自然中最理想的"空调"。

3. 减少噪声、防风防火

城市中的工厂极多，人口繁多，车辆等交通工具运输频繁，各种机器马达的鸣叫声和建筑工地机器的轰鸣声常常扰得人们心烦意乱，无法集中精神工作，影响人们正常的睡眠，从而感到疲劳，工作效率和生产效率也会降低，还会使人们听力下降甚至耳聋，或者引发其他精神上的疾病，甚至会出现伤亡事故。而园林绿化中茂密的植物，能通过枝叶的轻和柔软，对声波有散射和吸收的作用，从而达到减少或者阻挡噪声的作用。因此，园林绿化对于城市中的居民具有极其重要的意义。

4. 杀死细菌

空气中散布着各种细菌，又以城市公共场所含菌量为最高。植物可以减少空气中的细菌数量，一方面是由于绿化地区空气中的灰尘减少，从而减少了细菌，另一方面是因为植物本身有杀菌作用。地榆根的水浸液能在 1 分钟内杀死伤寒、副伤寒 A 和 B 的病原和痢疾杆菌的各菌系。0.1 克磨碎的稠李冬芽甚至能在 1 秒钟内杀死苍蝇。1 公顷的刺柏林每天就能分泌出 30 千克杀菌素，可以杀死白喉、肺结核、伤寒、痢疾等病菌。还有某些植物的挥发性油，如丁香酚、天竺葵油、肉桂油、柠檬油等也具有杀菌作用。尤其是松树林、柏树林及樟树林灭菌能力较强，可能与它们的叶子都能散发某些挥发性物质有关。在有树林的地方比没有树林的市区街道上，每立方米空气中的含菌量少85%以上。有人做过测定：城市百货大楼空气中含菌率与林区比高 10 万倍，百货大楼与公园比高 4 000 倍，所以绿化植树对杀菌、提供新鲜空气、保护人民身体健康的作用是不小的。

（二）社会效益

1. 保健与陶冶功能

在凡事千篇一律的城市中，能够看到让人觉得赏心悦目的园林绿化，不仅具有显著的生态作用，更有其优越的观赏价值，为古板的城市增添上大自然的美感。游憩在景色优美而安静的园林里，有利于消除长时间工作所带来的紧张和疲劳，使得脑力和体力得以恢复，从而提高学习、工作和生产的效率。

2. 增加休闲场所，促进社交活动

城市园林绿地为人们提供了闲暇时的休闲、保健场所，特别是公园、小游园、广场绿地及其他附属绿地，都是人们观赏、游戏、散步、健身等的好去处，使紧张工作后的人们能得到放松。

同时城市园林绿地为人们提供了理想的社会交往场所。园林绿地中，大型空间为公共性交往提供了场所，小型空间是社会性交往的理想选择，私密性空间给最熟识的朋友、亲属、恋人等提供了良好的氛围。

（三）经济效益

由于近年来国家大力建设园林化城市，城市园林绿化已经成为一门新兴的环境产业。在国家法律、法规的调控下，城市园林绿化与经济发展形成了互相促进、互为基础的态势，也从中显示着古老园林的崭新魅力。园林绿化是对社会环境资本的投入，其经济回报是多方面的，而且是十分丰厚的。一方面是直接经济效益，指园林绿地直接产生的经济效益，如参观门票和娱乐项目等的收入；许多园林植物既有很强的观赏性，又能获得一定的经济效益，如林木、果树、花卉和中草药等；水面景观如湖、池等可养鱼种藕等。另一方面主要是间接经济效益，即指生态效益，它是无形的产品，可以用有形的市场价值加以换算，做出科学的定性评估和定量计算。据美国科研部门研究资料记载，园林绿地间接的社会经济效益是本身直接经济效益的18~20倍。可见，园林绿地的间接经济效益比直接经济效益要大得多。

园林绿化在现代城市中承担着减轻污染、改善环境质量的作用，但更有满足市民日常的散步休闲、锻炼游憩、舒缓压力的精神要求。随着社会经济的发展、工作节奏的加快，人们对园林绿化需求会变得越来越大。园林绿化逐渐成为一种"环境产业"，带动城市建设。

园林绿化是城市生态系统的重要组成部分，是城市可持续发展的主要环境载体，通过植物景观所构成的美化城市环境对提高市民的生活质量的景观效应，改善城市投资环境和促进旅游能派生出多种经济效益，为城市大规模的经济建设和招商投资创造了良好的环境。随着经济发展水平的提高和现代科学技术的发展，人们对城市生态环境提出越来越高的要求，建设生态园林城市已成为国际潮流，同时也为创建"园林城市""环保模范城市"做出其突出贡献。

（四）文化效益

城市园林绿化根据不同城市的自然生态环境，把大量具有自然气息的花草树木引进到城市，按照园林手法加以组合栽植，同时将民俗风情、传统文化、历史文物等融合在园林绿化中，营造出各种不同风格的城市园林绿化景观，从而使城市色彩更丰富，外观更美丽，并且通过不同园林绿化景观的展现，充分体现出城市的历史脉络和精神风貌，使城市更富文化品位。森林绿量应是草坪的 3 倍。据测定，同样面积的乔、灌、草复层种植结构的森林，其植物绿量约为单一草坪的 3 倍，因而其生态效益也明显优于单一草坪。因此，为了提高土地的有效利用率并获得最佳的生态效益，最大限度地改善人居环境，乔、灌、草的合理配置和有机结合的绿化方式是最优的选择模式。而森林则有良好的参与性能，人们可在森林中尽享鸟语花香，尽情休闲娱乐，使人与自然和谐、融洽地相处。美好的市容风貌不仅可以给人美的享受，令人心旷神怡，而且可以陶冶情操，并获得知识的启迪。美好的市容风貌还有利于吸引人才和资金，有利于经济、文化和科技事业的发展。因此，成功的城市园林绿化在美化市容的同时还应充分体现出城市特有的人文底蕴，这是城市园林绿化重要而独特的功能。

三、园林发展的前景

提到中国园林，世人无不赞叹其博大精深，"上有天堂，下有苏杭"，更多地表达了人们对于优美环境的无限向往。在几千年的历史长河中，在祖国大地上所建的公园不计其数，如苏州的拙政园、留园等一大批古典园林还被纳入了世界文化遗产。但由于战争及天灾人祸等的影响，加上不同的时代、不同的社会对园林的不同需求，中国园林发展至今，走过了一条艰难而曲折的道路，真正的现代园林和城市绿化是在中华人民共和国成立以后才开始快速发展起来的。中华人民共和国成立后，我国非常重视城市绿地建设事业，并在各地相继建立了园林绿化管理部门，担负起园林事业的建设工作。在第一个五年计划期间，还提出了"普遍绿化，重点美化"的方针，并将其纳入城市建设总体规划之中。改革开放的春风，给园林绿化带来了光明的前途和蓬勃生机。到 1995 年，全国城市绿地平均总面积达 67.83 公顷，城市绿化覆盖率达 23.9%，城市公园 3 000 余处，平均公园面积达 7.26 公顷，人均公共绿地面积 5 平方米，祖国大地花草树木相映生辉，一片繁花似锦。

然而，近年来，由于工业的迅速发展和城市人口的迅猛增长，导致城市环境越来越差，原有的园林绿地已满足不了空前城市化进程的需要。大规模的园林建设活动虽然不少，而且也起到了积极的作用，如园林城市的出现，但是受传统园林建筑思想的影响，这些园林建设并没有从根本上阻止环境的进一步恶化，严酷的环境现实，使中国现代园林绿化面临严峻的挑战和难得的机遇。

城市人口的急剧膨胀，使得居民的基本生存环境受到严重威胁；户外体育休闲空间的极度缺乏，土地资源的极度紧张，使得通过大幅度扩大绿地面积来改善环境的途径较难实现；财力限制使得高投入的城市园林绿化和环境治理工程难以完成；自然资源再生利用，生物多样性保护迫在眉睫，整体的自然生态环境也十分脆弱；欧美文化的侵入，使得乡土文化受到前所未有的冲击等。所有这些问题都不言而喻。

现代园林是人类发展、社会进步和自然演化过程中一种协调人与自然关系的工作。其工作的领域是如此广阔，前景是如此美好。但是，我们也必须认识到我们所肩负的责任。如果不能很好地理解人类自身，理解人类社会的发展规律，理解自然的演化过程，那么园林规划设计就只能用来装点门面而已。

纵观近几十年来世界城市公园的发展，不难看出，由于社会经济的发展以及公众对环境认识的提高，世界城市公园有了较大的发展，主要表现在以下五个方面。

（1）公园的数量不断增加，面积不断扩大，如日本，1950年全国公园仅有2 596个，而1976年则增加到了23 477个，数量增加了9倍多。

（2）公园的类型日趋多样化。近年来国外城市除传统意义上的公园、花园以外，各种新颖、富有特色的公园也不断地涌现。如美国的宾夕法尼亚州开辟了一个"知识公园"，园中利用茂密的树林和起伏的地形布置了多种多样的普及自然常识的"知识景点"，每个景点都配有讲解员为求知欲强的游客服务。此外，世界各国富有特色的公园还有：丹麦的童话乐园、美国的迪士尼乐园、奥地利的音乐公园、澳大利亚的袋鼠公园等。

（3）在规划布局上以植物造景为主。在公园的规划布局上，普遍以植物造景为主，建筑的比重较小，追求真实、朴素的自然美，最大限度地让人们在自然的气氛中自由自在地漫步，以寻求诗意，重返大自然。

（4）在园林容貌的养护管理上广泛采用先进的技术设备和科学的管理方法。植物的园艺养护、操作一般都已经实现了机械化，广泛运用电脑进行监控、统计和辅助设计。

（5）随着世界性交往的日益扩大，园林界的交流也越来越多。各国纷纷举办各种性质的园林、园艺博览会、艺术节等活动，极大地促进了园林的发展。如2006年在沈阳举办的世界园艺博览会，就吸引了几十个国家前来参展。

四、园林植物选种和栽植新技术

1. 空间育种技术

随着我国航空事业的迅猛发展，空间育种技术也带来了全新的发展空间，航空技术、现代生物技术和遗传育种技术也愈发成熟，以上技术的成熟为种植的创新开创了新的途径，科学家可以通过空间育种技术培育出高产、早熟、多抗且优质的新植株，进而解决以往园林植物花期短和抗性差等一系列问题。通过将植物的种子随飞船带入太空之中，利用太空辐射和微重力环境等各种太空条件的影响，使种子具有有益突变多、诱变效率高等优质特性，且完全不需要担心转基因植物的安全问题。正因为以上多种优势，空间育种技术不仅能够培养出花期长、花朵鲜艳的植物，还能让植株具有抗旱、抗盐碱与抗病虫害等优点。

2. 同工酶技术的应用

同工酶技术在园林植物中一般用于植物品种的分类和筛选，目的是做出能够适应当地地区气候条件的植物种类的选择。通过使用同工酶技术做植物的杂交育种，可以相对准确地预测出植物之间的杂交结果，从而提高杂交的可预见性和目的性，还可以有效地降低人力和财力的投入，能够在很大程度上节省成本。

第二章 园林规划中的土地利用与规划

自从改革开放以来，我国城市化进程不断加快，对于城市建设的要求也在提高，而城市内的问题却不断增加。园林规划作为城市建设中的一部分，其主要作用是调节人与自然之间的关系，营造和谐的城市环境，本章介绍了园林规划中的土地利用与规划。

第一节 土地利用与规划的背景

当代人类社会发展中存在资源、人口、粮食、环境四大矛盾，其中资源及其利用，尤其土地资源的利用与保护直接关系到粮食供给和人口生存、环境改善和经济持续发展。

一、土地资源的发展现状

随着全球人口不断增加，土地资源的超量开发，人类生存环境受到了严重的威胁。土地资源是人类赖以生存和发展的重要资源基础，其利用与覆盖特征，不仅影响社会经济的持续发展，而且还间接影响全球环境的变化。因此，土地利用与土地覆盖研究，已引起世界各国科研和政府部门的关注。

（一）世界土地资源利用状况

1993 年，世界有影响的两大项目"全球地圈与生物圈计划"（PIG）和"世界人文项目"（HAP）总结了各自以往的工作之后，共同发起对"土地利用与全球土地覆盖变化"（LUCC）的研究。随后，组织成立了"项目设计核心委员会"（CHOPPY）。中国科学院作为中国及亚太地区代表也加入了 CHOPPY 组织，参与了新的全球科研项目的设计工作。按 PIG 和 HAP，LUCC 项目设计已于 1994 年完成，1995 年在全球范围内开展。目前，LUCC 项目已受到许多国际组织和国家的关注。

（二）我国土地资源利用状况

中国是农业大国，有着悠久的土地利用历史，土地利用类型多种多样，地区分布差异显著。历史发展的实践证明，中国土地利用状况及土地覆盖变化都直接或间接地与资源环境的变化和社会经济的发展发生了紧密的联系。在当前中国由计划经济向社会主义市场经济转变、经济增长方式由粗放经营向集约经营的转变过程中，社会经济发展与土地资源开发利用，经济增长与资源状况，生态环境与人类活动之间的联系越来越紧密，其中有些矛盾会越来越突出。

（三）相关法律法规

1984 年 9 月，由全国农业区划委员会颁发的《土地利用现状调查技术规程》对我国的土地利用情况做了比较详尽的分类。依据土地的用途、经营特点、利用方式和覆盖特征等因素，将全国土地分为 8 个一级类，46 个二级类，为全国土地利用现状调查提供了分类依据。为进一步摸清城镇土地的状况，原国家土地管理局于 1989 年实施，又于 1993 年 6 月修改的《城镇地籍调查规程》将城镇土地划分为 10 个一级类、24 个二级类。城镇土地的分类是对土地利用状况分类中"城镇"的进一步划分，从而形成一套我国土地利用的分类体系。这套分类体系为完成我国土地利用现状调查和城镇地籍调查、土地登记发挥了重要作用，为土地管理部门掌握各类土地的面积、土地利用状况提供了依据。

二、我国土地利用的问题

（一）土地矛盾日益突出

研究"中国土地利用与土地覆盖变化及社会经济协调发展"问题具有全球性意义，更重要的是对中国持续发展具有现实意义。中国人多地少，土地资源十分紧缺。随着人口增加和社会经济发展，耕地逐年减少，人地矛盾日益突出。合理开发利用我国土地资源、协调人地关系、改善生存环境，已成为国家的一项重大决策和行动，并得到国家有关机构的支持。中国科学院将这一研究列为重点项目，全面开展研究，为改善我国土地利用状况，适应两个转变的要求，合理、有效、持续地开发利用我国土地资源提供科学依据。

（二）约束力不足

许多地方无视土地利用总体规划的约束力，存在在加速发展中盲目建设工业园区、重复建设，大量圈占土地、占用耕地甚至基本农田的现象，使得土地利用总体规划的龙头地位变得有名无实。原来的土地利用总体规划的工作程序是国家的大纲先出来，然后耕地保有量、建设用地总量、用地指标等刚性指标下到各省，省再下到市，最后市下到县、县下到乡。《中华人民共和国土地管理法》规定，省可以授权给设区的市，由市编制乡镇土地规划，经批准的土地利用总体规划的修改，须经原批准机关批准，于是规划修改的权力下放给了市级，比如动用基本农田。但现在由于市级有修改和批准规划的权力，它们往往采用修编规划的手段变相地把基本农田调整为一般农用地。

这样再转化为建设用地时市里可以以修编规划的名义直接批，最多是报到省里去。另外，我国部分省、市的规划修改采用介入市场化交易行为，城市建设用地规划指标、基本农田保护指标、建设用地计划指标等的异地调剂、异地代保，实质上变相地调整了规划与计划对于区际的协调控制。

（三）先进的科学技术手段应用不够

基期的土地利用现状图和规划图，不少地方还是手工绘制，规划数据不是通过计算机从规划图上量算，图数一致性较差，使规划的真实性、科学性都受到很大影响。从规划编制技术上看，上一轮土地利用总体规划缺乏超前意识和先进规划理论的指导，"千篇一律"，加之指导思想上的偏差以及抢时间、赶速度等原因，致使规划模式、规划方案缺少地方特色。规划的内容对人口发展的预测，对土地承载力的研究、方法及表现形式都没有创新和突破。对基本农田保护区块的选择、对城镇用地的预测和规模边界的划定等，缺乏科学合理的编制方法，一些安排流于形式，导致有人戏称规划实际就是在做"数字游戏"，必然会出现"纸上画画，墙上挂挂"的现象。

（四）对经济发展速度估计不足

由于上轮规划是在宏观经济形势紧缩和调控的大背景下制订出来的，对此后出现的城乡经济持续快速发展预见不够，大多数经济较为发达的地区普遍存在着规划下达的建设占用耕地指标不足的现象。从协调耕地保护与经济发展的关系看，农用地保护面积偏大，城乡建设发展空间受到一定的约束，矛盾突出。如厦门市土地利用总体规划，上轮规划的基本农田保护率达到了88%，真正用于城市基础设施建设、交通建设、工业项目建设的土地空间已经非常有限。

（五）按规划用地比较意识淡薄

目前，一些地方政府和农民，按规划用地的意识比较淡薄。是地方政府认为实施土地利用总体规划只是一种形式，想用地，并且想用哪块地，只要经过规划修编或者规划调整就可以实现。这就造成项目用地选址的随意性比较大，导致经常出现规划刚批准，就要求调整的现象，致使用地没有按规划实施。从近几年的实践来看，由于认识方面的偏差，一些地方领导对经济发展规律和城市规律认识不足或片面追求政绩，盲目扩大城市规模，甚至把扩大城市规模、建设所谓的"形象工程"作为城市"跨越式发展"的标志。这就使得一些地方在编制城市规划时，不切实际地盲目扩大面积，大量占用耕地，而土地利用总体规划却又难以对其加以约束，造成许多城市土地供应总量失控，城市规划超前的现象严重。特别是近年来各开发区的土地闲置，造成大量土地浪费等问题更引人注目。在农村，有些农民甚至没有土地规划的基本知识，随意建设民用房，违法占用基本农田，荒废田地不去耕作。总之，不管是地方政府还是农民，按规划用地的意识都比较淡薄，这也是土地利用总体规划制度缺陷的一个根本原因。

（六）利用模式存在问题

国内很多城市仍然实施"摊大饼"式的发展模式，大量占用郊区和农村土地，土地浪费严重。平面扩张是城市化必不可少的发展需要，但是如果不考虑城市内部存量土地的盘活利用，最终会本末倒置，影响该地区的发展。因为平面多分的扩张会直接或间接地导致两个明显的不良后果：一是占了农用土地，使得人地矛盾更加突出，从土地和农民的关系出发实际是人与人的关系矛盾的激化，不利于当地集体组织的稳定；二是忽视了新城区的存量土地的利用和旧城区的充分改造与开发建设，使城区的土地没有充分地发挥资产作用，土地资产价值无法体现出来，也会带来后期城区积累的闲置。土地过多，如重新开发和改造，会带来双重压力或者更多倍，会在同一城市形成现代与落后场景并存，看上去格格不入。

（七）获取方式存在问题

当前我国土地出让多采用挂牌方式，而挂牌方式奉行"出价高得"的标准来确定竞得人，完全靠实力来说话，在挂牌前要对每块地进行评估，而现在土地市场评估的方法多采用市场比较法，而评估专业人员采用市场比较法是结合该宗地块附近已经出让的或者周边地价来确定的，评估专业人员只能把该将要出让的地块评高或者持平，因为原有的价格摆在那儿了，所以出现地王现象也就不足为奇了。在确定竞得者时，价格不是唯一标准，同时要考虑多方面的因素，如周边环境、公共利益等。

三、解决方案

（1）土地利用规划中的刚性可增强规划的宏观控制力度，体现规划的权威性与龙头作用。

上一轮土地利用总体规划自上而下下达控制指标，从实施效果来看，有利于耕地保护的宏观管理。但由于信息的缺乏和规划的不可预见性，反映出规划的"刚性"太强，缺乏应有的灵活性。一是数量上控制太死。在一些经济发展迅速的省市，在没有用地指标，而在某些项目又确实需要用地的情况下，由于没有机动指标，重新审批又嫌麻烦，结果导致违法、违规占地现象发生。二是规划用地的空间布局缺乏灵活性。原则上第二轮土地利用总体规划已经确定了土地利用未来的利用方式的土地，都不得随意改动。这条措施有利于土地资源的宏观调控，也有利于土地资源的集约化，提高土地利用效益。但是各类不可预见的建设项目尤其是省以上不可预见的建设项目太多，不可能在规划方案中落实；在编制规划时，很多项目还没有进行可行性研究，其选址根本没有确定，难以把最后的选址地点纳入土地利用总体规划。三是在土地用途管制中不能适应形势发展的要求。如在农业结构调整中，农民往往要根据市场的需要，改变土地利用方式。

（2）经济作物，从事养殖业等将改变传统意义上耕地的用途。

如果土地利用总体规划不能满足这种需求，必将挫伤农民的耕种积极性，导致农民对土地投入不足，甚至将土地撂荒等后果，不利于土地的可持续利用。以上几方面说明规划的刚性太强，反而扼杀了市场行为在调配资源过程中的基础性作用。在市场实践活动中，客观事实的发展与事前预测完全相符是非常少有的，而以这种缺乏弹性的规划来指导未来的土地利用显然是不合适的。其结果必然致使规划的局部调整频率较高，规划管理工作处于被动应付的局面。

（3）严格参照相关法规执行。

我国土地利用管理司相关负责人表示，近年来国家为规范房地产供地、促进闲置地利用屡出新政，先后对商品住宅用地单宗出让面积、住房用地容积率控制标准等做了明确限定。要求严格限制低密度大户型住宅项目的开发建设，住宅用地的容积率指标必须加大。这是部门联合发文中首次对住宅用地规划建设条件做出的明确规定，为依法查处违规别墅类用地提供了标准。

4.加强土地出让市场体系建设

健全土地市场体系是优化配置城市土地资源的根本途径和集约利用城市土地的保障。土地不仅是资源更是宝贵的资产，因此它需要用市场的调节机制来监管。一方面，对经营性用地要严格执行《招标拍卖挂牌出让国有土地使用权规定》的有关硬性条款内容，同时各地区市、县国土资源管理、土地储备机构要积极参与制定适用地方的土地出让计划和土地储备计划实施办法，有力地引导当地土地市场朝着合法、有序的方向发展；另一方面，对工业用地，不得以低地价为诱饵，向外招商来购买土地，造成国家土地资产流失，要联合规划、发改委、环保、物价等部门共同参与来约束工业用地不法行为的发生，减少外界对土地市场的干预。

四、新型城镇化

（一）新型城镇化概念

研讨新型城镇化背景下的土地利用规划问题，首先要界定什么是新型城镇化。张曙光认为新型城镇化应是人口的城镇化，是土地和人口协调配套的城镇化，这样的城镇化可以解决过去城镇化中出现的一系列问题。

（二）新型城镇化实施方案

在分析和把握我国当前经济发展和深化改革的大趋势和阶段性主要问题与矛盾下，新型城镇化是促进我国社会经济协调、持续健康发展的一种战略选择。意在消除我国长期以来影响我国发展的二元结构。冯长春认为新型城镇化要从四个方面去理解并付诸实施。

（1）人口城镇化，即人口向城镇集中的过程。

（2）经济城镇化，指由于经济专业化的发展和技术进步，人们离开农业经济向非农业经济活动转移并在城镇中集聚的过程，强调农村经济向城市经济的转化过程和机制。

（3）社会城镇化，即伴随着经济、人口、土地的城镇化过程，人们的生产方式、行为习惯、社会组织关系乃至精神与价值观念都会发生转变，城市文化、生活方式、价值观念等向乡村地域扩散的、较为抽象的、精神上的变化过程。

（4）资源城镇化，包括土地、水资源和能源，这些是制约城镇化发展的主要因素，在城市建设过程中要高效、集中利用。

（三）新型城镇化的作用

新型城镇化有利于城乡居民的共同富裕和发展；有利于产业结构的调整；有利于实现可持续的经济发展方式，国家实力增强，人民能够更加富裕。白中科等认为新型城镇化要以人为本，统筹考虑生产问题、生活问题和生态问题。亟待研究制定基于环境容量和资源承载下的我国不同类型区域镇化的标准和发展模式。严金明等认为新型城镇化是综合城镇化，是社会经济、自然资源、生态环境等各个层面的综合协同城镇化过程。具体来说包括三个部分，即人口城镇化、土地域镇化和工业城镇化。蔡继明指出城镇化的本质不是空间的城镇化而是人口的城镇化，现在的新型城镇化强调人口的城镇化，是回归城镇化的本来面目，城镇化的核心就是伴随着工业化农村剩余劳动力向非农业转移，农村人口向城镇人口转变。

第二节　土地利用与规划的主要内容

一、土地利用的概念

土地利用是人们依据土地资源的特殊功能和一定的经济目的，对土地的开发、利用、保护和整治。

（一）土地的合理利用

土地的合理利用是对土地进行充分的、使其发挥最佳功能的利用。合理利用的标志是利用的有效性和永续性。

（二）土地利用与规划的概念

土地利用与规划是指在一定的规划区域内，根据地区的自然、经济、社会条件、土地自身的适宜性以及国民经济发展的需要和市场需求，协调国民经济各部门之间和农业生产各业之间的用地矛盾，寻求最佳土地利用结构和布局，对土地资源的开发、利用、治理保护进行统筹安排的战略性部署和措施。土地利用规划是一种空间规划，它是土地利用规划体系中的重要组成部分，是土地利用管理的"龙头"。编制和实施土地利用与规划是解决各种土地利用矛盾的重要手段，也是保证国民经济顺利发展的重要措施，对实现我国社会主义现代化建设具有重要意义和作用。

土地利用与规划的性质是整体性，整体性是指规划区域内的全部土地资本。

（三）相关名词的概念

1. 土地

土地一般指表层的陆地部分及其以上、以下一定幅度空间范围内的全部要素，以及人类社会生产生活活动作用于空间的某些结果所组成的自然——

经济综合体。

2. 土壤

土壤一般是指地球陆地表面具有肥力、能够生长植物的疏松表层。国土是指一国主权管辖范围内的领陆、领空、领海等的总称。

3. 土地整理

土地整理指在一定区域内，依据土地利用与规划，采取行政、经济、法律和技术手段，对土地利用状况进行综合整治，增加有效耕地面积，提高土地质量和利用效率，改善生产、生活条件和生态环境的活动。

4. 土地开发

土地开发是指在保护和改善生态环境、防治水土流失和土地荒漠化的前提下，采取工程、生物等措施，将未利用的土地资源开发利用与经营的活动。

5. 土地复垦

广义的土地复垦是指对被破坏或退化的土地的再生利用及其生态系统恢复的综合性技术过程。狭义的土地复垦是指对工矿业用地的再生利用。

6. 土地开发整理规划

土地开发整理规划是指在规划区域内，在土地利用与规划的指导和控制下，对规划区域内未利用、暂时不能利用或已利用但利用不充分的土地，确定实施开发、利用、改造的方向、规模、空间布局和时间顺序。

土地开发整理规划包括土地平整工程规划、农田水利工程规划，田间道路工程规划，生态防护工程规划。

7. 城市土地的运行程序

城市土地的运行程序：选择土地整理单元、进行土地整理规划方案设计、批准城市土地整理方案、组织城市土地整理的实施、检查验收并确权登记。

二、土地利用与规划的内容

（1）土地利用现状分析摸清家底，规划基础。

（2）土地供给量预测明确土地利用潜力。

（3）土地需求量预测土地利用调整的依据。

（4）确定规划目标和任务规划的方向。

（5）土地利用结构与布局调整规划的核心内容。

（6）土地利用分区土地用途管制的依据。

（7）土地利用的宏观调控。土地利用宏观管理体系的重要基础，是土地利用宏观控制的主要依据。

（8）土地利用的合理组织。通过土地利用与规划在时空上对各类用地进行合理布局，制定相应的配套政策引导土地资源的开发、利用、整治和保护，以保证充分、合理、科学、有效地利用有限的土地资源，防止对土地资源的盲目开发。

（9）土地利用的规范监督。土地利用与规划具有法律效力，任何机构和个人不得随意变更规划方案，各项用地必须依据规划，土地利用与规划是监督各部门土地利用的重要依据。

（10）制定实施规划的措施。土地利用与规划的编制主体是人民政府。根据《中华人民共和国土地管理法》第十五条规定，各级人民政府应当依据国民经济和社会发展规划、国土整治和资源环境保护的要求、土地供给能力以及各项建设对土地的需求，组织编制土地利用总体规划。

三、土地利用与规划的作用

1. 能够有效地解决土地利用中的重大问题

通过规划，划分土地利用区，实行土地用途管制，通过规划引导，明确哪些产业的用地优先供给，哪些产业的用地限制供给。水利、交通、能源、环境综合治理等基础设施和国家重点建设项目用地，重要的生态保护用地和旅游设施用地要给予保证。

2. 土地利用与规划是土地利用管理的重要依据

通过规划的引导、调控，实现土地资源集约合理利用，保障社会经济的可持续发展。

3. 土地利用与规划是合理利用土地的基础和依据

土地利用与规划是与土地的自然条件、社会经济条件和国民经济、社会发展相适应的土地利用长远规划，因此它是合理利用土地的基础和依据。长期以来，由于种种原因我国土地利用处在无规划的盲目利用状态，以致森林植被被破坏，草原退化，水土流失加剧，土地和盐碱化面积扩大，耕地质量下降，非农业建设用地乱占滥用，浪费土地现象严重。出现土地利用结构和布局不尽合理，土地资源未能充分利用等种种问题。为了解决这些问题，防止土地利用的短期行为继续发生，使土地资源得到优化配置和充分利用，迫切需要编制土地利用与规划，对土地利用的方向、结构，布局做出符合全局利益和长远利益的宏观规划，借以指导各个局部的土地开发、利用、整治、改良和保护，为改善土地利用环境、提高土地利用率和土地利用的综合效益创造良好的条件。

4. 土地利用与规划为国民经济持续、稳定、协调发展创造有利条件

土地是一切生产建设和人民生活不可缺少的物质条件。我国人口众多，人均土地和人均耕地面积严重低于世界平均水平而且农业后备土地资源不足。在人口持续增长、经济迅速发展、人民生活水平日益提高、城乡建设用地势必进一步扩大的形势下，对数量有限的土地资源如不做出统筹兼顾的长远安排，不加控制，任其自由占用和随意扩展，必将制约国民经济的健康发展和影响人民生活水平的不断提高。

5. 土地利用与规划是政府调节土地资源配置的重要手段

通过编制和实施土地利用与规划，统筹安排各项建设发展用地指标和区域布局。通过规划和年度计划，从三方面调控土地供应。

（1）总量调控：从全局角度提出增加或者减少资源供应的建议。

（2）区域调控：制定不同区域的供地政策，引导区域产业布局逐渐优化。

（3）分类调控：通过供地政策，促进产业结构调整。

四、土地利用与规划的特征

土地利用与规划要综合各部门对土地的需求，协调各部门的土地利用活动。土地利用与规划，特别是全国省级和地（市）级土地利用与规划，侧重研究解决一些重大的战略性问题，如国民经济各部门的用地总供给与总需求的平衡问题，基本农田、生态保护用地、城镇发展用地的协调与布局问题。规划的本质

是比较长远的分阶段实现的计划，长期性是它的基本特征。土地利用与规划的控制性主要表现在两个方面。从纵向讲，下一级的土地利用与规划要接受上一级土地利用与规划的控制和指导；从横向讲，一个地区的土地利用与规划，对本地区国民经济各部门的土地利用起到宏观控制作用。土地利用与规划依法由各级人民政府编制，通过国家权利保证其实施，对于违反土地利用与规划的土地利用行为要追究其法律责任，因此它不同于行业或者部门用地规划。

五、土地利用规划的任务

1.土地供需综合平衡

协调土地的供需矛盾是首要任务。

2.土地利用结构优化

土地利用结构是土地利用系统的核心内容，结构决定功能。土地利用规划的核心内容是资源约束条件下寻求最优的土地利用结构。

3.土地利用宏观布局

最终确定在何时、何地和何种部门使用土地的数量及其分布状态，并结合土地质量和环境条件加以区位选择，最终将各业用地落实在土地之上。

4.土地利用微观设计

在宏观布局的基础上，合理组织利用土地，以最大限度提高其产出率和利用率，降低其占有率。

5.土地利用规划程序

明确任务、组织班子、收集资料、明确问题、明发构想，系统分析、系统综合、系统优化、系统评价、系统运行、系统更新。

6.土地利用规划的原则

维护社会主义土地公有制原则、因地制宜原则、综合效益原则、逐级控制原则、动态平衡原则。

六、土地利用规划体系

土地利用规划体系指由不同种类、不同类型、不同级别和不同时序的土地利用规划所组成相互交错且相互联系的系统。我国规划总类多，且分属不同部门管理，各部门间存在相互争夺区域规划空间的现象，尽管名目不一，各有侧重，但其内容多大同小异，导致大量工作重复，资源浪费，各搞各的，互不协调，甚至各不认账，严重影响规划的科学性、实用性和权威性。因此，厘清各规划之间的区别与联系对促进我国各规划的协调衔接有重要的作用。

（1）全国性土地利用与规划：全国性土地利用与规划应该为国家的宏观经济调控提供依据，它应该属于战略性、政策性规划。

（2）省（区）级土地利用与规划：省（区）级行政区在我国的区域范围都比较大，经济结构、产业结构、土地利用结构都比较完整，省级土地利用与规划仍属于政策性规划的范畴，它的规划内容与全国性规划相近，但它的区域差异性更加具体明确。

（3）地（市）级土地利用与规划：地（市）级土地利用与规划就其深度而言应属于政策性规划范畴，它是由省级规划向县级规划的过渡层次，其基本内容应是在上级规划的控制下，结合区域规划的要求，在分析本地（市）的人口、土地与经济发展的基础上，进一步分析土地的供需情况，提出土地供应的总量控制指标和确定本地（市）区域土地开发、利用、整治和保护的重点地区和范围。

（4）县（市）级土地利用与规划：县（市）级土地利用与规划属于管理型规划，重在定性、定量、定位的落实，强调规划的可操作性。

（5）乡（镇）级土地利用与规划：乡（镇）级土地利用与规划属于规划的最低层次，属实施型规划，规划成果以规划图为主，为用地管理提供直接的依据。

七、土地利用与规划的类型

1. 分类方式

土地分类的不同直接导致同一地类有不同的内涵，使相同区域可以统计出不同的地类面积，相同地类无法进行比较、计算等。土地利用与规划编制规程中将城镇村及工矿用地分为城市用地（建成区）、建制镇用地、村庄用地、独立工矿用地、盐田及特殊用地。

2. 相关法律法规

土地利用规划中的城市用地面积要小于城市规划中的城市用地面积。土地规划的宏观控制和约束力未能在法律上充分体现。《中华人民共和国土地管理法》及其实施条例都简单地讲各级政府应编制土地利用与规划，但规划应对哪些土地利用进行宏观控制，如何保证规划的实施，土地利用与规划有无法律约束力，违反了规划如何处置等均未能明确。相形之下，城市规划有《中华人民共和国城市规划法》作为法律保障，规划的制定、实施和违反规划应负的法律责任等，《中华人民共和国城市规划法》均做了明确的规定。

3. 土地开发整理项目依据概念

土地开发整理项目依据是指依据土地利用与规划和土地开发整理专项规划，在项目区内进行各种基础设施布置，土地利用结构与布局调整、产权调整与利益分配所做的安排。土地开发整理规划实际上属于土地利用详细规划。

第三节 土地利用与规划的发展历程

一、土地的重要性

1. 土地是人类生存和文明延续的物质条件

土地利用规划是否科学、合理和可持续，将对人类活动的各个方面产生深刻影响。

2. 土地利用规划是一项涉及国民经济各个产业部分的系统工程

土地利用规划是国民经济各个部门发展的基础。为了提高规划的工作效率和决策的科学性，近年来，国际上土地利用规划中高新技术得到了广泛的应用。土地利用规划的方法逐渐由定性描述、对比分析等传统方法转变为普遍使用系统工程、灰色控制系统、层次分析（AHP）法、系统动力学（SD）模型、多目标决策规划等现代方法。模型技术的大量运用，不仅提高了规划方案的精度，而且为模拟土地利用的动态发展过程提供了可能。地理信息系统技术（GIS）、遥感技术（RS）、全球定位系统（GPS）等现代科技手段的逐步使用，使土地利用规划从野外资料搜集、信息处理、计算模拟、目标决策、规划成图到监督实施全过程逐步向信息化方向发展。

一些国家还将决策支持系统（ASS）技术引入到土地利用规划编制工作中去，这是规划方法手段革新的又一大转折点。以 GIS 为核心的土地利用规划体系数据库及动态的规划管理决策系统，在加强各类空间规划的编制及规划实施管理的科学性、动态性与整体性，加强不同类型、不同层次规划的联系，减少规划之间的矛盾方面都具有不可忽视的作用。

二、土地利用与规划发展历程

（一）城市规划的起源

城市规划是人类为了在城市的发展中维持公共生活的空间秩序而做的未来空间安排的意志。这种对未来空间发展的安排意图，在更大的范围内，可以扩大到区域规划；而在更小的范围内，可以延伸到建筑群体之间的空间设计。因此，从更本质的意义上来说，城市规划是人居环境各层面上的、以城市层次为主导工作对象的空间规划。在实际工作中，城市规划的工作对象不仅仅是在行政级别意义上的城市，也包括在行政管理设置、在市级以上的地区、区域，也包括够不上城市行政设置的镇、乡和村等人居空间环境。

（二）20 世纪 70 年代以前的土地利用与规划

20 世纪 70 年代以前的土地利用与规划主要内容是土地利用分区，即将一定范围内的土地划分成不同使用分区，并以使用分区图来界定分区的范围及区位，在每一分区中，制定不同的土地使用规则或规范。

1. 此期间土地利用与规划的内容

这期间，城市土地利用规划的内容相对比较丰富，它包括对未来 10~20 年间公共建筑物、私有土地、居住用地、商业用地分布的设计，在规划图上要求标明以下元素：街道、公园、公共建筑物场地、公共保留地、公共机构设置点等。

2.此期间土地利用与规划的任务

任务是消除土地利用上的不合理现象，消灭不合理地界，改善水利设施、合理配置各类用地，对企业内的土地利用进行详细设计，绘制土地利用规划"蓝图"。我国的土地利用规划内容主要包括土地区划以及进一步的田块划分、林带配置、居民点安排、道路布局等。

（三）20世纪70年代以后的土地利用与规划

1.问题日益显现

随着人口、资源、环境和发展（CRED）问题的日益凸显，土地利用规划逐渐从传统的建设性或蓝图规划，发展到以控制土地利用变化和可持续发展为目的且具有广泛民众基础的公共决策。

2.各种规划理论相继被接受

以现代控制论为理念的规划，即以目标、连续信息、各种有关未来的比较方案的预测和模拟—评价—选择—连续监督为基本模式的规划理论开始被接受。关于土地利用规划的概念、研究对象、任务、理论基础的研究，总体上发展比较缓慢。正如联合国粮食及农业组织（FAO）指出的那样，土地利用规划方法论并没有像土地评价那样发展成熟，甚至有关土地利用规划所包括的内容、任务还在争议。一些研究者把他们的任务限制在土地利用方式的实体设计和布局上；另一些人则认为土地利用规划即为通过立法来控制土地利用。

3.标志性进展

（1）出现了以土地评价为基础的土地利用规划模式。

1972年在荷兰瓦格宁根召开的农村土地评价的FAO会议上，Brinkman和Myth指出，土地资源评价与土地利用规划的结合是非常必要的。

规划包括四个方面：规划过程的一般环境、规划过程题材、规划单元、完成规划的形式。土地评价与土地规划的相互渗透和交换可产生更有效的结果。可预测的土地利用类型的决策尤为如此。

（2）FAO于1993年出版了第一本《土地利用规划》指南。

该指南对土地利用规划的本质和目的、规划的尺度和对象等理论问题进行了明确的界定。该指南认为，土地利用规划是一个对土地和水资源潜力，以及对土地利用和社会经济条件改变的系统评价过程。其目的是为了选择、采用并实施最佳的土地利用方案，以满足人们对未来土地资源安全的需要，规划的驱动力是变化的需要，改善管理的需要或者是由于条件改变导致选择不同土地利用模块的需要。

（3）土地利用规划理论探讨进入深入期。

1994年,《可持续土地利用规划》出版,该书对可持续土地利用规划的概念、动机、内容体系等进行了较深入的理论探讨。

研究者们认为，所谓可持续土地利用规划，是为了正确选择各种土地利用区位、改善农村土地利用的空间条件以及长久保护自然资源而制定的土地利用政策及实施这些政策的操作指南。按照他们的观点，在土地利用规划过程中，土地最佳利用和可持续环境导向下的土地保护是两个最重要的方面。

（4）在城市合理用地规模的理论研究方面取得重要进展。

波兰的B.马列士以"门槛"理论作为衡量城市发展规模的合理限度；美国G.戈拉尼提出了用密度、功能、健康、费用四项标准来确定城市的最优规模。莱斯提出了"生态印证"理论来反证人类必须有节制地使用"空间"这种资源。美国和加拿大等国则在用途管制理论的基础上，提出成长管理来指导控制城市用地的无限制蔓延。

（五）21世纪的土地利用与规划

美国、日本、德国、英国、加拿大等国家在规划制定的各个阶段都积极倡导各方人士参与，使规划保持了较高透明度和参与度，我国现在也开始注重规划的公众参与。从理论上讲，在规划过程中只依赖少数人进行决策是很可怕的，不同利益集团都应享有均等的机会和发言权，参与制订政策、编制规划和管理全过程。这种公开透明的规划体系决定了规划部门的任务不单纯是依据政府决定编制蓝图，而且应依靠自己的专业知识对决策具有合法的参与权和实施权，并在各部门的决策者之间进行协调，最终产生有广泛群众基础的民主性规划。国内外关于复杂地理计算模型在土地利用规划空间布局方面的研究还不是很多，但复杂地理计算模型在许多方面已初露端倪。有关地理空间演化的理论和动态模型研究有了长足的发展，地理学家开始应用复杂地理计算理论和方法来研究和分析地理系统的空间复杂性问题。以美国芝加哥市规划和发展局的规划过程为例，按该局的话来说，我们不再制定规划，然后让社区按我们的规划实施。现在是规划局和社区组织、社区发展公司一起工作。对某一地区的规划，主要由当地社区提出，规划部门提供技术及财政支持，然后由规划部门按区划法规审定批准，引导社区实施由他们自己制订的规划。这种做法直接反映社区的要求，充分体现了规划中的公众参与。规划作为政府的职能之一，不是直接运作，而是起着协调、仲裁、审定的作用。规划主体日益显现多元化的特征。

1. 新时期土地资源管理的现实意义

土地资源紧缺与土地资源浪费现象同时趋于严重化已经能充分显示出土地资源管理的必要性。在以上两种现象的同时作用下，人均土地资源越来越紧缺，提高土地资源管理水平，提升土地资源利用效率，成为解决土地供需矛盾的首要措施。我国进入新的发展时期，社会基础设施的建设与完善需要大量土地资源，城乡结合发展也以土地资源为支撑，可以说，土地资源管理工作革新已经与社会发展挂钩，想要保证国家稳定健康发展，就要解决土地资源浪费的问题，提高土地综合利用效率。

2. 土地资源管理和土地利用的优化措施

（1）做好土地资源管理长远规划。

想要实现土地资源利用的可持续性，做好土地资源管理长期规划非常重要。土地资源管理要与国家经济发展情况相适应。我国城市化建设和工业化进程不断深入，对土地资源的需求更加多样化。为在社会发展建设的同时，保证土地资源得到充分、合理的利用，避免土地浪费，要求政府部门根据区域发展战略和自有土地状况，制定长期土地资源利用方案，保证土地资源的开发与城市发展同步进行。在管理规划过程中，尤其要强调统筹兼顾的原则。从整体性角度出发，充分考量区域内住宅、生态、工厂等单元对土地资源的需求，保证土地资源在各使用单元间得到合理的分配，构建区域整体土地资源规划方案，不断优化各地块间的功能搭配，努力为人们创造更便捷、舒适的生活空间。

（2）加强对土地资源利用的监督。

建立在合理的土地资源管理长期规划的基础上，如果想要最大限度地提高土地资源的使用效率，就要严把土地资源使用关，加强对土地使用的政府监管，保证土地资源得到合理、充分的使用。土地资源利用监管工作的进行，也能促进土地资源管理政策的充分落实，不断提高我国土地资源管理和综合利用水平。首先，土地资源利用监管要以资源的整体规划情况为依据，分别维护土地资源管理规划方案的合法、合规、合理地位，以具体的规划细节为标准，开展土地资源利用监管工作。要求各建设部门，严格遵守土地资源管理办法的要求，提高资源使用率。

（3）强化土地资源的集约化管理。

集约化管理的概念是在生态保护、资源节约等可持续发展要求下被提出的新型管理理念。在土地资源开发利用过程中，要充分渗透生态保护、资源节约的理念，珍惜有限的土地资源，将开发与节约相结合，实现土地资源利用的可持续发展。在城市建设过程中，要提前做好项目规划工作，充分考虑城市空间布局的合理性，通过布局优化提高城市土地资源利用效率，缓解城市人均土地不足的问题。

在农村，除了要进一步推进耕地保护政策外，还要努力实现耕地资源与其他生态资源的协调发展，降低农耕活动对周边自然环境的影响。此外，加强土地治理工作，并将其作为土地资源管理的一部分，通过有效的生态治理措施，控制土地沙化、减少水土流失等土地灾害的发生。将土地资源的有效利用与土地资源的有效保护相结合，使得集约化管理在我国土地资源管理过程中发挥更多积极作用。

三、土地利用与规划的发展模式

（一）美国模式

美国模式主要通过法律法规形式制定土地利用目标和规划。其规划形式包括城市和大都市规划、联邦州和区域规划以及农村土地利用规划；从规划体系来看，可以分为三大类（总体规划、专项规划和用地增长管理规划）和六个层次（国家级、区域级、州级、亚区域级、县级和市级）；从规划内容看，一般包括七个要素土地利用形式 [公有地、农业用地、林业用地、城市用地和乡村用地、交通、居住地、空旷地（绿地）]。保护地安全设施和防噪声污染，规划总的规划思想有三种：保护农业用地、控制大城市扩大用地规模、保护森林及生态系统。

（二）日本模式

日本模式规划分为全国规划、都道府县规划和市镇村规划三级。在都道府县范围内，还要制定"土地利用基本规划"，主要内容有确定土地利用的基本方向，按照城市、农业、森林、自然公园、自然保护的五种地域类型进行土地利用区划。除了上述两个规划外，还通过法律和行政手段，使宏观管理和微观管理结合起来，形成一个比较完整的体系。日本模式是以土地私有制和自由市场经济为基础，通过土地利用规划和土地利用基本规划对土地资源进行宏观调控，以法律和行政手段实现土地利用的微观调控，着重于宏观的直接调控，间接实行微观调控。

（三）英国模式

英国模式规划分为四级：国家级规划（规划政策指南）、区域规划（区域规划指南）、郡级规划（结构规划）和区级规划（地方规划）。土地利用规划的实施大多依靠制定专门的法律，主要控制手段为土地用途管制或规划许可。

四、未来土地规划与利用的发展趋势

（一）土地利用规划空间布局问题具有典型的时空特征

土地规划经历着复杂的时空转化过程。在宏观上是社会过程、经济过程以及生态过程等在土地利用空间上的动态映射；在微观上是政府、居民、企业等主体之间以及其与土地利用实体之间并行的局部作用的适应过程在空间上的表达。土地利用规划空间布局模型可以作为这种特征的数学映像，从而实现土地利用规划空间布局。

（二）土地利用与规划的主要问题

土地利用规划涉及土地资源的利用问题，涉及土地价值高低的问题，未来我国土地利用发展规划的趋势是如何的？根据土地利用规划所有的内涵、本质、目标等研究和探索，未来土地利用发展规划的趋势主要有以下几个方面。

1. 与方法相结合

在经济社会日趋全球化，市场机制难以有效地解决日益突出的人口、资源和环境问题时，土地利用规划已经成为防制市场失灵，对土地配置实行宏观调控，保障社会经济持续协调发展的必要工具。徐惠认为，土地利用规划学科的健康发展必须由"理论"与"方法"两大车轮推动。将规划仅作为一项社会实践活动或政府的政治行为，或者是将规划仅作为一项工程技术都难以发挥其应有的作用。

2. 规划绩效

土地利用规划作为自然、社会、经济、人文、工程技术等交叉的边缘性综合学科，与特定国家、地区、时期的社会经济发展阶段、政治经济体制、社会制度以及基本国情、文化背景等因素有着不可分割的紧密联系，具有强烈的社会性、时代性和区域性。这样，不同政治经济体制因素影响下的土地利用规划，具有不同的理论、方法和模式。因此，徐惠认为根据本地的实际，选择什么样的土地利用规划模式，如何运用规划运行机理提高规划绩效等问题，已成为亟待研究的重要课题。

3. 与发展相协调

徐惠认为，我国土地利用规划学的研究，应在借鉴国内外规划理论、方法和体系研究成果的基础上，面对逐步完善的社会主义市场经济体制与城市化和工业化的快速发展，以及经济全球化和信息化到来的现实，深入开展土地规划与经济社会发展的关系，规划模式研究以及系统分析理论、有限理性理论、博弈论、利益均衡理论、弹性理论、可持续发展理论、控制理论和制度经济理论在土地利用规划中的应用研究，深入开展多目标决策、灰色系统控制、系统动力学等现代模型技术以及现代地理信息技术、决策支持系统技术等在土地利用规划中的应用研究，逐步形成土地利用规划自己特有的理论与方法。

4. 理论的复合化

自 20 世纪 30 年代以来，土地利用的理论发展既有相互补充完善的，也有相互对立矛盾的，各种不同派别的规划理论之间展开了长达半个多世纪的大辩论，主要体现在理性的科学规划理论、倡导性规划理论、渐近主义规划理论、新马克思主义规划理论、新人文主义规划理论和实用主义规划理论等不同观点和理念，各家争论的主要焦点就是公众利益，合理性和政治的理解迥然不同，到底要制定什么样的规划，由谁参与，为谁服务以及怎样制定，均是各学派无法圆满回答的问题，如以人为本是各种理论都一致同意的观点，但到底以什么人为本，以普通百姓为本还是以富豪、官贵为本，以年轻人为本还是以老年人为本等，各派观点却完全不同。然而，我们认为，随着人们对理论指导规划实践重要性的认识，以整体性和动态性为特征，应用系统分析的理论，充分重视经济、社会、文化、生态多元复合的土地利用规划理论和理念将不断得到深化。

5. 内容的综合化

土地利用规划研究是一项综合性很强的研究工作，它不仅涉及土地的自然属性，还涉及经济、技术和人类活动的影响，以及生态效益、经济效益和社会效益。第一，研究土地利用规划必须从其土地利用组成、结构、功能演化过程等方向进行综合研究，这样才能把握住土地的总体特征；第二，要进行充分的经济分析和计算，如成本、产值、毛利、收益水平等，使研究成果既反映土地的自然特征，反映不同土地利用规划的收益水平；第三，要考虑社会因素，使其能发挥社会作用。

6. 主体的多元化

以往所做的土地利用规划大多是政治直接参与的产物，很少考虑公众参与过程。规划部门作为管理部门，主要任务是执行政府的意图，对资源分配有着极小的控制权，常常被动地向权力讲授真理，这大概就是以往的规划方案难以实现的原因之一。总之，土地利用规划研究日益表现出经济化和社会化。另外，综合化亦表现在针对人口增长、资源短缺、环境变化和区域发展问题上，开展全球性的协同研究，以确定人口增长对土地资源的需求和土地资源系统可支持或必须支持的程度。土地利用规划的发展需要在现有的发展前提下，利用与高科技的结合，更快、更好地制定出完善的土地利用规划，我国土地利用规划发展空间很大，节约土地资源、缓解人地矛盾在未来将会成为重点工作。

第四节　土地资源的合理运用和环境影响

土地资源是经济社会发展的基础，随着社会经济的快速发展，积极探索土地资源的科学管理和合理利用的重要性就日益凸显出来。我国土地面积广阔，但土地形势严峻，正确认识了解我国土地资源的基本特征，更好地对土地资源进行开发、利用、整治和保护，具有重大意义。

一、我国土地资源特性及现状

我国土地总量大，人均土地少；地貌类型多样，山地、丘陵多，平地少；土地资源区域分布不平衡；土地生态环境脆弱。在土地实际利用过程中存在诸多问题，如城镇建设占地加剧、土地闲置浪费严重、土地利用结构不合理、土地供需矛盾尖锐、人均耕地面积不断下降、生态环境恶化等。

（一）城市建筑纵向发展

借助钢筋水泥减少城市土地用量，增加土地使用效率。目前，我国许多城市，特别是中小城市，普遍存在着建筑楼层较低的情况，致使土地利用率低。据测算，如果武汉用地合理布局，适当增加楼层，可节约耕地60%。如果将北京同日本东京相比，两个城市的辖地面积基本相等，但东京人口容量为2 600多万。相比之下，我国在这方面还有很大的潜力。同时，为了节省土地，还应向地下发展，着眼开发地下空间。由于受经济等因素的影响，我国在这方面搞得还不够，与国外的一些发达国家相比，还存在一定的差距。国外的地下空间开发往往是多功能的、综合性的，如地铁站和商业设施、娱乐设施相结合，并有地下停车场等其他服务业，综合利用率较高。1997年12月，我国第一部《城市地下空间开发利用管理规定》正式实施，意味着地下空间开发将在我国得到应有的重视，预示着地下空间开发有着很大的发展潜力和利用前景。

（二）工业用地闲置土地多

目前发达国家城市用地中，工业用地一般不超 15%，而我国则为 26%~28%。也就是说，只要工业用地达到发达国家水平，我国现有城市土地中至少有 10% 以上可用于发展第三产业。另外，1995 年土地管理部门曾对全国城市（包括开发区）的土地进行清理检查，按当时最保守的统计，城市闲置未利用的土地近 200 万亩（1 亩≈666.67 平方米）。实际情况远远超过这个数字。近年有专家研究认为，城市土地闲置率为 20%~30%。即使按 15% 计算，我国现有城镇（不含独立工矿区）的闲置土地约为 500 万亩。

（三）"房地产热""开发区热"占用了大量的耕地

据了解，仅在 1993 年，全国清理的 2 800 多个多种多样的开发区中，有 78% 属于乱设，涉及耕地面积多达 1 143 万亩。据有关资料显示，全国房地产开发企业已达 33 000 多家，但多数房地产开发商经营状况不佳，全国房地产企业半数出现了亏损。我国大中小城市（包括小城镇）现有的工业企业，无论国有大中型企业还是众多的乡镇企业，有许多经济效益较差，这样就降低了土地的产出效益。所以，通过加强管理、兼并联合、重新改组等手段，发展城镇现有企业，就是对土地资源的有效利用。企业经济效益越高，土地资源的利用率也就越高。

（四）城市交通主要应发展公共交通

1.公共汽车

目前，国内的公共汽车噪声大，舒适性差，超载拥挤，速度较慢，在质量和数量方面都不能满足公众需求，今后应着重于向快捷、方便、舒适方面发展。

2.有轨电车

有轨电车速度快、运量大，投资只有地铁的 1/4，建设周期约为地铁的 1/2，设备寿命是公共汽车的 3 倍，无污染，又节约能源，在经济及社会效益方面均具有优势。

3.地铁

地铁建设投资大，发展速度受到了限制。在我国，不宜鼓励汽车家庭化，从而进一步拓宽道路，修建更多的停车场。这是由我国人多地少的国情决定的。现代化的城市也并非一定要提倡发展私家车，荷兰首都阿姆斯特丹市很发达，但自行车仍是人们的第一交通工具。即使在家庭之外，小汽车、"面的"也不应成为城市交通的主流。

另外，在城市与城市之间应发展高速铁路。现在世界各国都在竞相发展高速铁路，日本新干线的时速是 280 千米 / 小时，已在向 360 千米 / 小时进军。发展高速铁路比高速公路节省陆地面积、节约能源、运量大、速度快、安全性能好。以上种种存在的问题也就是挖掘的潜力所在，我们一定要从多方面着眼，从多方面努力，尽量节省、充分利用土地面积。走集约化发展的城市化道路。在这方面，我国香港可以说是一个典型的例子，以弹丸之地创造了经济上的奇迹。

二、制定正确的农村城市化道路的策略

选择什么样的城市化道路对于合理利用土地资源具有重要意义。我国城市化道路研究中一种最为流行的观点是大力发展乡镇企业，重点发展小城镇，以小城镇为中心来实现我国的城市化。

（一）小城镇兴起

十多年来，以乡镇企业为主的小城镇，在我国地上如雨后春笋般地发展起来，吸纳了全国各地农村的数百万剩余劳动力，使农民就近转移到第二、第三产业就业，减轻了大中城市劳动力市场的压力，为繁荣农村经济，增加农民收入，积累现代化建设所需的资金起到了重要作用。但是，小城镇在城市化体系中应有一个合理比例。因为从合理利用土地资源规模效益这个角度来看，大量地、盲目地发展小城镇是不经济的。小城镇中以乡镇企业为主体的工业规模小、分散、技术水平低、设备较为落后，科技、管理人才缺乏，职工文化素质普遍偏低。小城镇交通运输、邮电通信、能源、供水等基础设施落后，缺乏发展工业化和商品化的基本条件，无法大规模地实行生产的专业化、协作和联合化，难以形成大中城市所具有的聚集效应和规模效益等。这种种不利条件使得小城

镇的经济效益不如大中城市。

（二）小城镇的特点

据统计，小城镇单位土地面积提供的国内生产总值仅相当于全国城市平均水平的 13%，相当于 200 万人口以上大城市的 3%；从容纳人口数量来说，大城市的占地面积为 11 万平方千米，占全国总面积的 16%，其中特大城市占 0.56%，是大城市总面积的 42.3%，不到一半面积，而人口占 67%，大城市的占地面积只是中小城市的 33%，人口是其 33.1%。这说明城市规模越小，吸纳人口就越少，占地面积很不经济。其次，小城镇中大量劳动者亦工亦农，家在农村。这种农村剩余劳动力转移方式没有使农民制备与土地的传统纽带。在小城镇做工经商的劳动者，仍在农村占有小块土地，由其家庭其他成员耕种管理。随着乡镇企业和商品经济的发展，出现两种情况：一是忙于做工经商，土地抛荒，粗放经营，降低了土地的产出效益；二是农民收入多了，便在农村的家里盖房修院，占地面积大，利于节约土地。凡此种种，大量的小城镇降低了土地使用效率，不利于节约使用土地。小城市也同样在规模效益和土地使用效率方面不如大中城市。因此，尽管现阶段我国特殊的国情决定了我们必须积极发展小城镇，但是我们也应当遵循世界城市化发展的一般规律，积极发展大中城市。

（三）解决的具体措施

今后应当在工业化发展的基础上，不失时机地把一些条件好的小城镇发展为小城市，把一些条件好的小城市发展为中等城市，把一些条件好的中等城市发展为大城市，各方面条件较好的大城市也可以进一步发展为特大城市。但是，城市发展到一定规模会出现效益递减。因此，对于特大城市，应该控制其人口数量和占地规模。因为城市过大，会给城市管理带来一些困难，并且引发生态失衡等弊病。因此，特大城市应该着眼于高精尖技术，走内涵扩大再生产的道路。同时大力发展科学文化教育事业，大力发展金融、贸易、信贷、服务等第三产业，增强对周围地区的辐射功能，充分发挥其在某一区域的经济文化中心作用，带动周围地区经济文化的发展。这可视为另一种意义上的"发展"。对于一些水源、能源、交通运输等条件欠缺，且不好解决的大城市，也不应再扩大人口数量、用地规模，新建、扩建工业项目及企业。

（四）从粗放型向集约型发展

从理论上说，农村人口城市化应该能使耕地面积保持动态平衡，并且较前增加。因为城市本身应该就是集约化的空间组织形式，是政治、经济、文化、人口高度密集的中心。但是，我国改革开放以来，城镇数量多了，城镇面积扩展了，耕地数量下降了，农村人口在城镇就业数量增加了，但没有引起农村土地承载人口的空置。因为我国人口数量过多，农村至今仍有剩余劳动力6亿，每年还要新增劳动力1 000多万。城市工业及第三产业不能提供大量稳定的就业机会，使得大批农民举家迁入城市。这也就使得我国城市化的发展与土地资源有限性的矛盾更为突出。这更需要我们精打细算、合理规划，提高土地利用的集约化程度，把推进城市化与土地资源的合理利用很好地结合起来。

（五）优化土地利用结构，调整布局

在土地利用结构和布局方面亟待进行的工作有城市建设用地结构调整，乡镇企业用地清理，农业生产的区域专业化。

（六）保护耕地，控制建设用地，加强农田基本建设，提高耕地生产力

实行严格的耕地保护措施，具体的有以下几个方面：加强耕地保护立法，划定耕地保护区，强化全民保护耕地意识。

（七）控制人口增长，缓解人地矛盾

在土地资源难以增加的情况下，控制人口增长是实现人地平衡的根本措施。

开展土地整治，改善生态环境。荒山、荒坡、荒滩和荒沙是最具开发价值的后备土地资源，我们要根据其具体特征，因地制宜地加以开发利用；大力开展大江大河及小流域的综合治理工作，启动各项防护林工程和绿化工程，最大限度地消除由于洪水、风暴和人为破坏带来的各种水土流失对土地资源的危害；土地污染的防治要贯彻以防为主、防治结合的原则。

（八）改革土地制度，加强土地管理

根据市场经济基本原则加快土地市场化建设步伐，建立土地权属有条件的市场流通机制；政府管理土地的职能主要是制订和实施土地利用规划，对土地

供求平衡实行宏观调控；确立法律在土地管理中的权威地位，在土地立法、司法和监督等环节上加大改革力度，早日健全我国的土地法律制度。

三、土地利用规划的环境影响

土地是人类赖以生存的环境，是一切生产生活活动的载体，在土地利用过程中，对环境的影响越来越大；在构建和谐社会过程中，对环境的保护管理和评价也越来越重要。人类逐渐认识到了环境对生产生活的作用，也更重视环境对人类活动的影响。由于人口的快速增长，生态环境恶化的趋势逐渐加快，在对环境管理过程中环境的土地利用规划作为配置和合理利用土地资源的重要手段，与生态环境保护与建设息息相关。

（一）土地利用环境影响的重要性

我国在经济飞速发展的同时却面临着水土流失、土地荒漠化、盐碱化、贫瘠化加剧的生态环境问题。我国生态环境总体上呈恶化趋势是由于我国过去没有一个完整的、系统的、科学的土地资源可持续利用规划，人们的生态环境意识淡薄。土地利用总体规划作为土地资源保护和利用的统领，是对一定区域未来土地利用超前的计划和安排；是依据区域社会经济发展和土地的自然历史特性，在时空进行土地资源分配和组织的综合技术经济措施；是实现国家和各级政府对区域土地利用进行总体规划、引导、调控和管理的重要手段。进行环境影响评价是确保土地利用总体规划的生态环境导向性最有效的方法之一。开展土地利用总体规划环境评价的一个基本原则就是评价与规划过程的紧密结合，即两者要同步进行、共同发展、互为反馈。这样在土地利用总体规划设计过程中，通过研究规划对环境的有利和不利影响，研究环境的自净能力和环境容量，从环境保护的角度提出土地利用的规模、空间布局等方面的战略关系；并分析预测规划实施后产生的生态效益、社会效益、经济效益及规划实施后会产生的不良环境后果。可见，在编制土地利用规划时，应将规划对象看成一个完整的环境生态系统，进行土地利用总体规划环境影响评价，从而提升土地利用总体规划对土地利用和生态环境协调的统领能力，保证自然，经济、社会的和谐发展。

土地利用规划是对土地资源及其利用方式的再组织和再优化过程。土地利用规划方案的实施，必然会打破区域内土地资源的原位状态，对区域内的水资源、土壤、植被、生物等环境要素产生许多直接或间接、有利或有害的影响，从而使得土地生态系统对人类的生产、生活条件产生正向的或负面的环境效应。为了预防有缺陷的土地利用规划的出台和实施对环境造成不良影响，迫切需要在编制土地利用规划时对规划区与土地利用有关的环境影响进行科学研究，为土地利用方式选择和土地利用分区布局提供科学的依据，同时为环境保护和经济发展综合决策提供有效的技术支持，促进地区土地资源持续、协调地利用。

（二）土地利用规划对生态环境有着深远的影响

土地利用规划是一种综合性的用地规划，涵盖各业用地，是合理配置和利用土地资源的重要手段，与生态环境保护与建设息息相关。不合理地开发利用土地资源可能会产生消极的环境影响，如陡坡地开垦可引发或加剧水土流失，从而引发泥石流、滑坡等地质灾害；围湖造田缩小湖面面积会增加洪涝灾害发生概率和程度；对某些水面、荒草地的开垦会破坏湿地或野生动物栖息地，对保护生物多样性造成负面影响；在水资源紧缺的地区，城镇用地、耕地和园地面积的增加，导致生活用水、工业用水和农业用水的激增，加速了水资源的耗竭；非农建设会导致高质量农地的损失；大面积的城市化可能会降低景观的异质化程度，降低景观的抗干扰能力。而合理的土地利用规划会对环境产生积极的影响，如土地整理复垦可以增加农地数量，提高植被覆盖率，从而改善生态环境；增加生态建设用地的供应，可以促进生态系统的保护与建设等。

（1）严峻生态环境问题多与土地利用有关。

多年以来，国家和政府为改善生态环境做出了巨大努力，取得了很大成绩。但是，中国生态环境保护的形势依然严峻，生态建设的任务依然繁重。主要表现在水土流失面积仍在不断扩大；土地荒漠化面积继续呈扩展趋势；水资源紧缺且开发利用不合理；湿地保护力度不够；生物多样性受到严重威胁，区域生态能值下降；不合理开发利用导致耕地质量退化，数量减少，等等。这些问题与我国的土地利用有着十分密切的关系。规划中做环境影响评价的重视程度不足，同时缺少规划实施过程中的环境跟踪影响评价，在一些重要工程中环境问题最突出的阶段就是在实施过程中，如土地平整过程中对优质表层土壤的保护，对区域内原生态环境的破坏能否恢复；对于绿化破坏的问题，对空气环境和水环境的影响科学合理地跟踪评价。

（2）土地利用规划对生态环境的保护与建设考虑不够。

近几十年中国的经济发展实践证明，相对于具体的建设项目来说，政府及有关部门制定的政策和规划实施后对环境的影响更加巨大和持久，范围更加广泛。土地作为一切人类活动的载体，在整个生态系统中起着举足轻重的作用。土地利用在很大程度上决定了施加于环境的压力。它与环境的脆弱程度一道，决定了环境的质量。

（3）土地利用结构与布局调整、土地整理开发等土地利用活动对环境的影响是长期性的、累积性的，有时是不可逆转的。合理的土地资源开发利用可能会产生消极环境影响。

①陡坡地开垦为耕地可能会引发或加剧水土流失，或引发泥石流、滑坡等地质灾害。

②围湖造田缩小湖面面积可能会增加洪涝灾害发生概率和程度。

③对某些水面、荒草地的开垦可能会破坏湿地或野生动物栖息地，进而对保护生物多样性造成负面影响。

④在水资源紧缺的地区，增加城镇用地（生活用水和工业用水增加）、扩大耕地和园地面积（农业用水增加）可能加速水资源的耗竭。

⑤非农建设可能会导致高质量农地的损失。

⑥土地利用的空间布局不当可能会导致生物群落生活环境的破碎化和岛屿化。

⑦大面积的城市化可能会降低景观的异质化程度，从而降低景观的抗干扰能力和稳定性，等等。当然，合理的土地利用规划也会对环境产生积极的影响，例如土地整理复垦可以增加农地数量和植被覆盖，改善生态环境；生态建设用地的供应可以促进生态系统的保护与建设，等等。开展土地利用规划环境影响评价的意义在于为国家和各级人民政府的环境保护和经济发展综合决策提供技术支持，提高土地利用规划的科学性和合理性，使之成为真正地为可持续发展服务的规划。

（4）我国土地利用环境影响评价中存在的问题。

①土地利用变化对环境效应的研究需要加强。

土地利用变化对环境效应的研究主要集中在微观和小流域尺度上，考虑较多的是土地利用、土地覆盖变化对气候、土壤、水量和水质等不同尺度生态系统的影响。但这些成果较难应用于大尺度区域。

②现行的土地规划环境影响评价有待完善。

（5）现行的土地规划环境影响评价存在很多问题亟须改善。

①土地利用规划的环境影响评价及其经济学分析研究的内容、范围、程度和体系有待厘清。

②土地利用规划的环境影响机理、环境影响主体、环境影响资源、环境影响受体，规划内容及其控制系统与环境之间的作用机制等基础性问题需要做深入的研究和阐释，否则，土地利用规划与其他规划、其他战略的环境影响评价就会没有区别，因而也就失去独特的内涵，失去评价的意义。

（三）土地规划设计发展趋势

1. 水土流失严重

当前我国环境问题大多与土地利用规划密切相关。近年来我国政府为了建设和谐社会，对生态环境建设和土地利用规划投入了巨大的财力物力，取得了前所未有的成绩。但是，我国依然面临着严峻的生态问题，生态建设仍然任重道远。目前较为严重的问题有土地干旱严重并且沙漠化呈扩展趋势；水土流失仍在不断继续；生态环境严重恶化；不合理的土地利用规划导致土地质量下降，耕地面积迅速减少，适合人类居住的环境急剧减小等。

2. 土地利用规划环境影响深远

土地利用规划对自然环境所产生的影响是累积性的、长期性的，甚至不可逆转的。如果不合理地对土地资源进行开发利用就很可能会引发水土流失、滑坡，威胁生物多样性，加速水资源枯竭等。如非农业建设可导致高质量农田的土质下降；陡坡地开垦可加剧水土流失，引发泥石流等地质灾害；扩大城市化面积可缩小野生动物的生存空间对环境的生态稳定造成负面的影响。总之，不科学地开发利用土地资源往往会引发消极的环境影响，对于基础的建设项目来说，政府及相关部门所制定的规划措施实施后对环境产生的影响持久，涉及面更加广泛。而合理的土地利用规划往往对环境产生积极的影响，如退耕还林可以增加绿化带，进而改善人类和野生动物的生存环境；在城市化进程中合理地规划建筑用地可以提高人们的生活质量等。

第三章　VR技术与园林规划设计

在当今的科技发展趋势下，园林景观设计也将借助更多的新型技术来进行设计操作与表达，而VR技术更是新兴技术的代表。本章在介绍VR技术及其与园林景观设计的联系应用之余做了相关的实验，以期在园林专业学习与实际项目的运用中，使VR技术得到更加广泛的应用与推广。本章将对VR技术在园林规划与设计中的应用进行分析。

第一节　VR技术介绍

一、VR技术

（一）VR技术概念

虚拟现实（Virtual Reality，简称VR）技术的概念是由1989年美国VPL Research公司创始人Jaron Lanier提出的，它是一种计算机领域的最新技术。这种技术的特点在于以模拟的方式为用户创造一种虚拟的环境，通过视、听、触等感知行为使用户产生一种沉浸于虚拟环境中的感觉，并能与虚拟环境相互作用，从而引起虚拟环境的实时变化。

虚拟现实是一种可以创建和体验虚拟世界（Virtual World）的计算机系统。虚拟世界是全体虚拟环境（Virtual Environment）或给定仿真对象的全体。虚拟环境是由计算机生成的，通过视、听、触觉等作用于用户，使其产生身临其境的感觉的交互式视景仿真。

虚拟现实技术是一系列高新技术的汇集，这些技术包括计算机图形技术、多媒体技术、人工接口技术、实时计算技术、人类行为学研究等多项关键技术。它突破了人、机之间信息交互作用的单纯数字化方式，创造了身临其境的人机和谐的信息环境。一个身临其境的虚拟环境系统是由包括计算机图形学、图像处理与模式识别、智能接口技术、人工智能技术、多传感器技术、语音处理与音像技术、网络技术、并行处理技术和高性能计算机系统等不同功能、不同层次的具有相当规模的子系统所构成的大型综合集成环境，所以虚拟现实技术是综合性极强的高新信息技术。

（二）VR 技术特性

虚拟现实技术是具有 3D 特性的虚拟现实实现方法的通称。虚拟现实系统的三个基本特征包括：沉浸（Immersion）、交互（Interaction）和构想（Imagination）。

二、VR 技术在风景园林规划与设计中的意义

虚拟现实技术对风景园林的规划与设计产生重要的影响，这主要是基于虚拟现实技术的特色实现的。虚拟现实技术的主要特色如下。

虚拟现实技术可以在运动中感受园林空间，进行多种运动方式模拟，在特定角度观察园林作品。特别是根据人的头部运动特征和人眼的成像特征可进行步行、车行等逼真漫游方式，以"真人"视角漫游其中，随意观察任意人眼能够观察到的角落。这种表现方式比三维漫游动画表现更加自由、真实。

通过"真人"视角漫游，可使沉浸其中的"游人"更好地感受园林空间的"起承转合"和园林的"意境"氛围，这对于虚拟现实技术在风景园林规划与设计中的表现具有很大的意义。可结合园林基址、街景要素，人在园路上的动态特性和虚拟现实本身所具有的最优漫游路径的实现方法，创作出较合适的园林路径；可使在虚拟风景园林基址环境、半建成环境和建成环境中漫游成为可能。在这样的漫游过程中，沿着路径前行，得到"亲临现场"的效果，在"现场"中，直接应用安全性原则、交往便利性原则、快捷和舒适性原则、层次性原则、生态性原则、美学原则等诸多园林设计理念进行推敲、漫游、辅助设计的修改，

从而实现对规划与设计的优化。

虚拟现实技术可以和地理信息系统相结合，对地理信息系统辅助风景园林规划进一步改进。同时，通过地理信息系统的地图可以清晰地得知"游人"在园林中的具体位置。

虚拟现实技术可以应用于网络，跨越时间和空间的障碍，在互联网上实现风景园林规划与设计的公众参与和联合作图。

虚拟现实技术还可以用于风景园林规划与设计专业的教学、公共绿地的防灾、风景园林时效性的动态演示和风景园林的综合信息集成等。

三、VR 技术实现方法

虚拟现实技术的实现方法主要有以下三大类：第一类，通过直接编程实现，如 VRML、C++、Delphi 等；第二类，基于 OpenGL 编写程序建模，同时添加实时性和交互性功能模块实现；第三类，直接通过建模软件和虚拟现实软件共同实现，如 MayaRTA、Virtools、Cult3D、Viewpoint、Pulse3D、Atmosphere、Shockwave3D、Blaxxun3D、Shout3D 等，这类方法当前是主流。

1998 年 1 月正式获得国际标准化组织 ISO 批准，简称 VRML97 的标准和 2001 年 8 月 Web3D 协会发布的国际标准 X3D（Extensible 3D），为 Web3D 虚拟现实技术的发展提供了广阔的空间，众多 Web3D 虚拟现实技术实现方法百花齐放。常见的 Web3D 虚拟现实技术有：Viewpoint、Cult3D、Pulse3D、Shockwave3D、Shout3D、Blaxxun3D、3DWebmaker、3DBrowser、3DSNet、AXELedge、Quest3D2.0、Trueversion3D、Java3D、B3D、EON Studio、Fluid3D、SVR 技术、VRML 语言等。

非 Web3D 的虚拟现实技术有：MultiGen Vega Prime、Virtools、MAYA RTA、Live Picture、Muse、WildTangent、GameStudio、Plasma、Director、Anark Studio、Virtual World Toolkit、Vecta3D、3DML 语法等。

国内虚拟现实公司所用的国产软件大部分是基于 VRML 语言上的再开发，历史上较成熟的国产软件——Rocket3D Studio 和 Rocket3D Engine 的前景并不被看好，几近销声匿迹。目前，令人自豪的国产软件为火星 3DVRI，由西安虹影科技有限公司开发，于 2000 年开发完成，并形成商品化。其广泛应用于城市规划、小区建设领域，并正逐步向其他领域拓展，如园林设计、电力系统设计、油田地面与地下工程、天然气地下管网等。

四、VR 技术实现方法的应用分析评价

VR 技术实现方法的应用分析评价分为两个步骤：第一，确定虚拟现实应用的准则和评价指标；第二，选出进行评价的虚拟实现方法。

1. 从 VR 特性对园林的影响确定评价准则和技术评价指标

是否具备交互性是风景园林虚拟现实场景和风景园林三维漫游动画的主要区别之一，交互性对风景园林规划与设计创作意义重大。交互性的技术基础是"实时渲染"，实时渲染速度和渲染场景的准确性是决定虚拟现实场景具有实用价值最重要的因素，实时快速、准确地表达设计师的意图以及场景的氛围是决定风景园林规划与设计成果的关键。故将交互度作为评价准则是合理的，同时可以将快速、准确作为交互度准则下的评价指标。

风景园林虚拟场景的沉浸性建立在交互性基础上，同时要求有更高的视觉质量、声学质量和光学质量。在模拟园林要素方面，从视觉质量上来说，所生成园林要素的逼真效果是最重要的。实时渲染虚拟现实图像要求具有较高的胶片解析精度。图像中园林要素的精度过低，即使交互性再好、交互度再高也没用。从声学质量上来说，在虚拟现实场景中，物体具有较真实的声学属性，不同的事件具有相应的伴声（如水声、风声等），为用户在虚拟现实场景中的浸入增强真实性。从光学质量上看，虚拟现实系统通过全局照明模型来反映复杂的内部结构。在虚拟现实场景中园林要素的光学表现不是一成不变的，它与所选时段的太阳位置、景物的朝向、园林建筑玻璃幕墙的状况、建筑内部光源的位置设置、运动状态等各种复杂因素密切相关。故将真实度作为评价准则，视觉质量、光学质量和声学质量作为其中的评价指标。

首先，要提高沉浸性，除了保证交互度和真实度之外，还要保证模拟园林要素的类型（如植物、建筑、喷泉等）的丰富完备。其次，要保证园林要素的物理表达情况和运动属性，如植物生长特性、枝干的力学特性等；园林景观生

命周期的实现能力，如模拟植物群落的生命周期性和"断桥残雪"等景观的生命周期性等；以及园林要素的运动属性，如建筑内部门窗的开关、喷泉的开启等。再次，要保证"人"的运动属性，可以按照人的不同状态（如老年人、儿童和残疾人）或按不同方式（如步行、车行）来进行运动。将上述要保证的内容总结为功能度准则，将模拟园林要素的类型。模拟园林要素的物理状况和模拟"人"的运动属性状况作为功能度准则下的评价指标。

2. 从计算机辅助园林设计的发展现状确立评价准则和评价指标

计算机辅助园林设计的发展经历了 CAD 辅助园林设计、Photoshop 等图片处理软件和 3DMax 等建模软件辅助园林设计、3S 辅助风景园林规划与设计的历程。

年轻一代的风景园林师已经基本掌握上述计算机软件工具，事实证明，在此基础上，基于 3DMax 建模为基础的虚拟现实方法，对风景园林师来说更容易掌握。另外，各种虚拟现实技术软件插件的开放程度（指软件后续开发的能力和利用其他软件资源的能力）是不同的，有些方法可支持多种格式的输出，输出的文件可在其他操作环境中无损地打开，加上软件或插件的更新换代日益加快，故具有开放的接口、实时的更新能力也是软件所必需的评价指标之一。

每种虚拟现实技术拥有的制成模型的丰度和制作虚拟现实场景的速度有所不同。使用度处于评价准则层次，而每种方法掌握难易程度、开放程度和制作虚拟现实场景的快慢是其评价指标。

虚拟现实技术应用于风景园林规划与设计领域已日趋成熟，虚拟现实技术和地理信息系统相结合共同辅助规划与设计已经成为园林设计的一个方向。在互联网迅速发展的今天，虚拟现实技术和互联网技术相结合，在用于规划设计的公众参与和联机操作中显得尤为重要。故将虚拟现实技术与地理信息系统扩展及和国际互联网的扩展情况作为一个评价准则——扩展度。

第二节　VR 技术的应用基础

一、VR 基础

(一)VRML 技术标准的确立

网络技术与图形技术在开始结合时只包含二维图像，而万维网技术开创了以图形界面方式访问的方法。自 1991 年投入应用后，万维网迅速发展成为今天最有活力的商业热点，在此期间 VRML 技术应运而生。VRML 是 Virtual Reality Modeling Language(虚拟现实建模语言) 的缩写，VRML 开始于 20 世纪 90 年代初期，而后逐渐得到发展。1994 年 3 月在日内瓦召开的第一届 WWW 大会上，首次正式提出了 VRML 这个名字。

1994 年 10 月在芝加哥召开的第二届 WWW 大会上公布了规范的 VRMLI.0 标准。VRML1.0 可以创建静态的 3D 景物，但没有声音和动画，人可以在它们之间移动，但不允许用户使用交互功能来浏览三维世界。它只有一个可以探索的静态世界。

1996 年 8 月在新奥尔良召开的优秀 3D 图形技术会议上公布通过了规范的 VRML2.0 第一版，其在 VRML1.0 的基础上进行了很大的补充和完善，是以 SGI 公司的动态境界 Moving Worlds 提案为基础的。1997 年 12 月 VRML 作为国际标准正式发布。

(二) 从 VRML 到 X3D

1997 年，VRML 协会将它的名字改为 Web3D 协会，并制定了 VRML97 国际标准。1998 年 1 月正式获得国际标准化组织 ISO 批准，简称 VRML97。VRML97 在 VRML 2.0 的基础上只进行了少量的修正。VRML 规范支持纹理映射、全景背景、雾、视频、音频、对象运动和碰撞检测等一切用于建立虚拟世界的东西。但是 VRML 在当时并没有得到预期的推广运用，因为当时的网络传输速率普遍受到限制。VRML 是几乎没有得到压缩的脚本代码，加上庞大的纹理贴图等数据，要在当时的互联网上传输很困难。

在 VRML 技术发展的同时，其局限性也开始暴露。VRML97 发布后，互联网上的 3D 图形几乎都使用了 VRML。近年，许多制作 Web3D 图形软件公司的产品，并没有完全遵循 VRML97 标准，而是使用了专用的文件格式和浏览器插件。这些软件比 VRML 先进，在渲染速度、图像质量、造型技术、交互性以及数据的压缩与优化上，都比 VRML 完善。比如 Cult3D、Viewpoint、GL4 Java、Flatland 等。

2001 年 8 月，Web3D 协会发布了新一代国际标准 X3D（Extensible 3D），是继 VRML97 之后的标准。X3D 在许多重要厂商的支持下，整合了正在发展的 XML、Java 流技术等先进技术，包括了更强大、更高效的 3D 计算能力，渲染质量和传输速度，可以与 MPEG-4 和 XML 兼容，同时也与 VRML97 及其之前的标准兼容。它把 VRML 的功能封装到一个轻型的、可扩展的核心之中，开发者可以根据自己的需求，扩展其功能。

X3D 标准的发布，为 Web3D 图形提供了广阔的发展前景。从目前的趋势来看，交互式 Web3D 技术将主要应用在电子商务、联机娱乐休闲与游戏、可视化的科技与工程、虚拟教育（包括远程教育）、远程医疗诊断、医学医疗培训、可视化的 GIS 数据、多用户虚拟社区等方面。

广大风景园林从业人员多使用 3DSMax 6.0 或 3DSMax 7.0 版本，最新版本为 3DSMax 2022。此外，对数据库连接、地理信息系统、国际互联网等的研究均建立在对 VRML97 的研究成果之上，故仍然采用 VRML97 标准。

二、VRML 特点

虚拟现实三维立体网络程序设计语言具有如下四大特点。

（1）VRML 具有强大的网络功能，可以通过运行 VRML 程序直接接入 Internet。可以创建立体网页和网站。

（2）具有多媒体功能，能够实现多媒体制作，合成声音、图像，以达到影视效果。

（3）创建三维立体造型和场景，实现更好的立体交互界面。

（4）具有人工智能功能，主要体现在 VRML 具有感知功能上。可以利用感知传感器节点来感受用户及造型之间的动态交互感觉。

　　虚拟现实三维立体网络程序设计语言 VRML 是第二代 Web 网络程序设计语言，是 21 世纪主流高科技软件开发工具，是把握未来宽带网络、多媒体及人工智能的关键技术。

三、VRML 相关术语

VRML 涉及一些基本概念和名词，它们和其他高级程序设计语言中的概念一样，是进行 VRML 程序设计的基础。

（一）节点

节点是 VRML 文件最基本的组成要素，是 VRML 文件的基本组成部分。节点是对客观世界中各个事物、对象、概念的抽象描述。VRML 文件就是由许多节点并列或层层嵌套构成的。

（二）事件

每一个节点都有两种事件，即一个"入事件"和一个"出事件"。在多数情况下，事件只是一个要改变域值的请求："入事件"请求改变自己某个域的值；而"出事件"则是请求别的节点改变它的某个城值。

（三）原型

原型是用户建立的一种新的节点类型，而不是一种"节点"。进行原型定义就相当于扩充了 VRML 的标准节点类型集。节点的原型是节点对其中的域、入事件和出事件的声明，可以通过原型扩充 VRML 节点类型集。原型的定义可以包含在使用该原型的文件中，也可以在外部定义：原型可以根据其他的 VRML 节点来定义，或者利用特定浏览器的扩展机制来定义。

（四）物体造型

物体造型就是场景图，由描述对象及其属性的节点组成。在场景图中，一类是有节点构成的层次体系组成；另一类则由节点事件和路由构成。

（五）脚本

脚本是一套程序，是与其他高级语言或数据库的接口。在 VRML 中，可以通过 Script 节点利用 Java 或 JavaScript 语言编写的脚本来扩充 VRML 的功能。脚本通常作为一个事件级联的一部分来执行，脚本可以接受事件，处理事件中的信息，还可以产生基于处理结果的输出事件。

（六）路由

路由是产生事件和接受事件的节点之间的连接通道。路由不是节点，路由说明是为了确定被指定的域的事件之间的路径而人为设定的框架。路由说明可以在 VRML 文件的顶部，也可以在文件节点的某一个域中。在 VRML 文件中，路由说明与路径无关，既可以在源节点之前，也可以在目标节点之后，还可以在一个节点中进行说明，与该节点没有任何联系。路由的作用是将各个不同的节点联系在一起，使虚拟空间具有更好的交互性、立体感、动感性和灵活性。

四、VRML 编辑器

VRML 源文件是一种 ASCII 码的描述语言，可以使用计算机中的文本编辑器编写 VRML 源程序，也可以使用 VRML 的专用编辑器来编写源程序。

（一）用记事本编写 VRML 源程序

在 Windows 操作系统中，在记事本编辑状态下，创建一个新文件，开始编写 VRML 源文件。但要注意所编写的 VRML 源文件程序的文件名，因为 VRML 文件要求文件的扩展名必须是以 wrl 或 wrz 结尾，否则 VRML 的浏览器将无法识别。

（二）用 URML 的专用编辑器编写源程序

VRML Pad 编辑器是由 Parallel Graphics 公司开发的 VRML 开发工具。此外，VRML 开发工具还有 Cosmo World，Internet3D Space Builder 等。VRMLPad 编辑器和其他高级可视化程序设计语言一样，工作环境由标题栏、菜单栏、工具菜单栏、功能窗口和编辑窗口等组成。

五、VRML 运行环境要求和 VRML 浏览器

VRML 的运行对环境的要求比较高，最低要求如下。

（一）硬件环境配置

使用 Pentium4 以上的计算机：主频 1.7 GB 以上，内存 128 M 以上，显存 64 M 以上，硬盘几十个 GB 到 320 GB 均可。

（二）软件环境配置

操作系统可选用 Windows 平台的 Windows 98，Windows Server 2003，Windows XP，Windows 2000 等，且需要安装 VRML 浏览器和 VRML 编辑器。

（三）网络环境

使用 Windows 98，Windows Server 2003，Windows XP，Windows 2000 中的 IE 浏览器或 Netscape 浏览器均可。

VRML 文件需要通过 VRML 文件的浏览器才能运行，否则是无法运行的。支持 VRML 文件的浏览器常见的有 Microsoft VRML 浏览器和 Cosmo 播放器两种。

六、VRML 的 Java 支持和 ASP 混合编程

（一）Java 对 VRML 的支持

1.Java 简介

Java 是由 Sun Microsystems 公司推出的、伴随着 Internet 发展而出现的一种网络编程语言。Sun 公司将 Java 描述为一种具有简单性、面向对象性、动态性、分布性、可移植性、多进程、平台无关性、高性能、健壮性和安全性的语言。正是这些特点，使它成为跨平台应用软件开发的一种规范，在世界范内广泛流行。由于 Java 程序是运行在 Java 虚拟环境中的，它不依赖于特定操作系统，因此编程人员只需一次性开发一个"通用"的最终软件即可在多个平台环境中使用，这将大大加快软件产品的开发速度。利用 Java 语言，可以在网页上加载各式各样的特效，比如放映动画，建立让名字在页面上不停旋转的看板。正

因为如此，有人认为 Java 将取代第四代语言而成为编程人员的首选编程语言。

2.Java Applet（应用小程序）

Java Applet 是用 Java 语言编写的一种特殊类型的程序，称为应用小程序。它最大的特点就是可以嵌入 Web 页面中，并随同 Web 页面一起下载到客户端的浏览器中运行。对于所有支持 Java Applet 的主流浏览器，可以利用 Java Applet 实现全面的交互式操作。由于 Java 本身是一种安全的网络语言，因此可以实现对系统的安全访问，既不会对服务器系统造成损害，也不会影响客户机的正常运行。此外，Sun 公司在最新的 Java 版本中实现了对数字签名技术的支持，从而使网页中的 Applet 程序突破沙箱模式的限制，拥有在可信任状态下访问客户端本地资源的权限，扩大了 Java Applet 的应用范围。

3.Java Application（独立应用程序）

Java Application 是一种类似于用 C++ 语言开发的应用程序。设计者需要一个程序编辑环境来编写程序，并储存为特定扩展名的文件，需要一个调试工具来提高编程效率，当然也需要编译程序将源程序编译成可执行的机器码。它依赖特定的启动程序在服务器中运行。Java Application 和一般的独立执行的应用程序无区别，用户可以直接执行，一般用来开发较大型和复杂的应用程序。

4.Java 对 VRML 的扩展

数据处理能力不强的 VRML 在获得了 Java 的支持后，面貌焕然一新。在 VRML 中，有两种方法可以决定事件的产生：静态行为和动态行为。静态行为并不是通常意义上的静止，而是指不通过程序语言控制，完全依靠定义的新节点和场景中运动的执行模式相结合来产生事件。比如，通过 Timer sensor 时间传感器来改变空间造型的位置、大小及颜色，从而产生动画效果。这种单一控制运动的方式，决定了静态行为在功能上具有一定的局限性。而动态行为则在控制方式上跃进了一步，它主要是使用一段程序逻辑来控制事件的产生。正是由于程序逻辑的随意性和可扩充性，动态行为具有了更大的空间。

VRML 97 的国际标准提供了两种扩展 VRML 并和外部程序实现连接的机制，即 Script 节点和外部创作接口（EAI）。VRML 浏览器附带的 Java、VRML 类库提供了改变 VRML 场景中的对象和行为的功能以及在 VRML 场景中删除、添加新对象的能力。这种与外部程序的接口能力扩展了 VRML 的潜在功能。

(二)ASP 混合编程

当数据库不允许直接访问时，VRML 需要通过中间数据通道与数据库进行连接。这个中间数据通道应能够将数据记录在内存变量中，并且可以将用户输入的更新数据存储在内存变量中，送到 VRML 空间即时显示，还可将数据库中相应的数据更新。比较成熟的创建数据通道的方法就是利用 ASP 技术。

1.ASP 技术简介

ASP(Active Server Page) 技术是服务器端的 Active 技术，是 Microsoft 公司近几年推出的面向对象的网络数据服务技术。ASP 命令先在服务端解释执行，再将执行结果下载到在客户端运行的网络浏览器上或内嵌网络浏览器的本地应用系统中。它运行在服务端，用户看不到 ASP 源代码，无法干预程序的正常运行，从而保证了服务端程序的安全。同时，它在网络中传输的只是执行结果，对网络的数据传输带宽没有过高要求。封装有 ASP 指令的页面必须以 HTTP 方式向服务端程序提交访问申请，否则服务器将因无法确定正在进行申请的客户端的具体逻辑位置而拒绝提供客户端副本和操作结果。

作为面向对象的网络应用技术，ASP 拥有六种内建对象，以此来完成对远程数据的全部操作。在这里只介绍可记录所提取数据的 Session 对象和 Response 对象。Session 对象，用于存储特定的用户将要使用的对象或各种标识数据结构的中间变量。它不允许存储 ASP 内建对象。Response 对象，代表当前的 ASP 所得到的服务端响应。它可以存储服务端程序对具体某个用户发出的访问申请所做出的响应信息。

2.VRML 与 ASP 混合编程实现数据库连接的方法

ASP 首先与数据库连接并提取数据，将数据转换为 JavaScript 语言规范支持的数据规格并存储。VRML 再利用内嵌在 Script 节点 url 域中的 JavaScript 语句将数据封装为接口的标准格式并送到输出接口域，继而传递到其他节点中。

第三节　VR技术对园林规划与设计的影响

一、VR技术特性对园林规划与设计发展的影响

（一）VR技术的交互性、沉浸性对园林规划与设计表现的影响

VR技术表现手法和传统表现手法的区别。传统的风景园林规划与设计表现方法有效果图、鸟瞰图、风景园林模型、漫游动画等，具备交互性和沉浸性的虚拟现实场景。VR技术和传统表现方法的区别如下。

1.VR技术与CAD的区别

和CAD相比，VR技术在视觉建模中还包括运动建模，物理建模以及CAD不可替代的听觉建模。因此，VR技术比CAD建模更加真实，沉浸性更强。而CAD系统很难具备沉浸性，人们只能从外部去观察建模结果。基于现场的虚拟现实建模有广泛的应用前景，尤其适用于那些难以用CAD方法建立真实感模型的自然环境。

2.VR技术与传统模型的区别

观看传统模型就像在飞机上看地面的园林一样，无法给人正常视角的感受。由于传统方案工作模型经过大比例缩小，因此只能获得鸟瞰形象，无法以正常人的视角来感受园林空间，无法获得在未来园林中人的真实感受。同时，比较细致真实的模型做完后，一般只剩下展示功能，利用它来推敲、修改方案往往是不现实的。因此，设计师必须靠自己的空间想象力和设计原则进行工作，这是采用工作模型方法的局限性。VR以全比例模型为描绘对象，在VR系统中，观察者获得的是与正常物理世界相同的感受。与传统模型相比，虚拟园林在以下几个方面具有更加真实的表现，从而具备无与伦比的沉浸性。

（1）运动属性。运动属性具有两层含义。其一，可以用正常人的视角，包括老年人、儿童和残疾人的视角来以步行、车行各种方式来进行运动，可以更好地对方案进行比较和推敲。其二，虚拟环境中的物体分为静态和动态两类。

在园林内部，地面、墙壁、天花板等是静态物体；门、窗、家具等为动态物体。动态物体具有与真实世界相同的运动属性。门窗可开关，家具的位置可以根据用户需要进行改变，再现了物理世界的真实感。

（2）声学属性：在虚拟现实场景中，物体具有真实的声学属性，不同的事件具有相应的伴音，如水声、风声等。

（3）光学属性：虚拟现实系统通过全局照明模型来反映复杂内部结构。在虚拟现实中园林的光学表现不是单调不变的，它与所选时段的太阳位置、园林物的朝向、玻璃幕墙的状况、内部光源的位置设置、运动状态等各种复杂因素密切相关。

3.VR技术与3D动画的区别

VR技术与3D动画在表面上都具有动态的表现效果，但究其根本，两者仍然存在以下几个方面的本质区别。

（1）虚拟现实技术支持实时渲染，从而具备交互性；3D动画是已经渲染好的作品，不支持实时渲染，不能在漫游路线中实时变换观察角度。

（2）在虚拟现实场景中，观察者可以实时感受到场景的变化，并可修改场景，从而更加有益于方案的创作和优化；而动画改动时需要重新生成，耗时，耗力，成本高。

（二）基于VR技术的虚拟现实场景特色

（1）运动中感受园林空间、多种运动方式模拟、特定角度园林观察。特别是根据人的头部运动特征和人眼的成像特征，可进行步行、车行等逼真漫游方式，随意观察任意一个人眼能够观察到的角落，这是"主题漫游"辅助设计理论的基础。

（2）沉浸于其中的"游人"，可以感受到园林空间的"起承转合"和园林"意境"氛围。

（3）可以和地理信息系统相结合，通过地理信息系统的地图，可以清晰地得知"游人"在园林中所处的具体位置。

（4）可以应用于网络，跨越时间和空间的鸿沟，进行虚拟漫游。

二、VR 技术特性对园林规划与设计创作的影响

资料显示，二维的平面设计存在一些缺陷。虚拟现实技术使得根据人的视高、人的头部运动特征、人眼的视野特征和运动中人眼的成像特点模拟真实的人在虚拟风景园林基址环境、半建成环境和建成环境中漫游成为可能，在这样的漫游过程中，沿着路径前行，得到近似于"亲临现场"的效果，在"现场"中，直接应用安全性原则、交往便利性原则、快捷和舒适性原则、层次性原则、生态性原则、美学原则等诸多园林设计理念进行推敲和漫游，效果比二维想象好许多。

在一次次"漫游"的过程中，更换自己的"替身"，或为"八十老妪"，或为"黄发垂髫"，应用他们的视高、视野和人眼视野成像情况，进行实时的修改、替换，可以做到更好的"以人为本"。

虚拟现实技术应用于风景园林规划与设计创作中，使地理信息系统和国际互联网相结合，可以用于风景园林的规划和实现风景园林规划与设计的公众参与。此外，虚拟现实技术还可以用于风景园林规划与设计专业的教学、公共绿地的防灾和风景园林的综合信息集成。总之，虚拟现实技术将会对辅助园林设计产生新的意义和影响。

第四节　VR 技术在园林规划与设计中的应用

一、VR 技术在园林规划设计阶段中的应用

VR 技术能够从"'真人'漫游"的视角沉浸到基址和临时建设好的风景园林场景中，能够对自然要素如地形、光和风进行充分模拟以及可和 GIS 完美结合，是虚拟现实技术辅助风景园林规划与设计的优势，这些优势是单纯的"二维"创作规划与设计很难做到的。VR 技术的优势具体表现如下。

（1）根据设计任务书、地形图和比较明确的限定条件，利用已有的电子地

图与虚拟城市地块模拟系统，建立虚拟基地环境。

（2）使用 VRGIS 对基地的自然条件进行模拟，分析基地范围内的道路、树木、河流等的情况，对基地坡度和地形走势进行多角度、多方位的观察研究，以便清楚基地可以作为不同用途的限制条件。

（3）通过环境中日照和风向的虚拟研究，为绿地空间营造分区提供依据。环境与基地限定中理想的园林形态，在基地环境中漫游，进行多方案比较，是我们在方案构思初始阶段可采用的方法。具体实施步骤如下。

第一，根据场地状况及现有景观和"'真人'视角漫游"的特点，辅助确定园林路径。

第二，根据确定的园林道路和实际视觉的特点，进行"主题漫游"，把握空间性质，创造富有韵律的景观空间。

在有景的地段，通过借景和"'真人'视角漫游"中不同运动特点，可以辅助确定园路的路径。

1. 场地借景要素和辅助确定园林路径的注意事项

根据场地的景观现状，通过实际"'真人'视角漫游"，寻找做到良好的真正的"因借"效果的路径。园林道路景观的借景要素可分为地形、地貌、水体、气象和气候植被等几个方面。

（1）依地形、地貌的因借原则辅助确定园林路径。

根据"'真人'视角漫游"推敲出具备三性的道路路径，这三性具体如下。

①延展性：山地道路景观有更多的视觉想象空间，富有延展性和流动性。

②眺望性：地形的高差使得道路景观有更多的眺望点，同时能够获得比平地更为开阔的视野。

③可视性：由于地形的变化，山地的道路景观可视率变大，视觉景观更佳。

（2）依水体的因循原则辅助确定园林路径。

在寻找路径时，应用"'真人'视角漫游"，可以对园林路径准确把握，同时要注意考虑水面的反射效果，包括建筑、天空、植物、人流等，均会成为水面反射的内容。在细部道路推敲上，注意模拟人能触及的水景部分，比如高度、深度、平面比例等，能否予以人亲切感，舒适感；堤岸、桥、水榭、山石等环境要素的整体配合，能否达到预期的衬托效果，这样可以更好地处理园路的边缘空间。

2. 根据人的动态特性确定园林道路的事项

作为主体的人会以各种方式（漫步、骑自行车、乘坐交通工具和亲自驾驶交通工具）不断地沿线形方向变换自己的视点，这决定了"'真人'视角漫游"的状况，从而决定了进一步确定园路的情况。

风景园林中的道路按活动主体分，主要有人车混杂型道路和步行道路两种类型。不同类型道路因使用方式与使用对象之间的差异，在景观设计的侧重与手法的运用各不相同。风景园林中，人车混杂型道路可分为交通性为主的道路与休闲性为主的道路。

（1）交通性为主的道路：这种道路一般担负着风景园林各个功能区之间的人流物流的运输，其交通流量大，通常路幅较宽。其景观特性要满足安全性、可识别性、可观赏性、适合性、可管理性等。

交通性为主的人车混杂型道路，首先要考虑其安全性，将机动车与自行车分离，由于考虑通行速度，多采用直线，在道路线型上不宜产生特色。其景观设计主要是通过对道路空间、尺度的把握，推敲景物高度与道路宽度比例，提升其形象。

景观形式的设计需要考虑车、人的双重尺度。对于车来说，强调景观外轮阴影效果和色彩的可识别性；而对于自行车和步行来说，由于速度较慢，对景观的观察时间较长，人与景观的交流频繁发生，景观底层立面的质感、细部处理要精心设计。因此，在摄影机的模拟中要注意其高度和速度，按照"真人视角漫游"，合理斟酌辅助确定路径。

（2）休闲性为主的道路：这种道路车种复杂、车行速度慢，人流较多，景观设计强调其多样性与复杂性。其景观特性还应增加可读性（美的景观环境令人产生联想和固定人群的认同）与公平性（为游人提供各式各样的使用功能，包括无障碍设施等）。

园林游憩性道路以休闲生活为主，场所感较强。园林道路空间形式的设计，首先要满足活动内容的需要，并根据道路功能特点，如考虑道路空间的变化，具体有沿路附属空间的导入、弯曲、转折，采用对景、借景等来丰富空间景观。

步行道路主要为休闲性道路，步行道路的出现给园林带来了很多生机，其景观特性为安全性、方便性，舒适性、可识别性、可适应性、可观赏性、公平性、可读性、可管理性等。其景观设计在考虑上述几种情况之外，还应强调个性化、人性化、趣味、亲切性的特征，要充分注重自然环境、历史文化、人与环境各方面的要求。

3. 虚拟真实漫游系统中最优路径漫游的实现

（1）视点动画交互技术。

为了让访问者能在虚拟真实漫游系统中实现最优路径漫游，首先涉及视点动画交互技术，一般采用两种方法来实现。一种是线性插值法，即利用 VRML 的插值器创建一条有导游漫游的游览路线，通过单击路标或按钮，使用户在预定义好的路径上漫游世界；另一种是视点实时跟踪法，即视点跟随用户的行为（如鼠标的位置）而产生动画效果。

（2）园林建筑动画生成。

通过建筑设计图纸生成虚拟的三维建筑环境，在虚拟的数字化三维地形上放置建筑物将平面图立体化。系统可以动态地呈现建筑的外形和内部结构。建筑动画中利用不同角度的观察镜头创建漫游路径，观察建筑物实际的动态景观。创建的路径生成建筑动画后，可以任意角度观赏。建筑动画给人以直观的真实感的体验，人们从中可以了解到有关虚拟建筑的任何信息。虚拟建筑不光有建筑实体模型不能做到的仿真效果，还能直接漫游其中。虚拟建筑的各种模型单体位置的便于修改，减少了视频的重复修改和参与体验的麻烦，当然通过多媒体编辑工具对动画编辑调整，使得参与者能够更好地使用。在制作动画的同时，还可以加入文字、解说，将复杂的动画简易化和细致化。戴上 VR 眼镜，可以在手机中实现打开实验馆、宿舍电脑的开关等动作，也能全视野观看。通过摄像机和灯光就可以逼真地渲染虚拟模型。渲染是动画制作中的关键步骤，可以增加场景的真实性，也决定最后成品的效果。因为软件的延伸性为模型制作提供更多的可能性，为模型的真实感提供更多的灵感。

（3）最优路径漫游的实现。

实现最优路径分析时一般要考虑以下几个综合因素。

①道路的实时状态。即某条路因外界原因不能通行时，应不考虑此条道路。

②确定最优路径形式。"距离"最优路径，即地理距离最优；"时间"最优路径，即耗时最少；"时间距离"最优路径，即时间距离综合最优。

根据已经确立的风景园林路径，应用"'真人'视角漫游"模式虚拟，结合高校校园绿地规划与设计"宏观"理念辅助总体方案设计。

按照已经确定风景园林路径，在现有景观的基础上，在"人眼视野"的范围内，创造出可以长时间被人观察到的景观，如建筑、水体等，对于草案上的分区结果和景观位置，通过"实地漫游"进行论证和推敲。如果有必要，可以借助截图工具如"中华神捕"等来截图，进行进一步的讨论和分析。

二、VR 技术在园林局部详细设计阶段中的应用

道路结合绿地规划与设计理念辅助细部设计推敲，进行整个校园的主题漫游。高校校园绿地规划与设计理念中包含安全性原则、功能适宜性原则、美学原则和弹性原则四大原则。其中功能适宜性原则又包括交往便利性原则、易达性和舒适性原则、层次性原则和生态性原则四个原则。

三、VR 技术在风景园林规划与设计公众参与中的应用

（一）公众参与的应用范围

园林设计讲求"以人为本"的设计理念，所以设计一定要有公众的参与，设计才会更完善、合理、科学、客观。实践证明，再好的设计师如果仅凭自己的力量都很难设计出好的作品，推行"公众参与性设计"的主要目的就是赋予同建设项目相关人士以更多的参与权和决策权，即让这些人参与到建设的全过程中来，并在其中起到一定作用。这样既能避免设计师陷入形式的自我陶醉之中，还能促进公众的参与意识和对城市景观的建设与维护，增加"公众"与"设计者"之间的沟通、合作，进而推动风景园林事业的蓬勃发展。面对我国公众参与风景园林规划与设计的现状，在风景园林规划与设计过程中，VR 技术可以逐步应用于公众参与中。根据我国风景园林规划与设计体系的特点，目前，

VR技术可以应用于以下确定发展目标阶段和设计方案优选阶段。

（二）广泛征求公众意向

在西方风景园林规划与设计工作程序中，有一个风景园林价值评估和风景园林发展目标确定的阶段。在这个阶段中，市民是最主要的参与者，市民的意向也是决策的主要依据。因此，风景园林规划与设计师设计了多种公众参与的方法，来促进这一阶段市民的民主参与。目前，公众参与技术的应用研究也主要在这个阶段开展。在我国，问卷调查、座谈会等参与形式大致属于这一阶段，但这些方法层次较低，效果也不明显。VR技术的引入大大改善了这一状况。因为要让公众对风景园林的价值和发展目标提出有价值的意见，首先要让他们对风景园林的现状有足够的了解。而以VRML为核心的虚拟现实技术就是一种很好的工具，即让公众有兴趣也有机会接触到复杂巨量的风景园林空间信息，并通过对信息的分析，深入地理解风景园林各个方面的状况。这样公众才能提出自己有价值的意见，这些意见对于民主的决策是最具有意义的。

在这一阶段，该技术的应用可以借鉴技术支持模式，根据这一模式，第三方（在我国主要为各设计院所）所担当的角色很重要。他们需要设计建立适当的风景园林VRML场景和相关数据库系统，并通过这一系统与公众广泛交流，从而得到有价值的公众意见。委托方（政府或企业）的任务是协助设计方收集基础数据、组织领导公众参与活动以及根据公众意向做出最后的决策。而公众一方则不必学习任何计算机专业知识，只需要在理解该系统所表达的涉及公众参与中的应用内容和与设计者充分交流基础上，提出自己的意见和建议，参与最后的决策。

（三）公示制度的实施

设计公示是我国公众参与的一个重要组成部分，在某些城市（如深圳）已经被确立为一项制度。这一点可看作风景园林规划与设计民主化进程的一大进展。向公众展示的主要是最终的设计成果，这种参与的层次是较低的。而在设计方案优选阶段应更多地采用设计公示制度，让公众辅助决策设计方案。选择更有效的交流方式与工具，将自己的设计方案展示给公众，成为风景园林规划与设计师努力的方向。传统的设计图纸和文字说明专业性仍然较强，而虚拟现实方法作为一种可视化方法能够促进设计的"非神秘化"。

（四）公众参与的方法实现

在国际互联网上实现风景园林规划与设计的公众参与，需进行以下步骤。

（1）虚拟现实场景的创建。

（2）建立意见输入 ASP 页面、显示结果 ASP 页面和过渡与管理 ASP 页面，并通过 script 脚本将页面控件和数据库连接。

（3）将虚拟现实场景整合输入 ASP 页面。

（4）在国际互联网上发布。

（五）公众参与网页发布

网页通过服务器主机提供浏览服务，目前，服务器主机有"主机"和"虚拟主机"两种，通过 FTP 将"公众参与网页"，上传到自己从虚拟主机服务商手中申请的"虚拟主机"上。

利用 VR 技术中的 VRML 语言将风景园林空间引入互联网，通过和谐的人机交互环境，使最大范围的公众在开放环境中进行交互性和沉浸性体验并评价方案。实现公众参与修改意见的提出，使之能够较为迅速地理解设计师的意图，并通过个体经验差异，对同一方案进行不同目的、不同重点的查看，最终将信息反馈给设计师，从而使其作品最大限度地满足公众的要求。在虚拟现实世界，广泛征询公众的意见和建议，就可以改进设计，使其功能更加切合用户的需求。

四、VR 技术在公共绿地防灾中的应用

（一）公共绿地防灾的现状

1.公共绿地和风景园林对防灾的要求

公共绿地在火灾、地震等灾害发生时，有重要的防灾避灾作用。规模较小靠近住宅的公共绿地成为紧急避难场所，居住区公园、区级公园成为救援、堆场或搭建临时住宅的场所，市级公园则被作为救援基地。植物的减灾作用主要有减轻建筑物倒塌及高空落物灾害和减轻火灾损失两方面的效果。众多经验教训表明，公共绿地的防灾避灾功能不容忽视，由此带来对我国公共绿地的选址、

设计、建造有重要指导意义。

要做到防灾避灾，首先要根据方案的面积大小和地理位置，确定服务半径至少为 500 m（步行 10 min 以内），在确定具体人口数（包括 5~10 年内的发展趋势）之后，按照人均有效避难面积至少 2 m²，确定园内广场的位置和规模（防灾公共绿地的有效避难面积 = 避难人数 × 人均有效避难面积）。防灾公共绿地应当具有避震疏散场所功能的出入口形态、周围形态、公共绿地道路、直升机场（中心避震疏散场所）、防火树林带、供水与水源设施（抗震贮水槽、灾时用水井、蓄水池与河流、散水设备）、临时厕所、通信与能源设施、储备仓库和公共绿地管理机构等。这些对于校园绿地规划与设计并不太适合。

2. 虚拟现实技术用于防灾的现状

英国的 Colt Virtual Reality 公司开发了一个名称为 Vegas 的火灾疏散演示设计模拟仿真系统，该系统是基于 Dimension Interation 的 Super scape 虚拟现实系统而开发的，该系统的三维动画可以演示火灾时人员的疏散情况，并可以方便地修改各种参数。应用该系统对地铁、港口等典型建筑物火灾时的人员疏散情况进行模拟仿真验证，取得了良好的效果。

该系统使用户具有沉浸感，让用户能够亲身体验火灾时的感受，由此根据用户的描述，研究火灾时人们的心理表现。另外，还可以进行消防人员救火抢险的模拟训练、疏散人群的模拟训练，而不必再采用真正点火的方法来进行类似实验。通过普通用户的参与，培养大众在火灾到来时，能够具有良好的防灾意识，迅速离开火场或采取报警、救人等措施。美国某保险公司与一些政府部门合作开发了一个训练火灾调查员的虚拟现实应用程序，该程序模拟了火灾现场的混乱和嘈杂场面，在调查员考虑该做什么时，时间在流逝，证据在消失，目击者逐渐远去，这符合实际火灾现场的情况。

火灾虚拟现实系统与其他虚拟现实系统最大的区别是：其对火灾过程的模拟和再现，即对火灾发生、发展和蔓延过程进行实时分析与模拟，系统所实现的主要功能都与火灾过程有着密切联系。构建这样的系统，最大的难点在于要选择一个合适的火灾模型，该模型既要满足计算机实时计算的能力，又要有较好的实际显示效果。该系统作为消防指挥之用，能提供消防路线的查询与漫游，但不能模拟火灾发生的实际场景。

（二）公共绿地防灾的展望

能够将消防指挥与基于 GIS 的指挥平台和模拟火灾时发生的实际场景相结合，将对公共绿地防灾功能提高大有益处，这不仅是现在要钻研的技术方向，也是人们对公共绿地防灾的愿望。

五、VR 技术在园林规划与设计教学中的应用

（一）在园林设计课程教学中的应用

根据人的头部运动特征和人眼的成像特征，模拟进入风景园林基址，"带领"学生进行"现场分析"，再应用园林设计的理念，进行设计，同时增强对平面图的认识。总之园林设计教学应向立体化、数字化、精确化方向发展。

（二）在园林建筑课程教学中的应用

和园林设计相同，进入设计场所，根据任务书完成各个功能空间的设计，同时切实感受空间的内容。从建筑空间类型讲，静态空间与动态空间是指空间的形状有无流动的倾向，用视觉心理学解释就是空间力的图。园林中有水平空间的平台，开阔的草坪，水面都属静态空间特征。长廊、夹道、爬山廊、曲径都具有动态空间的特征。学生可以通过虚拟现实场景对不同的空间进行对比，了解空间给人的感受。

同时可以根据虚拟现实技术的触发功能，观看建设园林建筑的全过程；另外，可以进行物理学建模，通过钢筋混凝土受力形变仿真，使学生对钢筋混凝土结构有更深的了解。

（三）在园林工程课程教学中的应用

1. 竖向设计

利用虚拟现实场景进行地形的分析与设计的教学，更具有直观性，如方案中地形的变化可通过模型对比直观地表现地形的变化。还可通过相应软件的辅助如使用 GIS，演示在地形挖方或填方前后的变化，挖方或填方的位置，计算出挖填方体积的平衡情况，用于平方平衡设计和土方平衡教学。

2. 喷泉设计

运用三维喷泉模型可以模拟喷泉的不同水姿的组合及其效果，同时配合灯光可以得到夜景效果，从而更有效地表达设计意图。同时，对三维的管线布局的漫游，也更能直观明了地展示典型喷泉管线的基本构成，方便教学讲解。

（四）在园林史课程教学中的应用

对历史上存在而现实中消失的园林，如独乐园、影园等进行虚拟现实模拟和漫游，使学生对古典园林有更直观、更深刻的认识。

（五）在景观生态学课程教学中的应用

虚拟现实技术可以直观、方便、准确地模拟生态环境的发展趋势，可以模拟若干年后植物群落的生长状况，从而使学生对景观生态学的理论有更深层次的理解。

（六）在 3S 课程教学中的应用

3S 技术是对地理信息系统（GIS）、遥感技术（RS）和全球定位系统（GPS）三种技术的总称，是园林从业者学习的重要内容之一。如利用 GIS 的数字地形模型（Digital Terrain Mode）可以进行地表的三维模拟与显示，并能进行不同视点（或景点）的可视性分析，为景点的选址和最佳游览线的选择提供视觉分析依据。例如，在结合水库设计的风景区规划中，因水坝的拦截造成上游山地、村庄、农田、森林的淹没情况，可以很方便地用 GIS 技术结合 CAD 技术进行景观预测与评价，并可以进行水位升降的动态模拟及水库面积和贮水量的计算，为下一步的居民搬迁、景点选址、道路选址、水面活动的组织等提供科学、直观的依据。可见从数据中得到的虚拟现实场景对于景观设计是有重要意义的。

第四章 园林植物生态景观规划设计

本章就目前园林植物景观设计中存在的植物景观与自然景观失调的原因进行了分析，提出满足生态要求是基础，结合美学原理，兼顾其经济性、文化性、知识性等内容的设计理念，以扩大园林植物功能的内涵和外延，发挥其综合效益，对园林植物生态景观规划设计进行分析。

第一节 园林植物生态景观设计的基本原则

一、美学原则

园林植物景观设计就是以乔、灌、草、花卉等植物来创造优美的景观，以植物塑造的景是供人观赏的，必须给人带来愉悦感，因此必须是美的，必须满足人们的视觉、心理要求。植物景观设计可以从以下两方面来体现景观的美。

（一）植物景观的形式美

通过植物的枝、叶、花、果、冠、茎呈现出的不同形态和色彩，来塑造植物景观的姿态美、季相美、群落景观美、色彩图案美等。如草坪上大株香樟或者银杏，能独立成景，体现其入画的姿态美；又如开花植物表现植物的季相美；红枫、紫叶李、无患子等红叶植物与绿叶植物配置，形成强烈的色彩对比；用杜鹃、千头柏、金叶女贞等配置成精美的图案，体现植物的色彩美、图案美等。

总之，春的娇媚、夏的浓荫、秋的绚丽、冬的凝重都是通过植物的形式美来体现的。

（二）植物景观的意境美

意境是指形式美之外的深层次的内涵。前面讲的是植物外在的形式美，意境美则是景的灵魂。园林景观设计中最讲究含蓄，往往通过植物的生态习性和形态特征性格化的比喻来表达强烈的象征意义，渲染深远的意境，如古典园林景观设计善用松、梅、竹、枫、荷等植物来寓意高尚的品德和气节。

（1）松：松不畏霜寒，苍劲优雅，能挺立于高山之巅、悬崖峭壁之上，是坚强和不畏艰苦的象征。由于其四季常青，也象征万古长青。

（2）梅：梅不畏强暴，坚强不屈，自尊自爱，高洁清雅的象征。陆游曾赞梅："零落成泥碾作尘，只有香如故。"北宋诗人林逋以"疏影横斜水清浅，暗香浮动月黄昏"的诗句来表达一种非常美妙的意境。

（3）竹：竹被视为有气节的君子，"未出土时先有节，便凌云去也无心"，苏东坡曰："宁可食无肉，不可居无竹。"竹也象征虚心有节，宁折不弯。

（4）菊：菊是傲骨铮铮、不亢不卑的象征。

（5）兰：兰是清雅、高洁的象征。

（6）玉兰、海棠、迎春、牡丹、芍药、桂花等一起配植象征"玉堂春富贵"。

二、生态原则

园林绿地中植物另一重要功能就是发挥其生态效益，改善和保护环境，如释放氧气，调节气温，防尘减噪，涵养水源，保持水土等，这主要依靠乔灌木植物。许多城市的绿地系统规划中要求乔、灌、草的面积比例达到 4：3：3，以乔灌木为主，充分发挥植物的生态效益。

三、科学原则

每一种植物都有不同的生态习性，对光、水、土、气候等环境因子有不同的要求，如有的植物是喜阳的，有的是耐阴的，有的是旱生的，有的是耐水湿的，有的是耐热的，有的是耐寒的……因此，要针对各种不同的立地条件来选择适合的植物，尽可能做到"适地适树"。

第二节　园林植物生态景观规划设计方式

园林植物景观类型可分为自然式、规则式、混合式。自然式配置以模仿自然、强调变化为主，采用不对称的配置方法，充分发挥植物材料的原有自然姿态，具有愉快、活泼、优雅的自然情调；规则式配置多为轴线采用对称，多对植、行植、几何图案植、几何中心植等配量方法，以成行成列种植为主，有强烈的人工感、规整感。混合式为自然式与规则式的融合。

根据总体布置和局部环境的要求，采用不同的种植形式。如一般在自然山体、水系、林地往往采用自然式种植，而在仪式感强的出入口、规整道路、几何形广场、大型建筑附近多采用规则式种植。

在园林植物规划设计中，植物的种植类型应用越来越趋于混合式。充分考虑场地的性质与要求和所处环境的辩证关系，灵活地与地形、水体、道路、广场、建筑相互配合，营造植物景观。种植设计的形式受园林风格和形式的影响和制约。不同的国家和地区、意图不同的历史阶段会有的不同种植形式。

第三节　园林植物生态景观规划设计要点

一、设计流程

植物景观规划→植物景观方案设计→植物景观扩初设计→植物景观施工图设计。

二、植物景观设计的生态方法

植物景观规划设计应以生态学理论为基础，以恢复地带性植被为设计目标，以近自然设计相关理论为依据。自然植物群落是经过自然选择、相对稳定的植物群体，因此对当地的自然植被类型和群落结构进行调查和分析无疑对正确理解种群间的关系会有极大的帮助。在此基础上将调查分析结果，结合基地条件简化和提炼出自然植被的结构和层次，作为种植设计的科学依据，运用于设计之中。

三、基地条件和植物选择

虽然有很多植物都适合基地所在地区的气候条件，但是由于生长习性的差异，植物对光线、温度、水分和土壤等环境因子的要求不同，抵抗劣境的能力不同，因此，应针对基地特定的土壤、气候等立地条件安排相适应的种类，做到适地适树，具体应做到以下几点。

（1）对于不同的立地光照条件应分别选择喜阴、半耐阴、喜阳等植物种类。喜阳植物宜种植在阳光充足的地方，如果是群落种植，应将喜阳的植物安排在上层；耐阴的植物宜种植在林内、林缘或树荫下、建筑的北面。

（2）多风的地区应选择深根性、生长快速的植物种类，并且在栽植后应立即加桩拉绳固定，风大的地方还可设立临时风挡。

（3）在地形有利或四周有遮挡且气候温和的地方可以种植稍不耐寒的植物种类。

（4）受空气污染的基地应注意根据不同类型的污染源，选用相应的抗污染植物。大多数针叶树和常绿树不抗污染，而落叶阔叶树的抗污染能力较强，如槐树、银杏、臭椿等。

（5）对于不同 pH 值的土壤应选用相应的植物种类。多数针叶树喜欢偏酸性的土壤（pH 值 3.7~5.5）；多数阔叶树较适应微酸性土壤（pH 值 5.5~6.9）；多数灌木能适应 pH 值为 6.0~7.5 的土壤；只有很少一部分植物耐盐碱，如乌桕、泡桐、紫薇、白蜡、柳树、柽柳、苦楝、刺槐等。当土壤其他条件合适时，植物可以适应更广范围 pH 值的土壤，例如桦木最适宜的土壤 pH 值为 5.0~6.7，但在排水较好的微碱性土壤中也能正常生长。大多数植物喜欢较肥沃的土壤，但是有些植物也能在瘠薄的土壤中生长，如黑松、白榆、女贞、水杉、小蜡、柳树、枫香、黄连木、刺槐、紫穗槐等。

（6）低凹的湿地、水岸旁应选种一些耐水湿的植物，例如池杉、枫杨、垂柳、落羽杉等。

四、植物配置

首先应熟悉植物的体量、形状、色彩、质感和季相变化等内容，综合考虑植物材料间的形态和生长习性，既要满足植物的生长需要，又要能创造出较好的视觉效果，与设计主题和环境相一致。一般来说，庄严、宁静的环境的配置宜简洁、规整；自由活泼的环境的配置应富于变化；有个性的环境的配置应以烘托为主，忌喧宾夺主；平淡的环境宜用形状、色彩对比较强烈的配置；空旷环境的配置应集中，忌分散。

五、种植间距

做种植平面图时，图中植物材料的尺寸应按现有苗木的大小按比例画在平面图上，这样，种植后的效果和图面设计的效果就不会相差太大。无论是视觉上还是经济上，种植间距都很重要。稳定的植物景观中的植株间距和植物的最大生长尺寸或成年尺寸有关。在园林设计中，从造景和视觉效果上看，乔灌木应尽快形成种植效果，地被植物应尽快覆盖裸露的地面，以缩短园林景观形成的周期。因此，如果经济允许的话，一开始可以将植物种得密些，过几年后逐渐减去一部分。例如，在树木种植平面图中，可用虚线表示若干年后需要移去的树木，也可以根据若干年后的长势，对种植形成的立地景观效果加以调整，移去一部分树木，使剩下的树木有充足的地上和地下生长空间。解决设计效果和栽植效果之间差别过大的另一个方法是合理地搭配和选择树种。种植设计中可以考虑增加速生长种类的比例，然后用中生或慢生的种类接上，逐渐过渡到相对稳定的植物景观。

第四节 乔灌木种植设计

一、乔灌木的使用特性

乔灌木是植物中的重要组成部分，是园林绿化景观的骨架，在组织空间、营造景观和生态保护方面起着主导作用。

乔木树体高大、寿命较长、冠大荫浓、姿态富有变化，而且在改善小气候、防尘、降噪等方面有显著作用；在植物景观营造方面，可形成丰富多彩的景观效果，从优美的树丛、郁郁葱葱的林海，到千姿百态的孤植树，都能形成美丽的风景。在园林景观设计中乔木既可以成为主景，也可作为对景、夹景、障景等。由于乔木有高大的树冠和庞大的根系，因此一般要求种植地点有较大的空间和较深厚的土层。

灌木树体矮小，多呈现丛生状，寿命较短，枝叶浓密丰满，常具有鲜艳美丽的花朵和果实，姿态和形体也有很多变化。灌木在防尘、防风沙、防止水土流失和护坡方面有显著作用；在造景方面可以使树木在高低层次方面的变化有所增加，可作为乔木的衬景之用，也可以突出表现灌木在花、叶、果观赏上的效果。灌木也可用以分隔和组织较小的空间，遮挡较低的视线；灌木尤其是耐阴的灌木与乔木以及地被植物配合起来成为主体绿化的重要组成部分。由于树冠小、根系有限，灌木对种植地点的空间要求不大，土层深度也不需要很厚。

二、乔灌木种植的类型

乔灌木种植的类型分为规则式、自然式、混合式。规则式整齐、严谨，具有一定的种植株行距，且按固定的方式排列。自然式和混合式自然、灵活、参差有致，没有一定的株行距和固定的排列方式。

（一）规则式配置

1. 中心植

在花坛、广场等中心地点，可种植轮廓严整、树形整齐、生长缓慢、四季常青的园林树木。如在南方可用雪松、整形大叶黄杨、苏铁等，在北方可用云杉、油松等。

2. 对植

在规则式种植构图中，对称栽植的形式，无论在道路两旁还是建筑出入口，都是经常应用的。在自然式的种植构图中的对植是不对称的，但是，左右仍然是均衡的。自然式园林的进口两旁、桥头、磴道的石级两旁、河流进口的两旁、封闭空间的进口两旁、建筑物的门口，都需要有自然式的进口栽植和诱导栽植。对植，最简单的形式是运用两株独树，分布在构图中轴线的两侧；必须采用同一树种，但大小和姿态可以不同，动势要向中轴线集中；也可以是两个树丛或树群的对植，气势更强。

3. 行列栽植

行列栽植是指乔灌木按一定的株行距成行成排地种植。行列栽植形成的景观，比较单纯、整齐、统一；行列式栽植方式，主要应用于规则式园林景观中。在自然式园林景观绿地中，可布置于比较整形的局部场地。行列栽植具有施工管理方便的优点。行列栽植对树种选择与株行距都有所要求。选为行列栽植的树种，在树冠体形上要求比较整齐，如圆形、椭圆形、卵圆形、倒卵形、塔形、圆柱形等，不能选树冠不整齐、枝叶稀疏的树种。行列栽植的株行距，根据树种的规格决定。树种规格依据景观需求结合实际苗源情况而定。一般乔木可采用 3~8 m，甚至更大，灌木为 1~5 m。如果采取密植，则可成为树篱。

（二）自然式配置

1. 孤植

（1）树种选择。体形特别巨大者，如香樟、榕树、悬铃木、槲树等，树冠伸展可达 40 m，主干需几人围抱，给人以雄伟浑厚的艺术感染。体形的轮廓富于变化、姿态优美、树枝具有丰富的线条美者，如柠檬桉、白皮松、油松、黄山松、鸡爪槭、白桦、朴树、桧柏、垂柳等，给人以龙蛇起舞、顾盼神飞的艺术感染。开花繁茂、色彩艳丽者，如凤凰木、木棉、大花紫薇、玉兰、樱花、海棠、碧桃、梅花等，开花时，给人以华丽浓艳、绚烂缤纷的感觉。具有浓烈芳香的树木，如白兰、桂花、柚子等，给人以暗香浮动、沁人心脾的美感。其他如苹果、柿子等给人以硕果累累的感觉。秋天变色，或常年红叶的树种，如乌桕、枫香、鸡爪槭、银杏、白蜡、平基槭、紫叶李等，给人以霜叶照眼、秋光明净的感觉。

（2）位置安排。在园林景观设计中，孤植树常作为植物景观群落的焦点，是构图主景，其构图位置应十分突出而引人注目。为突出孤植树在形体、姿态、色彩等方面的特色，最好还要有如天空、草地、水面等色彩既单一又有丰富变化的景物环境做背景衬托。孤立树的栽植，并不意味着只能有一株树，可以是一株树的孤立栽植，也可以是两株到三株组成的一个单元。但必须是同一个树种，株行距不超过1 m，远看起来，效果如同一株树木一样，孤立树下不得配置灌木。孤植树亦可布置在园路、溪流的转弯或尽端视线焦点处引导行进方向；安排在磴道口或公园入口处，引导游人进入另一空间。

（3）观赏条件。孤植树多做局部构图的主景。因此要有比较合适的观赏点、观赏视距一般为树高的4~10倍最为适宜。

（4）利用原有树木。设计中应尽可能采用因地制宜的设计手法，利用原有成年大树做孤植赏景树。如果没有大树可以利用，则宜利用原有的中年（10~20年）树木。

2. 丛植

树丛通常由2~10株乔木组成，如果加入灌木，总数最多可以到15株。树丛的组合，一方面应该当作一个统一的群体来考虑，要考虑群体美；但同时，组成树丛的每一单株，也都要能在统一的构图之中表现其个体美。选择作为组成树丛的单株植物的条件与孤植树相似，必须挑选在庇荫、树姿、色彩、开花或芳香等方面有特殊价值的植物。

（1）两株一丛。两株树的组合，首先必须有其通相，同时又有其殊相，才能使二者在变化中又有统一，对比中求调和。两株结合的树丛最好采用同一树种或十分相似的树种，两株同种树木配植时，最好在姿态上、动势上、大小上有显著差异，才能使树丛生动活泼起来。栽植的距离应小于两个树冠半径之和，使其形成一个整体，以免出现分离现象（两株独立树），而不成为树丛了。

（2）三株一丛。三株配植，最好采用大小、姿态都有对比和差异的同一树种，或为外观类似的两个树种来配合，相差悬殊的两种树，不要配合在一起。如果是两个不同树种，最好同为常绿树或同为落叶树，同为乔木或同为灌木。栽植时，三株忌在同一条直线上，也忌等边三角形栽植，三株的距离都要不相等，即最大一株和最小一株要靠近些，成为一个小组，中等的一株要远离一些，使其成为另一个组，形成2：1的组合，但两个小组在动势上要呼应，构图才不致分割。也可以最大一株与中间一株靠近，成为一个小组，而最小株稍远。最大株和最小株都不能单独为一组。所谓"三株一丛，则二株宜近，一株宜远"。三株配置时应忌的五种形式：三株大小姿态相同；三株在同一直线上；三株呈等边三角形栽植；三株由两个树种组成，各自构成一组，构图不统一；三株中最大的一组，其余两株为一组，使两组重量相同，构图死板。

（3）四株一丛。四株配植，最好采用姿态、大小、高矮上有对比和差异的同一树种，四株用一个树种或两种不同的树种，同为乔木或同为灌木才较调和。分为两组栽植，呈3：1的组合，即三株较近，一株远离（不能两两组合），最大株和最小株都不能单独为一组。三株组合中也应两株近，一株远。总体形成二株紧密，另一株稍远，再一株远离。树丛不能种在一条直线上，也不要等距离栽种。平面形式应为不等边三角形或不等边四边形，忌四株成直线、矩形、正方形栽植。采用不同树种时，最好是相近树种。其中大的和中的为同种，小的为另一种。当树种完全相同时，栽植点的标高也可以变化。

（4）五株树丛。五株树丛分为3：2或4：1的组合。树丛同为一个树种时，每株树的体形、动势、姿态、大小、栽植距离都应不同。树种不同时，在3：2的组合中一种树为三株，另一种为两株，将其分在两组中。在4：1的组合中不能单栽种树。主体树必须处在三株小组或四株小组中。四株小组的组合原则与前述四株一丛的组合相同，三小组的组合与三株一丛的组合相同，两株一个小组与两株一丛相同。其中单株树木不要最小的，也不要最大的，最好是中间树种。

（5）六株以上的树丛组合。树木的配植，株数越多就越复杂，但分析起来，两株、三株丛植是基本组合，六株以上配合，实质为两株、三株、四株、五株几种基本形式的互相组合而成。因此熟悉了基本组合，再多的树丛配植都可依次类推。

3. 群植

由二三十株以上的乔、灌木成群配植称为群植，形成的群体称为树群，树群所表现的主要为群体美。树群可由单一树种组成，也可由数个树种组成，因此可分为单纯树群和混交树群两种。单纯树群由一种树木组成，可以应用耐阴的宿根花卉作为地被植物。混交树群是树群的主要形式。混交树群可以分为乔木层、亚乔木层、大灌木层、小灌木层及多年生草本植被五个部分，也可以分为乔木、灌木及草本三层。其中每一层的组成都要显露出来，其显露部分应该是该植物观赏特征突出的部分。乔木层选用的树种，树冠的姿态要特别丰富，使整个树群的天际线富于变化；亚乔木层选用的树种，最好开花繁茂或者具有美丽的叶色，灌木应以花木为主，草本植物应以多年生野生花卉为主，树群下的土面不能暴露。树群组合从高度来讲乔木层应该分布在中央，此乔木层在外缘，大灌木、小灌木在更外缘，这样可以不致互相遮掩，但其任何方向的断面，不能机械，应起伏有致。树群外缘轮廓的垂直投影，要有丰富的曲折变化。其平面的纵轴和横轴切忌相等，要有差异，但是纵轴和横轴的差异也不宜太大，一般差异最好不超过 1 : 3。树群外缘，仅仅依靠树群的变化是不够的，还应该在附近配上一两处小树丛，这样构图格外活泼。树群内，树木的组合必须很好地结合生态条件，第一层乔木应该是阳性树，第二层亚乔木可以是半阴性的，种植在乔木庇荫下及北面的灌木可以是半阴性和阴性的，喜暖的植物应该配植在树群的南方和东南方。树群的外貌要有高低起伏变化，要注意四季的季相变化和美观。

4. 风景林

风景林不同于"森林"，指面积比较大的林木，与孤植树、草地上的树丛、树群不同，林木之间相互作用的小规模林木。树林可分为疏林和密林两种。

（1）疏林。该种植方式是指郁闭度在 0.4~0.6 的树林。疏林是园林中应用最多的一种形式,游人的休息、游戏、摄影、野餐、观景等活动,总是喜欢在林间草地上进行。造景的要求有以下三点。

①满足游憩活动的需要。林下游人密度不大时可形成疏林草地,草坪应坚韧耐践踏,尽可能满足游憩活动要求。林下游人较多的地方,应与铺装场地结合。同时,林中可设置园路供游人散步、游赏,亦可设置园椅、置石供游人驻足休息。

②树种以大乔木为主。主体乔木树冠应开展,树荫要疏朗,具有较高的观赏价值,疏林以单纯林为多。若为混交林,则要求其他树木的种类和数量不宜过多。

③树木配植疏密相间。树木的种植要三五成群、疏密相间、有断有续、错落有致,使构图生动活泼、光影富于变化,忌成排成列栽植。

(2)密林。该种植方式是指郁闭度在0.7~1.0的树林。阳光很少透入林下,所以土壤湿度较大,地被植物含水量高、组织柔软脆弱,不耐踩踏。因此,一般不允许游人步入林地之中,只能在林地内设置的园路及场地上活动。密林又有单纯密林和混交密林之分。

单纯密林:单纯密林是由一个树种组成的密林。由于单纯密林为一种乔木组成,因此林内缺乏垂直变化景观和丰富的季相变化。为了弥补这一不足,布置时应注意以下几点。

①采用异龄树:采用异龄树可以使林冠线得到变化,增加林内垂直景观。布置时还要充分结合利用起伏变化的地形。

②配植林下木:为丰富色彩、层次、季相的变化,林下配植一种或多种开花的耐阴或半耐阴草本花卉如石蒜等,以及低矮开花繁茂的耐阴灌木如绣球、杜鹃等。单纯配植一种花灌木可以取得简洁壮阔之美,多种混交可取得丰富多彩的季相变化。

③重点处理林缘景观:在林缘处还应配置同一树种、不同年龄组合的树群、树丛和孤植树;安排开花灌木或草花,增强林缘的植物景观变化。

④控制水平郁闭度:水平郁闭度最好在0.7~0.8,可增强林内的可见度。这样既有利于地被植物生长,又增强了林下景观的艺术效果。

混交密林：混交密林是由两种或两种以上的乔木及灌木、花、草彼此相互依存，形成的多层次结构的密林。混交密林层次及季相构图丰富，垂直郁闭效果明显，布置时应注意以下几点。

①留出林下透景线：供游人欣赏的林缘部以及林地内园路两侧的林木，其垂直构图要十分突出，郁闭度不可太大，以免影响观赏视线。

②丰富林中园路两侧景色：密林间的道路是人们游憩的重要场所，两侧除合理安排透景线外，结合近赏的需要，还应合理布置一些开花的花卉、灌木等。

③林地的郁闭度要有变化：无论是垂直还是水平郁闭度都应根据景色的要求而有所变化，以增加林地内光影的变化，还可形成林间隙地。

④树木配植主次分明：混交林中应分出基调和骨干树种。密林种植，大面积的可采用片状混交，小面积的多采用点状混交，亦可二者结合。

单纯密林和混交密林在艺术效果上各有特点，前者简洁壮阔，后者华丽多彩，二者相互衬托，特点更突出，因此不能偏废。但是从生态学和植物保护的角度来看，混交密林比单纯密林好，因此在园林中纯林不宜太多。

第五节　花卉种植设计

在园林绿地景观中，除了乔木、灌木的栽植和建筑、道路及必要的构筑物以外，还需种植一定量的花卉，使整个景观丰富多彩。因此，花卉、草坪及地被植物等是园林景观设计中重要的组成部分。在这里，花卉种植按形式分为花坛、花境、花卉专类园。

花卉在园林景观设计中的应用是根据用地的整体布局以及园林景观设计风格而定的，加之与其他园林景观设计元素的搭配，形成引人入胜的园林景观。

一、花坛

（一）花坛的类型

花坛是一种古老的花卉应用形式。花坛的最初含义是把花期相同的多种花卉或不同颜色的同种花卉种植在具有几何形轮廓的植床内,并组成图案的一种花卉布置方法。运用花卉的群体效果来体现图案纹样,或观赏盛花时的绚丽景观。它以突出鲜艳的色彩或精美华丽的图案来体现其装饰效果。随着时代的发展和东西方文化的交流,花坛的形式也日渐丰富,由最初的平面地床或沉床(花坛植床稍低于地面)花坛拓展出斜面、立体及活动式等多种类型。现代花坛式样极为丰富,依据不同的划分方法,可将花坛划分为不同的类型。

1. 依花材分类

现代花坛常见两种类型相结合的花坛形式。例如在主体花坛中,中间为模纹式,基部为水平的盛花式;或在规则或几何形植床之中,中间为盛花布置形式,边缘用模纹式等。

(1)盛花花坛。此种花坛也叫花丛式花坛,以观花草本植物花期中的花卉群体的华丽色彩为表现主题,可由同种花卉不同品种或不同花色的群体组成,也可由花色不同的多种花卉组成。

(2)模纹花坛。模纹花坛主要由低矮的观叶植物或花、叶皆美的植物组成,表现群体组成的精美图案或装饰纹样,主要有毛毡式花坛、彩结花坛和浮雕花坛等。毛毡花坛是由各种观叶植物组成的精美的装饰图案,植物修剪成同一高度,表面平整,宛如华丽的地毯;彩结花坛是花坛内纹样模仿绸带编成的绳结式样,图案的线条粗细一致,并以草坪、卵石或砾石为底色;浮雕花坛是依花坛纹样的变化、植物高度的不同,从而使部分纹样凸起或凹陷,凸出的纹样多用常绿小灌木,凹陷面多栽植低矮的草本植物,也可以通过修剪使同种植物由于高度不同而呈现出凸凹的效果,整体上具有浮雕的效果。

2. 依空间形式分类

(1)平面花坛。花坛表面平行于地面,主要观赏花坛的平面效果,包括高出地面的花坛或沉床花坛。

(2)高设花坛(花台)。由于功能及景观的需要,园林中也常将花坛的种植床抬高,这类花坛称为高设花坛,也称花台。

(3)立体花坛。不同于前两类表现的平面图案和纹样,立体花坛表现三维的立体造型,其表达主题如前所述。立体花坛最常应用于道路、广场点景,也是各类花卉和园林展览中较为常见的花坛形式。

（4）斜体花坛。斜体花坛是设置在斜坡或阶地上的花坛，也可以布置在建筑物的台阶上或台阶两旁，花坛表面为斜面，是主要的观赏面。

3.依花坛的布局方式分类

（1）独立花坛。作为局部构图中的一个主体而存在的花坛称为独立花坛。独立花坛通常布置在建筑、广场的中央，街道或道路的交叉口，公园进出口，广场上，建筑正前方，由花架或树墙组成的绿化空间中央等处。花坛群。当多个花坛组成不可分割的构图整体时，称为花坛群。花坛之间为铺装地或铺设以草坪，排列组合是对称的或有规则的。对称地排列在中轴线两侧的称为单面对称的花坛群，多个花坛对称地分布在许多相交轴线的两侧称为多面对称的花坛群。

（2）连续花坛群。许多个独立花坛或带状花坛，直线排列成一行，组成一个有节奏规律的、不可分割的构图整体时，即称为连续花坛群。连续花坛群通常布置于道路两侧或宽周道路的中央以及纵长的铺装广场上，也可布置于草地上。连续花坛群的演进节奏，可以用两种或三种不同的个体花坛来交替演进，整个花坛则呈连续构图，外形既有变化，又有统一的规律。

（二）花坛的设计

花坛在环境中可作为主景，也可作为配景。形式与色彩的多样性决定了它在设计上也有广泛的选择性。花坛的设置首先应在风格、形状、体量诸多方面与周围环境相协调，其次才是花坛自身的特色。花坛的大小、体量也应与花坛设置的广场、出入口及周围建筑的高低成比例，一般不应超过广场面积的1/3，同时也不小于广场面积的1/5。出入口设置花坛以既美观又不妨碍游人路线为原则，在高度上不可将出入口的视线遮住。花坛的外部轮廓也应与建筑物边线、相邻的路边和广场的形状协调一致。花坛要求经常保持整齐的轮廓和鲜艳的色彩。因此，多选用植株低矮、花期集中、生长整齐、株丛紧密而花色艳丽（或观叶）的种类。花坛中心宜选用较为高大而整齐的花卉材料，如美人蕉、洋地黄、扫帚草、金鱼草等；也有用树木的，如苏铁、蒲葵、雪松、云杉、凤尾兰及修剪的球形黄杨、龙柏等。花坛的边缘也常用矮小的常绿草本或灌木绿篱做镶边栽植，如葱兰、沿阶草、紫叶小檗、雀舌黄杨等。具体来说，几种花坛设计如下。

1. 盛花花坛的设计

（1）植物选择。1~2 年生花卉为组成花坛的主要材料，其种类繁多，色彩丰富、成本较低。球根花卉也是盛花花坛的优良材料，其特点是开花整齐、色彩艳丽，但成本较高。适合做花坛的花卉应株丛紧密、花朵繁茂。理想的植物材料在盛花时应将枝叶完全覆盖，要求花期较长，开放一致，至少保持一个季节的观赏期。如果是球根花卉，要求栽植后花期一致，花色明亮鲜艳，有丰富的色彩变化，纯色搭配及组合比复色混植更为理想，更能体现色彩美。不同种花卉群体配置时，要考虑到花色、质感、株型、株高等特性的协调。

（2）色彩设计。盛花花坛表现的主题是花卉群体的色彩美，因此一般要求鲜明、艳丽。如果有台座，花坛色彩还要与台座的颜色相协调。其配色方法有以下几种。

①对比色应用：这种配色较活泼而明快。浅色调的对比配合效果较理想，对比不那么强烈，柔和而鲜明。深色调的对比较强烈，给人以兴奋感，如绿色＋红色，紫色＋浅黄色等。

②暖色调应用：类似色或暖色调花卉搭配，色彩亮度不够时可加白色予以调剂。这种配色鲜艳，热烈而庄重，常用于大型花坛。如红＋黄或红＋白＋黄（黄早菊＋白早菊＋一串红或一品红、金盏菊或黄三色堇＋白雏菊或白色三色堇＋红色美女樱）。

③同色调应用：这种配色不常用，适用于小面积花坛及花坛组，起装饰作用，一般不做主景。如白色建筑前用纯红色花，或由单纯红色、黄色或紫红色单色花组成的花坛组。

（3）图案设计。花坛外部轮廓主要是几何图形或几何图形的组合。花坛大小要适度。在平面上过大在视觉上会引起变形。一般观赏轴线以 8~10 m 为主。现代建筑的外形趋于多样化、曲线化，在外形多变的建筑物前设置花坛，可用流线或折线构成外轮廓，对称、拟对称或自然均可，以求与周边环境的协调。花坛内部图案要简洁，轮廓要明显。忌在有限的面积上设计烦琐的图案，要求有大色块的效果。一个花坛即使用色很少，但图案复杂则花色分散，不易体现整体效果。盛花花坛可以是某一季节观赏的花坛，如春季花坛、夏季花坛等，至少保持一个季节内有较好的观赏效果。但设计时可同时提出多季观赏的实施方案，可用同一图案更换花材，也可另设方案，一个季节花坛景观结束后立即更换下季材料，完成花坛季相交替。

2. 模纹花坛的设计

（1）植物选择。模纹花坛材料应符合下述要求。

①以生长缓慢的多年生草本植物为主，如红绿草、白草、五色苋等。一两年生草花生长速度不同，图案不易稳定，可选用草花的扦插苗、播种苗及植株低矮的花卉两图案的点缀，前者如紫菀类、孔雀草、一串红、四季秋海棠等；后者有香雪球、雏菊、半支莲、三色堇等。但把它们布置成图案主体则观赏期相对较短，一般使用较少。

②以枝叶细小、株丛紧密、耐修剪的观叶植物为主，如侧柏、金心黄杨、金叶女贞、小叶栀子花等。通过修剪可使图案纹样清晰，并维持较长的观赏期。枝叶粗大的材料不易形成精美的纹样，在小面积花坛上尤不适用。观花植物花期短，不耐修剪，如果使用少量做点缀，也以植株低矮、花小而密者效果为佳。植株矮小或通过修剪可控制在5~10 cm高，耐移植、易栽培、缓苗快的材料为佳。

（2）色彩设计。模纹花坛的色彩设计应以图案纹样为依据，用植物的色彩突出纹样，使之清晰而精美。

（3）图案设计。模纹花坛以突出内部纹样精美华丽为主，因此植床的外轮廓以线条简洁为宜，可参考盛花花坛中较简单的外形图案。面积不宜过大，尤其是平面花坛，面积过大在视觉上易造成图案变形的弊病。内部纹样可较盛花花坛精细复杂些，但点缀及纹样不可过于窄细。以五色苋类为例，不可窄于5 cm，一年生草本花卉以能栽植2株为限。设计条纹过窄则难以表现图案，纹样粗、宽，色彩才会鲜明，图案才会清晰。内部图案可选择的内容广泛，如依照某些工艺品的花纹、卷云等，设计成毯状花纹；用文字或文字与纹样组合构成图案，设计要严格符合比例，不可改动，周边可用纹样装饰，用材也要整齐，使图案精细，多设置于庄严的场所；名人肖像，设计及施工均较严格，植物材料也要精选，从而真实体现名人形象，多布置在纪念性园地；也可选用花瓶、花篮、建筑小品、动物、花草、乐器等图案或造型，可以是装饰性的，也可以是有象征意义的。

此外还可利用一些机器构件如电动马达等与模纹图案共同组成有实用价值的各种计时器。常见的有日晷花坛、时钟花坛及日历花坛等。

①日晷花坛：日晷花坛设置在公园、广场有充分阳光照射的草地或广场上，用毛毡花坛组成日晷的底盘，在底盘的南方立一倾斜的指针，在晴天时指针的投影可从早 7 时至下午 5 时指出正确时间。

②时钟花坛：时钟花坛用植物材料做时钟表盘，中心安置电动时钟，指针高出花坛之上，可正确指示时间，设在斜坡上观赏效果好。

③日历花坛：日历花坛用植物材料组成"年""月""日"或"星期"等样，中间留出空位，用其他材料制成具体的数字填于空位，每日更换。日历花坛也宜设于斜坡上。

3. 立体花坛的设计

（1）标牌花坛。花坛以东、西朝向观赏效果好，南向光照过强，影响视觉，北向逆光，纹样暗淡，装饰效果差。标牌花坛也可设在道路转角处，以观赏角度适宜为准。有两种方法：一是用五色苋等观叶植物作为表现字体及纹样的材料，栽种在尺寸为 15 cm×40 cm×70 cm 的扁平塑料箱内。完成整体图样的设计后，每箱根据设计图案中所涉及的部分扦插植物材料，各箱拼组在一起构成总体图样。然后，把塑料箱根据图案固定在竖起（可垂直，也可为斜面）的钢木架上，形成立面景观。二是以盛花花坛的材料为主，表现字体或色彩，多为盆栽或直接种植在架子内。架子为台阶式则一面观为主，架子呈圆台或棱台样阶式可做四面观。设计时要考虑阶梯间的宽度及梯间高差，阶梯高差小形成的花坛表面较细密。可用钢架或砖及木板制成架子，然后花盆依图案设计摆放其上，或栽植于种植槽式阶梯架内，形成立面景观。设计立体花坛时首先要注意高度与环境协调。种植箱式可较高，台阶式不宜过高。除个别场合利用立体花坛做屏障外，一般应在人的视觉观赏范围之内。此外，高度要与花坛面积成比例。以四面观圆形花坛为例，一般高为花坛直径的 1/6~1/4 较好。另外，设计时还应注意各种形式的立面花坛不应露出架子及种植箱或花盆，以充分展示植物材料的色彩或组成的图案。三是考虑实施的可能性及安全性，如钢木架的承重及安全问题等。

（2）造型花坛。造型物的形象依环境及花坛主题来设计，可为花瓶、花篮、动物及建筑小品等，色彩应与环境的格调、气氛相吻合，比例也要与环境相协调。运用毛毡花坛的手法完成造型物，常用的植物材料，如五色苋类及小菊花。为施工布置方便，可在造型物下面安装有轮子的可移动基座。

二、花境

花境是园林景观中的一种特殊的种植形式，是以树丛、树群、绿篱、矮墙或建筑物做背景的带状自然式花卉布置形式，是模拟自然界中林地边缘地带多种野生花卉交错生长的状态，运用艺术手法提炼、设计成的一种花卉应用形式。

（一）花境的类型

从设计形式上，花境主要有三类。

（1）单面观赏花境。单面观赏花镜常以建筑物、树丛、绿篱、矮墙等为背景，前面为低矮的边缘植物，整体上前低后高，供一面观赏。

（2）双面观赏花境。这种花境没有背景，多设置在草坪或树丛间，种植植物时应中间高两侧低，供两面观赏。

（3）对应式花境。对应式花镜是在园路的两侧、草坪中央或建筑物周围设置相对应的两个花境，这两个花境呈左右二列式。在设计上统一考虑，作为一组景观，多采用拟对称的手法，以求有节奏和变化。

从植物选材上，花境可分为四种。

（1）草花花境。花境内所用的植物材料全部为草花时称为草花花境，包括1~2年生草花花境、宿根花卉花境、球根花卉花境以及观赏草花境等。其中最为常见的是宿根花卉花境，更多情况是以上类型的混合。

（2）混合式花境。混合式花境种植材料以耐寒的宿根花卉为主，配置少量的花灌木、球根花卉或一两年生花卉。这种花境色彩丰富，季相分明，多被应用。

（3）专类花卉花境。专类花卉花镜是由同属不同种类或同一种不同品种植物为主要种植材料的花境。做专类花境用的宿根花卉要求株型、花期、花色等有较丰富的变化，从而体现花境的特点，如百合类花境、菊花类花境、鸢尾类花境等。

（4）灌木花境。花境内所用的植物以灌木为主时称为灌木花境。所选用材料以观花、观叶或观果且体量较小的灌木为主，包括各种小型的常绿针叶树，如矮紫杉、青杆、白杆、砂地柏等。

（二）花境的作用与位置

花境可设置在公园、风景区、家庭花园、街心绿地及林荫路旁。它是一种带状布置方式，因此可在小坏境中充分利用边角、条带等地段，营造出较大的空间氛围，是墙基、林缘、挡土墙、草坪边缘、路边坡地等的良好装饰。花境的带状式布置，还可起到分隔空间和引导游览路线的作用。

（三）花境的设计

花境的形式应因地制宜，通常依游人视线的方向设立单面观赏的花境，以建筑物、树丛、绿篱或墙垣为背景，近游人一侧植物低矮，随之渐高，宽度为3~4 m；双面观赏的花境，中间植物高，两侧植物渐低，宽度为 4~8 m，常布置于草地上、树丛间或两条步行道路之间。花境中植物选择应注意适应性强、可露地越冬、花期长或花叶兼备的植物。

三、花钵（移动花坛）的应用与设计

（一）花钵

花钵指将同种或不同种类的花卉，按照一定的设计意图种植于各种类型的容器中，布置于园林绿地、道路广场、露台屋顶，甚至室内等处以装点环境的花卉应用方式。其特点为移动方便、布景灵活，是可移动的花坛，是为花钵。

（二）花钵的类型

按花钵的植物栽植方式可将花钵分为规则式花钵及自然式花钵。规则式花钵布置于出入口、路边、广场、露台等处，在较大的花钵中用一种以上的颜色组成通常为规则式的图案，通常称为规则式。将不同种的植物组合配置在一个容器中形成前后掩映、高低错落的自然式群落，称为自然式花钵，可布置于广场、道路、绿地边缘、屋顶露台及室内环境，有时还作为广场等处的焦点景物。

（三）花钵的体量

花钵可繁可简，体量可大可小，取决于其装饰环境的尺度。通常大型花钵高可达 200 cm，多布置于街道、大型广场等处。小型花钵通常低于 50 cm，甚至有低于 20 cm 的微型花钵，通常布置于窗台、几案等小环境，室内绿化中常称为组合盆栽。大部分的花钵介于 50~200 cm。

（四）花钵的植物选择

规划式花钵通常展示株高整齐、色彩鲜艳的草本花卉或株型圆整的常绿或花叶美丽的灌木或小乔木，前者如矮牵牛、四季秋海棠等花丛花坛常见的花卉，后者如圆柏类、云杉类、倒挂金钟、树月季等。自然式布置的花钵通常选择不同株型的植物，根据体量大小可以乔灌草结合，也可以草本花卉为主，既有构成焦点的直立型植物，也有覆盖在容器边缘及外壁的垂蔓性植物，还需选择不同色彩和质感的植物，根据设计意图，组成自然优美的群体景观。

四、花卉专类园

专类园是在某一范围内种植同一类观赏植物供游赏、科学研究或科学普及的园地。有些植物变种，品种繁多并有特殊的生态习性和观赏性，宜集中于一园专门展示。其观赏期、栽培条件、技术要求比较类似，管理方便，游人乐于在一处饱览其精华。

（一）专类园的类型

从专类园展示的植物类型或植物之间的关系，不难发现上述专类园的含义实际上包含了园林中常见的两类花园。

1. 专类花园

在一个花园中专门收集和展示同一类著名的或具有特色的观赏植物，创造优美的园林环境，构成供人浏览的专类花园。可以组成专类花园的观赏植物有牡丹、芍药、梅花、菊花、山茶花、杜鹃花、蔷薇、鸢尾、木兰、丁香、樱花、荷花、睡莲、竹类、水仙、百合、萱草、兰花、海棠、桃花、桂花、紫薇、仙人掌类等。

2. 主题花园

这种专类花园多以植物的某一固有特征，如芳香的气味、华丽的叶色、丰硕的果实或植物本身的特点，突出某一主题，如芳香园（或夜香花园）、彩叶园、百果园、岩石园、藤本植物园、草药园等。

（二）花卉专类园的设计思路

随着园林的发展，专类花园和主题花园表达的内容越来越丰富。

（1）将植物分类学或栽培学上同一分类单位，如科、属或栽培品种群的花卉按照它们的生态习性、花期早晚的不同及植株高低和色彩上的差异等进行种植设计，组织在一个园子里而成的专类园。常见的有木兰园、棕榈园、丁香园、鸢尾园、秋海棠园、山茶园、杜鹃园、牡丹园等。

（2）将植物学上虽然不一定有相近的亲缘关系，然而具有相似生态习性或形态特征，并且需要特殊的栽培条件的花卉集中展示于同一个园子中，如水生花卉专类园、仙人掌及多浆植物专类园、岩生或高山植物专类园等。

（3）根据特定的观赏特点布置的主题花园，如芳香园、彩叶园、百花园、冬园、观果园、四季花园等。

（4）主要服务于特定人群或具有特定功能的花园，如以具有特殊质地、形态、气味等花卉布置的盲人花园，主要供幼儿及儿童活动和浏览的儿童花园，专为园艺疗法而设置的花园及墓园等，都具有专类园的性质。

（5）按照特定的用途或经济价值将一类花卉布置于一起，如香料植物专类园、药用植物专类园、油料植物专类园等。

第六节　攀缘植物种植设计

攀缘植物是园林景观设计中常用的植物材料，无论是玲珑雅致的私家园林，还是富丽堂皇的皇家园林，都不乏攀缘植物的应用。当前，由于城市园林绿化用地面积越来越少，充分利用攀缘植物进行垂直绿化是拓展绿化空间、增加城市绿量、提高整体绿化水平、改善城市生态环境的重要途径。

一、攀缘植物的作用与分类

（一）攀缘植物的作用

我国的观赏攀缘植物历来享有很高声誉：刚劲古朴、蟠如盘龙的紫藤给人"绿蔓浓荫紫袖垂"的意境；忍冬则岁寒犹绿，经冬不凋，花开之时，黄白相映；至于凌云直上、花如金钟的凌霄，花团锦簇、婉丽浓艳的蔷薇，叶色苍翠、潇洒自然的常春藤，络石和果形奇特的苦瓜、葫芦等都是著名的园林攀缘植物。

攀缘植物还具有经济价值。葡萄、金银花、何首乌、使君子、五味子、罗汉果、马兜铃、南蛇藤、薯蓣等，都具有很好的药用价值。在瓜果、蔬菜、淀粉类植物中，也不乏攀缘植物。以葛藤为例，不仅可以提供淀粉，而且是保持水土的领先植物。有些攀缘植物还是工业用油、制染料、制胶等方面的重要原料。

在城市绿化中，攀缘植物用作垂直绿化材料，或屋内布置，具有非常独特的作用。

（二）攀缘植物的分类

攀缘植物可分成四大类型。

1. 缠绕植物

缠绕植物不具特殊的攀缘器官，而是依靠自己的主茎缠绕着其他物体向上生长。它们缠绕的方向，有向左旋的，如紫藤、牵牛花等；有向右旋的，如啤酒花等；还有左右旋的，如何首乌等。

2. 攀缘植物

攀缘植物具有明显特殊的攀缘器官，如特殊的叶、叶柄、卷须枝条等，利用特殊攀缘器官，把自身固定在其他物体上而生长，如葡萄、葫芦、丝瓜、铁线莲等。

3. 攀附植物

植物的节上长出许多能分泌胶状物质的气生不定根，或产生能分泌黏胶的吸盘，吸附在其他物体上，不断向上攀缘，如扶芳藤、爬山虎等。

4.钩刺植物

钩刺植物在其体表着生向下弯曲的镰刀状逆刺，钩附在其他物体上面向上生长，如木香、野蔷薇等。

除上述分类法外，按其茎干木质化的程度，分为草本攀缘植物、木本攀缘植物；也有按落叶与否而分为常绿攀缘植物、落叶攀缘植物；还有按其观赏部位分为观叶攀缘植物、观花攀缘植物、观果攀缘植物等。

二、垂直绿化的类型及设计

垂直绿化是指利用攀缘植物来美化建筑物的一种绿化形式，由于这种绿化是向立面发展的，因此叫作垂直绿化。

由于垂直绿化是通过攀缘植物来实现的，因此垂直绿化的特点，实质上也反映出攀缘植物自身的特点，其主要有：

（1）攀缘植物攀附于建筑物上，能随建筑物形体的变化而变化。

（2）少占地或不占地，凡是地面空间狭小，不能栽植乔木、灌木的地方，都可栽上攀缘植物。

（3）要有依附物才能向上生长，它们本身不能直立生长，只有用它的特殊器官如吸盘、钩刺、卷须、缠绕茎、气牛根等，依附支撑物如架子、墙壁、灯柱、枯木等才能生长。在没有支撑物的情况下，只能匍匐或垂挂伸展。

（4）繁殖容易，生长迅速，管理比较粗放。

（一）墙面绿化

利用攀缘植物装饰建筑物墙面称为墙面绿化。这类攀缘植物基本上属于攀附攀缘植物。由于其茂密的枝叶，能起到防止烈日暴晒和风雨侵蚀的作用，就好像给墙面披上了绿色的保护服。墙面绿化以后，还能创造一个凉爽舒适的环境。经测定，在炎热季节，有墙面绿化的室内温度比没有墙面绿化的要低2~4 ℃。

适宜做墙面绿化的攀缘植物种类很多，如常春藤终年翠绿，扶芳藤、五叶地锦入秋叶色橙红，络石飘洒自然，凌霄金钟朵朵，可以起到点缀或陪衬园林景色的作用。广泛运用墙面绿化，对于人口和建筑密度较高的城市，是提高绿化覆盖率、创造较好的生态环境、发展城市绿化的一条重要途径。目前墙面绿化常用的树种有常春藤、扶芳藤、五叶地锦、络石、凌霄、爬山虎。

1. 墙面类型

在目前国内城市中常见的墙面主要有水泥粉墙面、水泥拉毛墙面、石灰粉墙面、清水砖墙面、油漆涂料墙面及其他装饰性墙面等。为了创造良好的城市生态环境，在保护建筑物使用寿命的同时推广墙面绿化，研究创制相应的墙面材料与技术应是建筑材料和绿化部门共同探讨的课题。

2. 墙面朝向

建筑物墙面朝向各不相同。一般东向、西向和南向光照较充足，北向光照较少，有的建筑之间间距近，即使南向墙面也光照不足。因此必须根据具体情况，选择不同生活习性的攀缘植物，如朝阳的墙面，可选种凌霄、青龙藤、爬山虎等；背阴的墙面可选种常春藤、扶芳藤等。

3. 墙面高度

根据攀缘植物攀缘能力选择树种。高大建筑物，可选种青龙藤、爬山虎、五叶地锦等；较矮小的建筑物，可种植常春藤、扶芳藤、凌霄和络石等。

4. 种植形式

（1）直接攀附式。利用吸附性攀缘植物直接攀附墙面形成垂直绿化，是最为常见且经济、实用的垂直绿化方法。不同植物吸附能力不同，墙面的质地不同，对植物的吸附性也有影响，用时需了解墙面特点与植物吸附性的关系。

（2）墙面安装条状或格状支架供植物攀附。有的建筑墙体表面较为光滑或其他原因不便于直接攀附植物的，可在墙面安装直立的、横向的或格栅状的支架供植物攀附，使卷攀型、钩刺型、缠绕型植物都可借支架绿化墙面。

（3）悬垂式。在低矮的墙垣顶部或墙面设种植槽，选择蔓性强的攀缘、匍匐及垂吊型植物，如常春藤、忍冬、木香、蔓长春花、云南黄馨、紫竹梅等，使其枝叶从上部披垂或悬垂而下，也可以在墙的一侧种植攀缘植物而使其越墙悬挂于墙的另一侧，从而使墙体两面及墙顶均得到绿化。

（4）嵌合式。墙垣或挡土墙等可以在构筑墙体时在墙面预设种植穴，填充栽培基质，栽植一些悬垂或蔓生的植物，称为嵌合式垂直绿化。

（5）直立式。将一些枝条易于造型的观赏乔灌木紧靠墙面栽植，通过固定、修剪、整形等方法，使之沿墙面生长的一种绿化形式，又称为植物的墙面贴植。

（二）阳台绿化

阳台是建筑立面上重点装饰的部位，阳台的绿化须考虑建筑立面的设计意图与美化街景的任务，因此阳台的绿化也是建筑和街道绿化的一个重要部分。

另外，阳台又是居住空间的扩大部分，因此要满足各住户对阳台绿化和使用功能上的要求。如生活阳台大多位于临街或南面，此种阳台的绿化主要应按主人的喜爱和街景的艺术美考虑；而朝西或朝北阳台，夏天受炎热的日晒，冬天又受西北寒风的吹袭，此种阳台的绿化主要应从防日晒、防寒风方面来考虑。

为了达到不同的绿化效果，攀缘植物在阳台种植常需牵引才能良好生长。常用牵引方法有以下三种：

（1）领先植物本身的攀缘能力和阳台的结构。

（2）以绳做牵引的方法，可按自己的意愿任意牵引植物枝蔓，也可用绳将底楼的枝蔓牵引到二楼、三楼或更高的阳台上，丰富整幢建筑物的立面。

（3）采用简单易得的建筑材料做成各种适宜的棚架形式进行绿化，使攀缘植物能按人们的设计要求生长。此种牵引方法对自身攀缘能力较弱的植物更为适宜。

由于阳台风大，因此应选择一些中小型的木本攀缘植物或草本攀缘植物，不宜选择枝叶繁茂的大型木本攀缘植物；阳台蒸发量大，较燥热，因此要选择管理较粗放、抗旱性强的植物品种；阳台土层浅而少，应选择水平根系发达的非直根性植物。

常用的木本攀缘植物有地锦、葡萄、凌霄、常春藤、十姐妹、金银花、攀缘月季等；草本攀缘植物常用的有牵牛花、丝瓜、茑萝、扁豆、香豌豆等。

（三）护栏绿化

护栏主要是除了分隔空间外，还有防护作用。木香、云实、金银花、常春藤、藤本蔷薇、藤本月季等都是护栏绿化常用的木本攀缘植物，一两年生攀缘植物如牵牛花及豆类、瓜类等品种，见效快，但冬季植株枯黄后，显得单调。

目前，透空围墙的应用日益增多，这种围墙可以内外透视，美化街景。如果在墙边种植攀缘植物，株距要稍大一些，以 3~4 m 为宜，品种可选用开花常绿的攀缘植物，这样既不影响内外透视效果，又美化了透空围墙、点缀了街景。

需要注意的是金属栏杆由于经常需要维修油漆，以种植一年生攀缘植物为好。

（四）棚架绿化

攀缘植物在棚架所决定的空间范围内生长称为棚架绿化。它能充分利用空间，如水面、路面、车棚、杂物堆场上面的棚架。建在建筑物门窗向阳处的棚架能代替遮阳棚遮挡烈日。公园、庭院和街道绿地中的棚架往往既是整体组成中的重要景观，又是休憩场所。

1. 棚架和树种选择

棚架和树种要根据不同地点的具体状况加以选择。常用的观赏性棚架攀缘植物如紫藤、凌霄、木香、藤本蔷薇、油麻藤、猕猴桃、葡萄、三角花、金银花及草本攀缘植物牵牛花、茑萝、扁豆、瓜类等，同一棚架也可选用木本和草本攀缘植物混种。车棚、堆场等处的棚架有美化装饰的作用，可选用枝叶较茂密的常绿攀缘植物，木香、油麻藤、藤本三七树效果都较好。门窗外的框架式棚架种植的攀缘植物既要遮挡夏季的烈日，又要使其他季节能够接收到足够的阳光，应选耐修剪的木本攀缘植物或一年生草本攀缘植物，如葡萄、金银花、牵牛花、茑萝、扁豆和丝瓜等。如果是为了结合生产或观果，可种植凌霄、葡萄、猕猴桃、金银花、豆类、瓜类等。

2. 种植形式

种植形式分地栽和容器栽两种。地栽常修建一定规模的种植槽；容器栽选择丰富，依容器的大小、质感进行植物选择。

第七节 水生植物种植设计

水景是园林景观的重要组成部分，在园林中不仅起到造景、游憩的功能，也起到调节小气候，乃至园林中蓄水、排水调节的作用。

水生植物是水景营造的重要素材，其优美的姿态、绚丽的色彩可使水面、水岸生动活泼。此外,水生植物也有着净化水体、空气,吸收、富集重金属离子,改善生物多样性等诸多功能。

一、水生植物的分类

根据水生植物的生活方式与形态的不同,一般将其分为以下五大类。

1. 挺水水生植物

挺水水生植物植株高大、花色艳丽,大多数有茎、叶之分;直立挺拔,下部或基部沉于水中,根或地茎扎入泥中生长,上部植株挺出水面。挺水植物种类繁多,常见的有荷花、千屈菜、香蒲、菖蒲、慈姑、黄花鸢尾等。

2. 浮叶型水生植物

浮叶水生植物的根状茎发达,花大,色艳,无明显的地上茎或茎细弱不能直立,叶片漂浮于水面上。常见种类有王莲、睡莲、萍蓬草、芡实、荇菜等,种类较多。

3. 沉水水生植物

沉水水生植物根茎生于泥中,整个植株沉入水中,具有发达的通气组织,有利于进行气体交换;叶多为狭长或丝状,能吸收水中部分养分,在水下弱光的条件下也能正常生长发育;对水质有一定的要求,因为水质浑浊会影响其光合作用;花小、花期短,以观叶为主。

4. 漂浮水生植物

漂浮水生植物种类较少,这类植物的根不生于泥中,植株体漂浮于水面之上,随水流、风浪四处漂泊,多数以观叶为主。因为它们既能吸收水里的矿物质,又能遮蔽射入水中的阳光,所以也能够抑制水体中水藻的生长。漂浮植物的生长速度很快,能更快地提供水面的遮盖装饰。但有些品种生长、繁衍得特别迅速,会导致生物入侵,如水葫芦等。

5. 喜湿性植物

这类植物生长在水池或小溪边沿湿润的土壤里,但是根部不能浸没在水中。喜湿性植物不是真正的水生植物,只是可以生长在有水的地方,根部只有在长期保持湿润的情况下,它们才能旺盛生长。常见的喜湿性植物有玉簪类、樱草类和落新妇类等，另外还有柳树等木本植物。

二、水生植物景观营建

（一）水面景观

在湖、池中通过配置浮叶植物、漂浮植物及适宜的挺水植物，在水面形成美丽景观。配置时注意植物彼此之间在形态、质地等观赏性状的协调和对比，尤其是植物和水面的比例，一般水景园中的水面花卉不宜超过总水面面积的 1/3，以留出适宜的水面欣赏水景。

（二）岸边景观

水景园的岸边景观主要通过湿生的乔灌木及挺水植物组成。乔木不仅可以形成框景，不同形态的乔木还可组成丰富的天际线。岸边的灌木成为水景的重要组成部分。岸边的挺水植物或呈大小群丛与水岸搭配，点缀池旁桥头，极富自然之情趣。线条构图是岸边植物景观最重要的表现内容。

（三）沼泽景观

在面积较大的沼泽园中，种植沼生的乔、泄、草等植物，并设置汀步或铺设栈道，引导游人进入沼泽园的深处。在小型水景园中，除了在岸边种植沼生植物外，也常结合水池构筑沼园或沼床，栽培沼生花卉，丰富水景园的观赏层次。

（四）滩涂景观

在园林水景中可以再现自然的滩涂景观，结合湿生植物的配置，带给游人回归自然的审美感受。有时将滩涂和园路相结合，让人在经过时不仅看到滩涂，而且须跳跃而过，顿觉妙趣横生、意味无穷。

（五）驳岸的植物配置

驳岸分石岸、土岸、混凝土岸等，其植物配置原则是既能使山和水融为一体，又能对水面的空间景观起主导作用。土岸边的植物配置，应结合地形、道路、岸线布局，使其有近有远、有疏有密、有断有续、自然有趣。石岸线条生硬、枯燥时，植物配置原则是露美、遮丑，使之柔软多变。一般配置岸边的垂柳和迎春，让其细长柔和的枝条下垂至水面，并遮挡石岸，同时配以花灌木和藤本植物, 如变色鸢尾、黄菖蒲、地锦等来做局部遮挡 (忌全覆董和不分美丑), 增加活泼气氛。

（六）堤、岛的植物配置

水体中设置堤、岛, 是划分水面空间的主要手段, 堤常与桥相连。堤、岛的植物配置, 不仅增添了水面空间的层次, 而且丰富了其色彩, 倒影成为主要景观。岛的类型很多, 大小各异。岛以柳为主, 间植侧柏、合欢、紫薇等乔灌木, 疏密有致, 高低有序, 增加层次, 具有良好的引导功能和景观效果。

三、水生植物造景的原则

面开水景动态, 是生动活泼的因素, 但园林景观中的水景除了水岸形制的变化外, 景观营造手段较为单调。水生植物色彩鲜艳、丰富多彩, 是水景营造的重要材料, 也是水景中最为灵动、吸引人注意力的要素。从园林水景配植的角度应注意下列三个方面。

1. 构筑主景、突出重点

水生植物景观中要突出重点, 并与环境、建筑紧密结合, 构成水生植物主体景区 (点)。通过构建主景、突出重点, 能丰富水生植物景观的层次, 营造出极具观赏价值的水生植物景观。

2. 因水制宜、环境协调

要因地因水制宜, 依山傍湖植水生植物。水生植物在水面布置中, 要考虑到水面的大小、水体的深浅, 选用适宜种类, 并注意种植比例, 协调周围环境。如大的湖泊或池塘, 宜在沿岸的浅水区, 或亭、榭、台、桥边种植, 不必满湖栽植。栽植的手法有疏有密, 或多株成片, 或三五成丛, 形式自然。种植面积宜占水面的 30%~50%。

3. 随机点缀、相映成趣

在溪流、瀑布之中的群石之隙、湖塘石景之旁植水生植物, 随碧波荡漾之风采, 烘托山、石浑厚之壮丽。随着水岸线上的驳岸、地形的变化, 恰当地点缀符合环境特点和审美情趣的水生植物, 不仅能在景观设计中起到画龙点睛的作用, 有时也在一些难以处理或节省建设成本的场所和位置起到装饰和补救作用。

第五章　风景园林设计中的生态学原理

随着社会的发展，生态学原理越来越深入人心。风景园林作为生态环境的重要组成部分，对提升城市形象、改善生态环境、实现人自然和谐发展具有重要意义。为此，如何在风景园林设计理念不断更新的情况下，将生态学原理融合于风景园林设计中，是社会所需关注的重要课题。本章主要针对风景园林设计中的生态学原理在风景园林设计中的应用原则进行相关阐述，仅供参考。

第一节　生态学的形成与发展

一、生态学的概念和研究对象

（一）生态学的概念

生态学是一门较古老的学科，从 1866 年德国动物学家恩斯特·海克尔提出"生态学"概念算起，已有 100 多年的历史。在这 100 多年中，随着生物学、植物学、动物学、化学和环境等学科的实践，生态学已成了一个独立学科。

什么是生态学？海克尔在《有机体普通形态学》一书中，把"生态学"解释为研究生物与其环境之间相互关系的科学。这个定义一直沿用到现在。银颊犀鸟的事例可以很好地说明这个关系。

银颊犀鸟因其嘴呈象牙色，就像犀角一样，故而得名。它栖居于森林中的巨树上。当生殖季节到来的时候，雌鸟伏居于树洞内，雄鸟用泥巴把洞口封住，只留下一个小孔。从生蛋、孵化到育雏，三个多月的时间里，雌鸟都不出窝，由雄鸟喂食，直到雏鸟飞出。

科学家在研究银颊犀鸟的住所时发现，窝里有 438 只昆虫，分属于 9 个不同的种。这些昆虫有的是专门以吃鸟粪为生的，因为这些昆虫的存在，鸟巢内很清洁，几乎闻不到什么臭味。

在银颊犀鸟的巢内生活着 9 种不同种类的 400 多只生物，它们生存所需要的全部能量均由雄鸟从外部输入。在雌鸟伏居期间，雄鸟为雌鸟送去 24 000 多个植物种子、果实和昆虫，以满足雌鸟生存的需要。在这样的生物住所里，一些生物体的存在及它们的产物是另一些生物所必需的，进入这个系统的物质被另一种生物利用以后，即转变为另一种生物可以再被利用。

这种形式使物质循环和能量转化处于平衡状态，输入系统的物质全被利用了，形成了一个系统动态平衡的过程。

根据以上的分析，可以把生态学归纳为对生物住所的研究，或者说，"生态学是研究生物以及生物与生存环境之间相互关系的科学"。

（二）生态学的研究对象

生物是呈等级组织存在的，由生物大分子—基因—细胞—个体—种群—群落—生态系统—景观直到生物圈。过去，生态学主要研究个体以上的层次，被认为是宏观生物学，但近年来除继续向宏观方向发展外，还向个体以下的层次渗透，20 世纪 90 年代初期出现了"分子生态学"，并由 Harry Smith 于 1992 年创办了 *Molecular Eeology* 杂志。可见，从分子到生物圈都是生态学研究的对象。生态学涉及的环境也非常复杂，从无机环境（岩石圈、大气圈、水圈）、生物环境（植物、动物、微生物）到人与人类社会，以及由人类活动所导致的环境问题。由此可以看出，生态学的研究范围异常广泛。

由于生态学研究对象的复杂性，它已发展成一个庞大的学科体系。根据其研究对象的组织水平、类群、生境及研究性质等可将其进行以下划分。

1. 根据研究对象的组织水平划分

上面谈到生物的组织层次从分子到生物圈，与此相应，生态学也分化出分子生态学、进化生态学、个体生态学或生理生态学、种群生态学、群落生态学、生态系统生态学、景观生态学与全球生态学。

2.根据研究对象的分类学类群划分

生态学起源于生物学，生物的一些特定类群（如植物、动物、微生物）及上述各大类群中的一些小类群（如陆生植物、水生植物、哺乳动物、鸟类、昆虫、藻类、真菌、细菌等），甚至每一个物种都可从生态学角度进行研究。因此，可分出植物生态学、动物生态学、微生物生态学、陆地植物生态学、哺乳动物生态学、昆虫生态学、地衣生态学及各个主要物种的生态学。

3.根据研究对象的生境类别划分

根据研究对象的生境类别划分有陆地生态学、海洋生态学、淡水生态学、岛屿生态学等。

4.根据研究性质划分

根据研究性质划分有理论生态学与应用生态学。理论生态学涉及生态学进程、生态关系的数学推理及生态学建模，应用生态学则是将生态学原理应用于有关部门。例如，应用于各类农业资源的管理，产生了农业生态学、森林生态学、草地生态学、家畜生态学、自然资源生态学等；应用于城市建设则形成了城市生态学；应用于环境保护与受损资源的恢复则形成了保育生态学、恢复生态学、生态工程学；应用于人类社会，则产生了人类生态学、生态伦理学等。此外，还有学科间相互渗透而产生的边缘学科，如数量生态学、化学生态学、物理生态学、经济生态学等。

二、生态学的形成与发展

生态学的形成和发展经历了一个漫长的历史过程，大致可分为四个时期：生态学的萌芽时期、生态学的建立时期、生态学的巩固时期、现代生态学时期。

（一）生态学的萌芽时期

17世纪以前，在人类文明早期，为了生存，人类不得不对其赖以饱腹的动植物的生活习性及周围世界的各种自然现象进行观察。因此，从很久以前开始，人们实际上就已在从事生态学工作，这为生态学的诞生奠定了基础。

（二）生态学的建立时期

从 19 世纪海克尔首次提出"生态学"这一学科名词，到 19 世纪末为生态学的建立时期。在这个阶段，科学家分别从个体和群体两个方面研究了生物与环境的相互关系。进入 20 世纪之后，生态学得到发展并日趋成熟。丹麦植物学家 E.Warming 于 1895 年发表了他的划时代著作《以植物生态地理为基础的植物分布学》，1909 年改写为英文出版，改名《植物生态学》。1898 年，波恩大学教授 A.W Schimper 出版《以生理为基础的植物地理学》。这两本书全面总结了 19 世纪末之前生态学的研究成就，被公认为生态学的经典著作，也标志着生态学作为一门生物学的分支学科的诞生。

（三）生态学的巩固时期

到了 20 世纪 30 年代，生态学研究渗透到生物学领域的各个学科，形成了植物生态学、动物生态学、生态遗传学、生理生态学、形态生态学等分支学科，促进了生态学从个体、种群、群落等多个水平展开广泛的研究。这一时期出现了一些研究中心和学术团体，生态学的发展达到一个高峰。

（四）现代生态学时期

自 20 世纪 60 年代以来，工业的高度发展和人口的大幅度增长，带来了许多全球性的问题（如人口问题、环境问题、资源问题和能源问题等），关乎人类的生死存亡。人类居住环境的污染、自然资源的破坏与枯竭及加速的城市化和资源开发规模的不断增长，迅速改变着人类自身的生存环境，对人类的未来生活产生威胁。上述问题的控制和解决都要以生态学原理为基础，因此引起了社会各界对生态学的兴趣与关心。因此，现在不少国家都提倡全民生态意识，其研究领域也日益扩大，不再限于生物学，而是渗透地理学、经济学及农林牧渔、医药卫生、环境保护、城乡建设等各个部门。

现代生态学则结合人类活动对生态过程的影响，从纯自然现象研究扩展到"自然—经济—社会复合系统"的研究，在解决资源、环境、可持续发展等重大问题上具有重要作用，因而受到社会的普遍重视。许多国家和地区的决策者在对任何大型建设项目审批时，如缺少生态环境论证则不予批准。因此，研究人类活动下生态过程的变化已成为现代生态学的重要内容。

随着科学的发展，与人类生存密切相关的许多环境问题都成为生态学学科发展中的热点问题，生态学越来越融合于环境科学之中。

三、生态系统及其平衡

（一）生态系统

生态系统就是在一定空间中共同栖居着的所有生物（生物群落）与其环境之间由于不断地进行物质循环和能量流动过程而形成的统一整体。简而言之，生态系统＝生物群体环境＋生物群体。生态系统是当代生态学最重要的概念之一，是生态学的研究重心。

1. 生态系统的分类

生态系统依据能量和物质的运动状况及生物、非生物成分，可分为多种类型。

（1）按照生态系统非生物成分和特征，可划分为陆地生态系统和水域生态系统。陆地生态系统又分为荒漠生态系统、草原生态系统、稀树干草原生态系统、农业生态系统、城市生态系统和森林生态系统。水域生态系统又分为淡水生态系统（流动水生态系统、静水生态系统）和海洋生态系统。

（2）按照生态系统的生物成分，可划分为植物生态系统、动物生态系统、微生物生态系统、人类生态系统。

（3）按照生态系统结构和外界物质与能量交换状况，可划分为开放生态系统、封闭生态系统、隔离生态系统。

（4）按照人类活动及其影响程度，可划分为自然生态系统、半自然生态系统、人工复合生态系统。

2. 生态系统的组成

组成生态系统的基本组分包括两大部分：生物组分和非生物环境组分。其中，生物组分由生产者、消费者和分解者组成。

生产者是指生态系统中的自养生物，主要是指能用简单的无机物制造有机物的绿色植物，也包括一些光合细菌类微生物。

消费者（大型消费者）是指以初级生产产物为食物的大型异养生物，主要是动物。根据它们食性的不同，可以分为草食动物、肉食动物、寄生动物、腐食动物和杂食动物。草食动物又称一级消费者，以草食动物为食的动物为二级消费者，以二级肉食动物为食的为三级消费者。分解者（小型消费者）是指以植物和动物残体及其他有机物为食的小型异养生物，主要指细菌、真菌和放线菌等微生物。它们的主要作用是将复杂的有机物分解成简单的无机物归还于环境。

非生物环境主要包括：太阳辐射；无机物质；有机化合物，如蛋白质、糖类等；气候因素。

在以上生态系统的组成成分中，植被是自然生态系统的重要识别标志和划分自然生态系统的主要依据。

3. 生态系统的结构

生态系统的结构是指生态系统中组成成分相互联系的方式，包括物种的数量、种类、营养关系和空间关系等。生态系统中的生物或非生物成分虽然复杂，且其位置和作用各不相同，但彼此紧密相连，构成一个统一的整体。生态系统的结构包括物种结构、营养结构和时空结构。

（1）生态系统的物种结构（物种多样性）。生态系统的物种结构是生态系统中物种组成的多样性，它是描述生态系统结构和群落结构的方法之一。物种多样性与生境的特点和生态系统的稳定性是相联系的。衡量生态系统中生物多样性的指数较多，如 Simpson 指数、Shannon-Wiever 指数、均匀度、优势度、多度、频度等。

（2）生态系统的营养结构。生态系统的营养结构以营养为纽带，把生物、非生物有机结合起来，使生产者、消费者和环境之间构成一定的密切关系，可分为以物质循环为基础的营养结构和以能量为基础的营养结构。

（3）生态系统的时空结构。生态系统的外貌和结构随时间的不同而变化，这反映出生态系统在时间上的动态性，一般可分成三个时间尺度，即长时间尺度、中等时间尺度、短时间尺度。另外，任何一个生态系统都有空间结构，即生态系统的分层现象。各种生态系统在空间结构布局上有一定的一致性。在系统的上层，集中分布着绿色植物（森林生态系统）或藻类（海洋生态系统），这种分布有利于光合作用，又称为绿带（或光合层）；在绿带以下为异养层或分解层。这种生态系统的分层能够充分利用阳光、水分和空间。

4.生态系统的基本功能

生态系统的基本功能可以分为生物生产、能量流动、物质循环、信息控制、发展进化等几个方面。地球上一切生命活动的存在完全依赖于生态系统的能量流动和物质循环，这也是生态系统的核心动力。

在生态系统中，各种生物之间取食与被取食的关系，往往不是单一的，常常是错综复杂的。一种消费者可取食多种食物，而同一食物又可被多种消费者取食，于是食物链之间交错纵横、彼此相连，构成了食物网。这也是生态系统中能量流动和物质循环的集中体现。

（二）生态系统的平衡

1.生态平衡的概念

在一定时间内，生态系统中生物各种群之间通过能流、物流、信息流的传递，达到互相适应、协调和统一的状态，即为生态平衡。

当生态系统中某一部分发生改变而引起不平衡时，可依靠生态系统的自我调节能力，使其进入新的平衡状态。生态系统调节能力的大小与生态系统组成成分的多样性有关。成分越多样，结构越复杂，调节能力越强。但是，生态系统的调节能力再强，也有一定限度，超出了这个限度，即生态学上所称的阈值，调节就不再起作用，生态平衡就会遭到破坏。

2.生态平衡的标志

（1）生态系统中物质和能量的输入、输出的相对平衡。

任何生态系统都是不同程度的开放系统，既有物质和能量的输入，也有物质和能量的输出。能量和物质在生态系统之间不断地进行着开放性流动，只有生物圈这个最大的生态系统对物质运动来说是相对封闭的，如全球的水分循环是平衡的，营养元素的循环也是全球平衡的。生态系统中输出多，输入相应也多，如果入不敷出，系统就会衰退；若输入多，输出少，则生态系统有积累，将处于非平衡状态。

（2）在生态系统中，生产者、消费者、分解者应构成完整的营养结构。

对于一个处于平衡状态的生态系统来说，生产者、消费者、分解者都是不可缺少的，否则食物链会断裂，导致生态系统衰退和破坏。生产者减少或消失，消费者和分解者就没有赖以生存的食物来源，系统就会崩溃。消费者与生产者在长期共同发展过程中已形成了相互依存的关系，如生产者靠消费者传播种子、果实、花粉等。没有消费者的生态系统也是一个不稳定的生态系统。分解者完成归还或还原或再循环的任务，也是任何生态系统所不可缺少的。

（3）生物种类和数量的相对稳定。

生物之间通过食物链维持着自然的协调关系，控制物种间的数量和比例。如果人类破坏了这种协调关系和比例，使某种物种明显减少，而另一些物种大量滋生，破坏系统的稳定和平衡，就会带来灾害。例如，大量施用农药使害虫天敌的种类和数量大大减少，从而带来害虫的再度猖獗；大肆捕杀以鼠类为食的肉食动物，会导致鼠害的日趋严重。

（4）生态系统之间的协调。

在一定区域内，一般包括多种类型的生态系统，如森林、草地、农田、江河水域等。如果在一个区域内能根据自然条件合理配置森林、草地、农田等生态系统的比例，它们之间就可以相互促进；相反，就会对彼此造成不利的影响。例如，在一个流域内，陡坡毁林开荒，就会造成水土流失，土壤肥力减退，淤塞水库、河道，农田和道路被冲毁及抗御水旱灾害能力下降等后果。

3.生态平衡失调的标志及原因

（1）生态平衡失调的标志。

当外界干扰（或自然的或人为的）所施加的压力超过了生态系统自身调节能力和补偿能力后，将造成生态系统结构破坏、功能受阻、正常的生态功能被打乱及反馈自控能力下降等，这种状态称为生态平衡失调。

在结构上，生态平衡失调表现为生态系统缺损一个或几个组分、结构不完整，以致整个系统失去平衡，如澳大利亚草原生态系统曾因缺乏"分解者"这一成分，养牛业发展使草原上牛粪堆积如山，后从我国引进蜣螂，促进了生态系统的完整与平衡。

在功能上，生态平衡失调，一方面表现为能量流动在生态系统内某一个营养层上受阻，初级生产者生产力下降和能量转化效率降低，如水域生态系统中悬浮物的增加，水的透明度下降，可影响水体藻类的光合作用，减少其产量；另一方面，表现为物质循环正常途径的中断，这种中断有的由于分解者的生境被污染而使其大部分丧失了分解功能，更多的则是由于破坏了正常的循环过程等，如农业生产中作物秸秆被用作燃料、森林草原上的枯枝落叶被用作柴火、森林植被的破坏使土壤侵蚀后泥沙和养分大量的输出等。

（2）生态系统失衡的原因。

①自然原因。自然原因主要是指自然界发生的异常变化，或自然界本来就存在的对人类和生物的有害因素，如火山爆发、水旱灾害、地震、海啸、台风、流行病等自然灾害，都会使生态平衡遭到破坏。这些自然因素对生态系统的破坏是严重的，甚至可使其彻底毁灭，并具有突发性。

②人为原因。人为因素主要是指人类对自然资源不合理的开发利用及工农业生产所带来的环境污染等。人为因素对生态平衡的影响往往是渐进的、长效性的，破坏性程度与作用时间、作用强度紧密相关。

4.生态学的一般规律

认识和掌握生态学规律，对维持生态平衡，解决当前全球所面临的重大资源与环境问题具有重要作用，在工农业生产、工程建设和环境保护等具体工作中也有着重要的指导意义。生态学的一般规律可归纳为以下六个主要方面。

（1）相互依存与相互制约规律。生态系统中生物与生物、生物和环境相互依存、相互制约，具有和谐协调的关系，是构成生态系统或生物群落的基础，主要分为两类。普遍的依存与制约关系，亦称"物物相关规律"。系统中不但同种生物，而且异种生物即系统内不同种生物都是相互依存、相互制约的；不同群落或系统之间也同样存在相互依存和制约的关系。

通过食物链而相互联系与制约的协调关系，即"相生相克规律"。每种生物在食物链和食物网中都占有一定位置，并有特定的作用。各种生物因此相互依赖、彼此制约、协同进化。可以说，被捕食者为捕食者提供生存条件，又为捕食者所控制，而捕食者也受制于被捕食者，彼此相生相克，使整个系统处于协调状态，成为一体。或者说，生物间的相生相克作用使系统中各种生物个体都保持一定数量，它们的大小、数量都存在一定的比例关系，这是生态平衡的重要方面。

（2）物质循环与再生规律。生态系统中植物、动物、微生物和非生物成分，一方面借助能量流动，不断从自然界摄入物质并合成新物质；另一方面又随时分解为原来的简单物质（所谓的"再生"），重新被植物吸收，进行着不停的物质循环。因此，要严禁有毒物质进入生态系统，以免有毒物质经过多次循环后富集到危害人类的程度。

（3）物质输入与输出动态平衡规律。物质输入与输出平衡又称协调稳定规律。它涉及生物、环境和生态系统三个方面。生物体一方面从周围环境摄取物质；另一方面又向环境排放物质，以补偿环境损失。在一个稳定的生态系统中，无论对生物、对环境、对生态系统，物质输入与输出总是相平衡的。当生物体的输入不足时，如农田肥料不足，农作物生长就不好，产量下降。同样，如果输入污染物，如重金属、难降解的农药及塑料等，生物吸收虽然少，暂时看不出影响，但长时间积累也会危害农作物。

（4）相互适应与补偿的协同进化规律。生物与环境之间存在作用与反作用过程。生物给环境以影响，反过来环境也会影响生物。例如，最初生长在岩石表面的地衣，由于没有土壤可供扎根，获得的水分和营养元素就十分少。但地衣生长过程中的分泌物和地衣残体的分解，不但把水和营养元素归还给环境，而且生成了不同性质的物质，促进了岩石风化。这样，环境保存水分的能力增强，可提供的营养元素也多了，为较高级植物苔藓的生长创造了条件。如此下去，这一环境中便会逐渐出现草本植物、灌木和乔木。这就是生物与环境相互适应和补偿的结果，形成了协同进化。

（5）环境资源的有效极限规律。生态系统中，生物赖以生存的各种环境资源在质量、数量、空间和时间等方面，都有一定的限度，不能无限制地供给，其生物生产力通常都有一个大致的上限。同时每个生态系统对任何外来干扰都有一定的忍耐极限，当外来干扰超过此极限时，生态系统就会被损伤、破坏，甚至瓦解。所以，放牧不能超过草场承载量，采伐森林、捕鱼、狩猎、采集药材等都不应超过使资源永续利用的产量，保护某一物种就必须有足够供它生长和繁殖的地域空间。

（6）反馈调节规律。一个系统的状态能够决定输入，就说明它存在反馈机制。反馈分为负反馈和正反馈。负反馈控制可使系统保持稳定，正反馈则使偏离加剧。例如，在生物的生长过程中，个体越来越大，或在种群的增长过程中个体数量不断上升，这都属于正反馈。正反馈也是有机体生长和存活所必需的。但是，正反馈不能维持稳态，要使系统维持稳态，只能通过负反馈控制。由于生态系统具有负反馈的自我调节机制，因此通常情况下，生态系统会保持自身的平衡。但是，生态系统的这种自我调节功能是有一定限度的，当外来干扰因素（如火山爆发、地震、泥石流、雷击火烧、人类修建大型工程、排放有毒物质、喷洒大量农药、人为引入或消灭某些生物等）超过一定限度时，生态系统的自我调节功能本身就会受到损害，从而引起生态失调，甚至导致生态危机。

第二节　与风景园林设计相关的生态学原理

一、园林生态系统

具有自净能力及自动调节能力的城市园林绿地，被称为"城市之肺"。它是城市生态系统中唯一执行自然"纳污吐新"负反馈机制的子系统；是城市生态系统的一个重要组成部分；是以生态学、环境科学的理论为指导，以人工植物群落为主体，以艺术手法构成的一个具有净化、调节和美化环境的生态体系；是实现城市可持续发展的一项重要基础设施。在环境污染已发展为全球性问题的今天，城市园林生态系统作为城市生态系统中主要的生命保障系统，在保护和恢复绿色环境，维持城市生态平衡和改善环境污染，提高城市生态环境质量方面起着其他基础设施无法代替的重要作用。

（一）园林生态系统的组成

园林生态系统由园林生态环境和园林生物群落两部分组成。园林生态环境是园林生物群落存在的基础，为园林生物的生存、生长发育提供物质基础；园林生物群落是园林生态系统的核心，是与园林生态环境紧密相连的一部分。园林生态环境与园林生物群落互为联系、相互作用，共同构成了园林生态系统。

1.园林生态环境

园林生态环境通常包括园林自然环境、园林半自然环境和园林人工环境三部分。

（1）园林自然环境。园林自然环境包含自然气候和自然物质两类。自然气候，即光照、温度、湿度、降水、气压、雷电等为园林植物提供生存基础的气候因素。自然物质是指维持植物生长发育等方面需求的物质，如自然土壤、水分、氧气、二氧化碳、各种无机盐类及非生命的有机物质等。

（2）园林半自然环境。园林半自然环境是经过人们的适度管理，影响较小的园林环境，即经过适度的土壤改良、适度的人工灌溉、适度的遮风等人为干扰或管理下的仍以自然属性为主的环境。通过各种人工管理措施，使园林植物等受到的各种外来干扰适度减少，在自然状态下保持正常生长发育。各种大型的公园绿地环境、生产绿地环境、附属绿地环境等属于这种类型。

（3）园林人工环境。园林人工环境是人工创建的，并受人类强烈干扰的园林环境。该类环境下的植物必须通过强烈的人工干扰才能保持正常的生长发育，如温室、大棚及各种室内园林环境等都属于园林人工环境。在该环境中，协调室内环境与植物生长之间的矛盾时要采用的各种人工化的土壤、人工化的光照条件、人工化的温湿度条件等都是园林人工环境的组成部分。

2.园林生物群落

园林生物群落是园林生态系统的核心，是园林生态系统发挥各种效益的主体。园林生物群落包括园林植物、园林动物和园林微生物。

（1）园林植物。凡适合于各种风景名胜区、休闲疗养胜地和城乡各类型园林绿地应用的植物统称为园林植物。园林植物包括各种园林树木、草本、花卉等陆生和水生植物。园林植物是园林生态系统的初级生产者，利用光能（自然光能和人工光能）合成有机物质，为园林生态系统的良性运转提供物质、能量基础。

园林植物有不同的分类方法，常用的分类方法如下：

按植物学特性园林植物划分为六类。

①乔木类树高 5 米以上，有明显发达的主干，分枝点高。其中，小乔木树高 5~8 米，如梅花、红叶李、碧桃等；中乔木树高 8~20 米，如圆柏、樱花、木瓜、枇杷等；大乔木树高 20 米以上，如银杏、悬铃木、毛白杨等。

②灌木类树体矮小，无明显主干。其中小灌木高不足 1 米，如金丝桃、紫叶小檗等；中灌木高 1.5 米，如南天竹、小叶女贞、麻叶绣球、贴梗海棠、郁李等；大灌木高 2 米以上，如蚊母树、珊瑚树、紫玉兰、榆叶梅等。

③藤本类茎细弱不能直立，需借助吸盘、吸附根、卷须、蔓条等本身的缠绕性部分攀附他物向上生长，如紫藤、木香、凌霄、五叶地锦、爬山虎、金银花等。

④竹类属禾本科竹亚科，根据地下茎和地上生长情况又可分为三类：单轴散生型，如毛竹、紫竹、斑竹等；合轴丛生型，如凤尾竹、佛肚竹等；复轴混生型，如茶杆竹、苦竹、箬竹等。

⑤草本植物包括一两年生草本植物和多年生草本植物等，既包括各种草本花卉，又包括各种草本地被植物（包含草坪草）。草本花卉类，如百日草、凤仙花、金鱼草、菊花、芍药、小苍兰、仙客来、唐菖蒲、马蹄莲、大岩桐、美人蕉、吊兰、君子兰、荷花、睡莲等；草本地被植物类，如结缕草、野牛草、狗牙根草、地毯草、钝叶草、黑麦草、早熟禾、剪股颖、麦冬、鸭跖草、酢浆草、长春花、长寿花等。

⑥仙人掌及多浆植物主要是仙人掌类，还有景天科、番杏科等植物。

（2）园林动物。园林动物指在园林生态环境中生存的所有动物。园林动物是园林生态系统中的重要组成成分，对于维护园林生态平衡、改善园林生态环境，特别是对于衡量园林环境，有着重要的意义。

园林动物的种类和数量随不同的园林环境有较大的变化。在园林植物群落层次较多、物种丰富的环境中，特别是一些园林区，园林动物的种类和数量较多；而在人群密集、园林植物种类和数量贫乏的区域，园林动物较少。

常见的园林动物主要有各种鸟类、兽类、两栖类、爬行类、鱼类及昆虫等。由于人类活动的影响，园林环境中大中型兽类早已绝迹，小型兽类偶有出现，常见的有蝙蝠、黄鼬、刺猬、蛇、蜥蜴、野兔、松鼠、花鼠等。

园林环境中昆虫的种类相对较多，以鳞翅目的蝶类、蛾类的种类和数量最多，它们多是人工植物群落中乔灌木的害虫。此外，鞘翅目、同翅目、半翅目的昆虫也很常见。

（3）园林微生物。园林微生物即在园林环境中生存的各种细菌、真菌、放线菌、藻类等。园林微生物通常包括园林环境空气微生物、水体微生物和土壤微生物等。如今，城区内各种植物的枯枝落叶被及时清扫干净，极大地限制了园林环境中微生物的数量，因此城市必须投入较多的人力和物力行使分解的功能，以维持正常的园林生物之间、生物与环境之间的能量传递和物质交换。

（二）园林生态系统的结构

园林生态系统的结构主要指构成园林生态系统的各种组成成分及量比关系，各组分在时间、空间上的分布，以及各组分同能量、物质、信息的流动途径和传递关系。园林生态系统的结构主要包括物种结构、空间结构、营养结构三个方面。

1. 物种结构

园林生态系统的物种结构是指构成系统的各种生物种类及它们之间的数量组合关系。园林生态系统的物种结构多种多样，不同的系统类型其生物的种类和数量差别较大。草坪类型物种结构简单，仅由一个或几个生物种类构成。小型绿地，如小游园等由几个到十几个生物种类构成；大型绿地系统，如公园、植物园、树木园、城市森林等，是由众多园林植物、园林动物和园林微生物构成的物种结构多样、功能健全的生态单元。

2. 空间结构

园林生态系统的空间结构指系统中各种生物的空间配置状况。通常包括垂直结构、水平结构和时间结构。

（1）垂直结构。园林生态系统的垂直结构即成层现象，是指园林生物群落，特别是园林植物群落的同化器官和吸收器官在地上不同高度和地下不同深度的空间垂直配置状况。

（2）水平结构。园林生态系统的水平结构是指园林生物群落，特别是园林植物群落在一定范围内的水平空间上的组合与分布。它取决于物种的生态学特性、种间关系及环境条件的综合作用，在构成群落的静态、动态结构和发挥群落的功能方面有重要作用。

（3）时间结构。园林生态系统的时间结构指由于时间的变化而产生的园林生态系统的结构变化。

3. 营养结构

园林生态系统的营养结构是指园林生态系统中的各种生物以食物为纽带所形成的特殊的营养关系。其主要表现为由各种食物链所形成的食物网。

园林生态系统的营养结构由于人为干扰严重而趋向简单，特别是在城市环境中表现尤为明显。园林生态系统的营养结构简单的标志是园林动物、微生物稀少，缺少分解者。这主要是由于园林植物群落简单，土壤表面的各种动植物残体，特别是各种枯枝落叶被及时清理造成的。园林生态系统营养结构的简单化使既为园林生态系统的消费者，又为控制者和协调者的人类不得不消耗更多的能量以维持系统的正常运行。

按生态学原理，增加园林植物群落，为各种园林动物和园林微生物提供生存空间，既可以减少管理投入，维持系统的良性运转，又可以营造自然氛围，为当今缺乏自然空间的人们，特别是城市居民提供享受自然的空间。

地球表面生态环境的多样性和植物种类的丰富性是植物群落具有不同结构特点的根本原因。在一个植物群落中，各种植物个体的配置状况主要取决于各种植物的生态生物学特性和该地段具体的生境特点。

（三）园林生态系统的建设与调控

园林生态系统的建设已成为衡量城市现代化水平和文明程度的标准。如何建设好园林生态系统并维持其稳定性以充分发挥各种效益是园林工作者必须关注的问题。

1. 园林生态系统的建设

园林生态系统的建设是以生态学原理为指导，利用绿色植物特有的生态功能和景观功能，创造出既能改善环境质量，又能满足人们生理和心理需要的近自然景观。在大量栽植乔、灌、草等绿色植物，发挥其生态功能的前提下，根据环境的自然特性、气候、土壤、建筑物等景观的要求进行植物的生态配置和群落结构设计，达到生态学上的科学性、功能上的综合性、布局上的艺术性和风格上的地方性，同时要考虑人力、物力的投入量。因此，园林生态系统的建设必须兼顾环境效应、美学价值、社会需求和经济合理的需求，确定园林生态系统的目标及实现这些目标的步骤等。

2.园林生态系统建设的原则

园林生态系统是一个半自然生态系统或人工生态系统，在其营建的过程中只有从生态学的角度出发，遵循以下生态学的原则，才能建立起满足人们需求的园林生态系统。

（1）森林群落优先建设原则。在园林生态系统中，如果没有其他的限制条件，应适当优先发展森林群落。因为森林群落结构能较好地协调各种植物之间的关系，最大限度地利用各种自然资源，是结构最为合理、功能健全、稳定性强的复层群落结构，是改善环境的主力军。同时，建设、维持森林群落的费用较低。因此，在建设园林生态系统时，应优先建设森林群落。在园林生态环境中，乔木高度在5米以上、林冠覆盖度在30%以上的类型为森林。如果特定的环境不适合建设森林或不能建设森林，也应适当发展结构相对复杂、功能相对较强的植物群落类型，在此基础之上进一步发挥园林的地方特色和高度的艺术欣赏性。

（2）地带性原则。任何一个群落都有其特定的分布范围，同样特定的区域往往有特定的植物群落与之适应。也就是说，每一个气候带都有其独特的植物群落类型，如高温、高湿地区的热带典型的地带性植被是热带雨林，季风亚热带主要是常绿阔叶林，四季分明的湿润温带是落叶阔叶林，气候寒冷的寒温带则是针叶林。园林生态系统的建设要与当地的植物群落类型相一致，即以当地的主要植被类型为基础，以乡土植物种类为核心，这样才能最大限度地适应当地的环境，保证园林植物群落的成功建设。

（3）充分利用生态演替理论。生态演替是指一个群落被另一个群落所取代的过程。在自然状态下，如果没有人为干扰，演替次序为杂草—多年生草本和小灌木—乔木等，最后达到顶极群落。生态演替可以达到顶极群落，也可以停留在演替的某一个阶段。园林工作者应充分利用这种理论，使群落的自然演替与人工控制相结合，在相对小的范围内形成多种多样的植物景观，既丰富了群落类型，满足了人们对不同景观的观赏需求，又可为各种园林动物、微生物提供栖息地，增加生物种类。

（4）保护生物多样性原则。生物多样性通常包括遗传多样性、物种多样性和生态系统多样性三个层次。物种多样性是生物多样性的基础，遗传多样性是物种多样性的基础，而生态系统多样性则是物种多样性存在的前提。保护园林生态系统中的生物多样性，就是要对原有环境中的物种加以保护，不要按统一格式更换物种或环境类型。另外，应积极引进物种，并使其与环境之间、各生物之间相互协调，形成一个稳定的园林生态系统。当然，在引进物种时要避免盲目性，以防生物入侵对园林生态系统造成不利影响。

（5）整体性能发挥原则。园林生态系统的建设必须以整体性为中心，发挥整体效应。各种园林小地块的作用相对较弱，只有将各种小地块连成网络，才能发挥较大的生态效应。另外，将园林生态系统建设为一个统一的整体，才能保证其稳定性，增强园林生态系统对外界干扰的抵抗力，从而大大减少维护费用。

3. 园林生态系统建设的一般步骤

园林生态系统的建设一般可按照以下几个步骤进行。

（1）园林环境的生态调查。园林环境的生态调查是园林生态系统建设的重要内容之一，是关系到园林生态系统建设成败的前提。特别是在环境条件比较特殊的区域，如城市中心、地形复杂、土壤质量较差的区域等，往往会限制园林植物的生存。因此，科学地对预建设的园林环境进行生态调查，对建立健康的园林生态系统具有重要意义。具体来说，园林环境的生态调查主要包括以下两个方面。

①地形与土壤调查。地形条件的差异往往影响其他环境因子的改变。因此，充分了解园林环境的地形条件，如海拔、坡向、坡度、小地形状况、周边影响因子等，对植物类型的设计、整体规划具有重要意义。土壤调查包括土壤厚度、结构、水分、酸碱性、有机质的含量等方面，特别是在土壤比较瘠薄的区域，或土壤酸碱性差别较大的区域更应详细调查。在城市地区，要注意土壤堆垫土

的调查，对是否需要土壤改良、如何进行改良要制订合适的方案。

②小气候调查。特殊小气候一般因局部地形或建筑等因素形成，城市中较常见，要对其温度、湿度、风速、风向、日照状况、污染状况等进行详细调查以确保园林植物的成活、成林、成景。

人工设施状况调查。对预建设的园林环境范围内，已经建设的或将要建设的各种人工设施进行调查，了解其对园林生态系统造成的影响。如各种地上、地下管理系统的走向、类别、埋藏深度、安全距离等，在具体施工过程中要严格按照规章制度进行，避免各种不必要的事件或事故的发生。

（2）园林植物种类的选择与群落设计。

①园林植物种类的选择。园林植物种类的选择应根据当地的具体状况，因地制宜地选择各种适生的植物类型。一般要以当地的乡土植物种类为主，并在此基础上适当增加各种引种驯化的类型，特别是已在本地经过长期种植取得较好效果的植物类型。同时，要考虑各种植物之间的相互关系，保证选择的植物不出现相克现象。当然，为营造健康的园林生态系统，还要考虑园林动物与微生物的生存，可选择一些当地小动物比较喜欢栖息的植物或营造其喜欢栖居的植物群落类型。

②园林植物群落的设计。园林植物群落的设计首先强调群落的结构、功能和生态学特性相互结合，保证园林植物群落的合理性和健康性。其次要注意与当地环境特点和功能需求相适应，突出园林植物群落对特殊区域的服务功能，如工厂周围的园林植物群落要以改善和净化环境为主，应选择耐粗放管理、抗污吸污、滞尘、防噪的树种、草皮等；而在居住区范围内应根据居住区内建筑密度高、可绿化面积有限、土质和自然条件差及人接触多等特点选择易生长、耐旱、耐湿、树冠大、枝叶茂密、易于管理的乡土植物构成群落，且要避免选用有刺、有毒、有刺激性的植物等。

（3）种植与养护园林植物的种植方法可简单分为三种：大树搬迁、苗木移植和直接播种。大树搬迁一般是在一些特殊环境下为满足特殊的要求而进行的，该种方法虽能起到立竿见影的效果，满足人们及时欣赏的需求，但绿化费用较为昂贵，技术要求较高且风险较大，从整体角度来看，效果不甚显著，通常情况不宜采用；苗木移植在园林绿化中应用最广，该方法能在较短的时间内形成景观，且苗木抗性较强，生长较快，费用适中；直接播种是在待绿化的地面上直接播种，其优点是可以为各种树木种子提供随机选择生境的机会，一旦出苗就能很快扎根，形成合适根系，可较好地适应当地生境条件，且施工简单、费用低，但成活率较低、生长期长，难以迅速形成景观，因此在粗放式管理特别是大面积绿化区域使用较多。养护过程是维持园林景观不断发挥各种效益的基础。园林景观的养护包括适时浇灌、适时修剪、补充更新、防治病虫害等。

4.园林生态系统的调控

（1）园林生态系统的平衡。园林生态系统的平衡指系统在一定时空范围内，在其自然发展过程中，或在人工控制下，系统内的各组成成分的结构和功能均处于相互适应和协调的动态平衡。

园林生态系统的平衡通常表现为以下三种形式：

第一种是相对稳定状态。主要表现为各种园林植物、园林动物的比例和数量相对稳定，物质和能量的输出大体相当。各种复杂的园林植物群落，如各种植物园、树木园、各种风景区等基本上属于这种类型。

第二种是动态稳定状态。系统内的生物量或个体数量随着环境的变化、消费者数量的增减或人为干扰过程会围绕环境容纳量上下波动，但变动范围一般在生态系统阈值范围以内。因此，系统会通过自我调控处于稳定状态。但如果变动超出系统的自我调控能力，系统的平衡状态就会被破坏。各种粗放管理的简单类型的园林绿地多属于该种类型。

第三种是"非平衡"的稳定状态。系统的不稳定是绝对的，平衡是相对的，特别是在结构比较简单、功能较小的园林绿地类型，物质的输入、输出不仅不相等，甚至不围绕一个饱和量上下波动，而是输入大于输出、积累大于消费。要维持其平衡必须不断地通过人为干扰或控制外加能量，如各种草坪及各种具有特殊造型的园林绿地类型，必须进行适时修剪管理才能维持该种景观。

（2）园林生态失调。园林生态系统作为自我调控与人工调控相结合的生态系统，不断地遭受各种自然因素的侵袭和人为因素的干扰。在生态系统阈值范围内，园林生态系统可以保持自身的平衡；如果干扰超过生态阈值和人工辅助的范围，就会导致园林生态系统本身自我调控能力下降，甚至丧失，最后导致生态系统的退化或崩溃，即园林生态失调。造成园林生态失调的因素很多，大致可分为以下两个方面：

①自然因素。环境中的自然因素，如地震、台风、干旱、水灾、泥石流、大面积的病虫害等，都会对园林生态平衡构成威胁，导致生态失调。自然因素的破坏具有偶发性、短暂性，如果不是毁灭性的侵袭，通过人工保护，再加上后天精细管理补偿，仍能很好地维持平衡。另外，园林生态系统内部各生物成分的不合理配置，如生物群落的恶性竞争，也会削弱系统的稳定性，导致生态失调。

②人为因素。人们特别是决策者生态意识的淡漠往往是导致生态失调的重要原因。各种园林生物资源，包括园林植物、园林动物与园林微生物，对维护园林生态平衡具有重要的作用。但实际中，它们的作用常常被忽略，且被作为一种附属品随意处置。例如，在城市建设中，建筑物大面积占用园林用地，使园林植物资源日趋变少，造成整个园林植物群落支离破碎，使园林生态系统的整体性不能很好地发挥，导致园林生态失调；任意改变园林植物种类，甚至盲目引进各种未经栽培试验的植物类型，为植物入侵提供了可能，往往也给园林生态系统带来潜在威胁。同时，作为各种无机资源的转化和还原者——园林微生物，由于没有合适的空间，数量极少，其作用的发挥大打折扣，使园林生态系统的物质循环出现入不敷出的现象，整体上处于退化状态。

人们对园林环境的恶意干扰是导致园林生态失调的另一个重要原因。对各种植物、动物、微生物缺乏热爱，仅以己之好恶对待环境，没有认识到环境的好坏直接影响着人类本身，更有甚者对各种园林生物，特别是对园林植物任意摘叶折枝甚至肆意破坏，将各种园林植物群落当作垃圾场，随意倾倒垃圾、污水等行为，都会直接危害园林生态系统，导致其生态失调。为了获得某种收益破坏园林的行为更为多见，如扒树皮、摘叶子、砍大树、挖取植物根系、捕获树体中的昆虫，也是造成园林生态失调的重要因素之一。

（3）园林生态系统的调控。园林生态系统作为一个半自然与人工相结合或完全的人工生态系统，其平衡要依赖于人工调控。通过调控，不仅可保证系统的稳定性，还可增加系统的生产力，促进园林生态系统结构趋于复杂等。当然，园林生态系统的调控必须按照生态学的原理来进行。

①生物调控。园林生态系统的生物调控是指对生物个体，特别是对植物个体的生理及遗传特性进行调控，以增加其对环境的适应性，提高其对环境资源的转化效率。其主要表现在新品种的选育上。

我国的植物资源丰富，通过选种可大大增加园林植物的种类，而且可获得具有各种不同优良性状的植物个体，经直接栽培、嫁接、组培或基因重组等手段产生优良新品种，使之既具有较高的生产能力和观赏价值，又具有良好的适应性和抗逆性。另外，从国外引进各种优良植物资源，也是营建稳定健康的园林植物群落的物质基础。

但应该注意，对于各种新物种的引进，包括通过转基因等技术获得的新物种，一定要慎重使用，以防止各种外来物种的入侵对园林生态系统造成冲击，进而导致生态失调。

②环境调控。环境调控是指为了促进园林生物的生存和生产而采取的各种环境改良措施。具体表现为用物理（整地，剔除土壤中的各种建筑材料等）、化学（施肥、施用化学改良剂等）和生物（施有机肥、移植菌根等）的方法改良土壤，通过各种自然或人工措施进行小气候调节，通过引水、灌溉、喷雾、人工降雨等进行水分调控。

③合理的生态配置。充分了解园林生物之间的关系，特别是园林植物之间、园林植物与园林环境之间的相互关系，在特定环境条件下进行合理的植物生态配置，形成稳定、高效、健康、结构复杂、功能协调的园林生物群落。

④适当的人工管理。园林生态系统是在人为干扰较为频繁的环境下的生态系统，人们对生态系统的各种负面影响必须通过适当的人工管理来加以弥补。有些地段特别是城市中心区环境相对恶劣，对园林生态系统的适当管理更是维持园林生态平衡的基础；而在园林生物群落相对复杂、结构稳定时可适当减少管理投入，通过其自身的调控机制来维持。

⑤大力宣传，增强人们的生态意识。大力宣传，提高全民的生态意识，是维持园林生态平衡，乃至全球生态平衡的重要基础。只有让人们认识到园林生

态系统对人们生活质量、人类健康的重要性，才能从我做起，爱护环境，保护环境，并在此基础上主动建设园林生态环境，真正维持园林生态系统的平衡。

二、园林植物种群与群落生态

种群是生物物种存在的基本单位。植物种群的基本特征包括数量特征、性比、年龄结构、空间特征和构件组成特征。

生物群落是指在特定的空间或特定生境下，具有一定的生物组成、结构和功能的生物聚合体。生物群落可以根据其组成的生物类群的不同，分为植物群落、动物群落和微生物群落三大类群，也可以根据其受人为干扰的程度分为自然（天然）群落、人工群落和半自然（人工）群落。城市园林植物群落属于典型的人工群落，原始森林属于典型的自然群落。

（一）种群的概念及其结构

1.种群的概念

种群是在一定空间中的同一物种的个体总和。其定义为在一定空间中，能相互进行杂交的，具有一定结构、一定遗传特性的同种个体总和。植物种群则是在植物群落中的同一种植物的个体总和，如某一块低山丘陵上的马尾松纯林，可以叫马尾松种群。

2.种群的结构

（1）种群的年龄结构。种群年龄结构指种群内个体的年龄分布状况。林业生产中将林木种群年龄结构分为同龄林和异龄林。同龄林是组成种群的林木年龄基本相同，如果有差异，其差异范围在一个龄级之内。异龄林是组成种群的林木年龄差异较大，超过一个龄级。异龄林是中性或耐阴树种连续更新的结果。

不仅同一群落中不同植物种之间种群的年龄结构不同，不同群落中或同一群落中的同一个植物种种群的年龄结构也不同。因此，如果调查清楚了形成群落的每个种群的年龄结构，就可以在这个基础上比较准确地分析和判断该群落过去的变迁、现在的状况和将来的发展趋向。

（2）种群的性比结构。性比是一个种群的所有个体或某个龄级的个体总数中雌性与雄性的个体数目的比例。它是种群结构的一个重要因素，对种群的发展具有很大影响。如果两性个体的比例相差悬殊，将极不利于种群增殖，从而影响种群的结构及其动态。

（二）种群的特征

1. 种群密度

种群密度通常以单位面积上的个体数目或种群生物量表示。

植物群落研究通常较重视全部个体的密度和平均面积，并在此基础上得到相对密度及个体间的平均距离。

当种群中的个体大小或经济价值相差悬殊时，为经营上的方便，常分层次统计种群密度。如森林经营中，林分密度一般仅指检尺直径以上的林木种群密度，不包括幼苗和幼树的密度，有时还单独统计幼苗密度和幼树密度，因为幼苗和幼树长成林木的可能性不同。

2. 多度、盖度

森林中下木和草本植物因呈丛生多分枝或个体矮小，不易查数，通常不以单位面积上植株个体数计量种群密度，多采用多度（调查样地上个体的数目）或盖度（植物枝叶覆盖地面的百分数）反映种群密度。多度和盖度等级的划分标准较多，一般常用德鲁捷的等级标准，把多度和盖度结合在一起。

与多度和盖度相关的概念是频度。频度是指某一个种在样地上分布的均匀性。当种群数量很大时，密度和多度较大，个体均匀分布的可能性大，频度也较大，密度或多度很小时，频度也很小；密度或多度中等时，频度变幅可能很大。

3. 种群数量

种群数量是指一个种群内个体数目的多少。种群的数量是经常变化的，影响其变化的因素是种群的特性（如繁殖特性、性别比例和年龄结构等）、种内种间关系和外界环境条件。种群数量的变化主要取决于出生率和死亡率的对比关系。在单位时间内，出生率与死亡率之差为增长率，也就是单位时间内种群数量增加百分数。因此，种群的数量大小，也可以说是由增长率来调整的。当出生率超过死亡率，种群数量增长；当死亡率超过出生率，种群数量减少；而当出生率与死亡率相平衡时，种群数量就保持相对稳定。

（三）植物群落的特征和组成

1. 植物群落的概念及特征

（1）植物群落的概念。植物群落为特定空间或特定生境下植物种群有规律地组合，它们具有一定的植物种类组成，与环境之间彼此影响、相互作用，具有一定的外貌及结构，并具有一定的功能。简单地说，在一定的地段上，群居在一起的各种植物种群构成的一种集合体就是植物群落。

（2）植物群落的基本特征。一个具体存在的植物群落具有以下基本特征。

①具有一定的物种组成，每个植物群落都是由一定的植物种群组成的。

②物种之间有序的共存。组成群落的各个物种不是随意组合在一起的，而是一种有序的共存。这种有序性是由群落中各种各样的种间和种内关系决定的。相互有利、相互促进的植物种倾向于生长在一起，而相互抑制、相互干扰和相互竞争的植物种会在空间和时间上产生分异，从而产生貌似松散、实则有序的组合。

③具有一定的外貌。植物种本身的色彩、质地及植物在不同的季节中表现出的不同物候期会通过叶片、花朵、果实的色彩变化来体现。因而，植物群落都有一定的外貌特征。

④具有一定的结构。构成植物种群的植物种的高低错落构成了群落的垂直结构，不同的植物种群在群落水平空间上的分布格局构成了群落的水平结构。

⑤形成特有的群落环境。植物的存在可以改变群落所在地的环境，如光照、温度、湿度、土壤结构、土壤肥力等，并且与群落外围的环境具有显著的差异，形成特有的群落环境。例如，高大的植物体会产生强烈的遮光、降温和增湿等效应，使一片森林中的小环境与周围裸地相比，具有阴凉湿润的特点，这就是森林群落的小环境，也是园林植物群落所追求的环境效益。另外，群落的各组成种对自身所处的小环境也具有高度的适应性，乔木层下的阴性种需要其他树种为它们遮阴，如果直接暴露在强光下会产生灼伤，甚至死亡。因此，外界环境变化或者群落内环境的改变都会影响群落中物种的生长，最终导致一些不能适应变化的物种的消失，另一些高度适应变化的新物种的定居，改变了群落的组成成分。

⑥具有随着时间的推移而发生变化的动态特征。构成植物群落的是活的植物体，植物生、老、病、死的交替使群落随着时间的推移不断发生变化。

⑦具有一定的分布范围。一个具体的群落必然分布在地球上的某个地段，不同的群落分布在不同的生境中。地球上的植物群落分布具有一定的规律。

2.群落的种类组成

（1）种类组成的概念。种类组成在一定程度上反映出群落的性质，是决定群落性质最重要的因素，也是鉴别不同群落类型的基本特征，它是群落形成的基础，任何植物群落都是由一定的植物种类组成的。每一种植物的个体都有一定的形状和大小，它们对周围的生态环境各有一定的要求和反应，它们在群落中各处于不同的地位和起着不同的作用。因此，要了解某一个植物群落，就要先了解它的种类组成。

植物群落的种类组成的确定常常因研究对象和目的等的不同而有所侧重。通常植物群落的种类组成仅仅是对该群落的高等植物、维管束植物或种子植物而言的，因为在某种意义上讲，高等植物是群落最重要的组成者，它能反映该群落的结构、生态、动态等基本特征，揭示群落的基本规律。

（2）种的饱和度和多度。种的饱和度是指群落最小面积内出现的种类的最大数目，或者说是一种面积曲线趋于稳定时拥有的种类数目。也就是说，在这个最小的面积内包含了组成该群落的绝大多数植物种类。种的饱和度随植物群落类型的不同而不同，植物群落结构复杂，群落的种的饱和度就大；反之则小。

植物种群多度（个体数）或密度指的是在单位面积（样地）上某个种的全部个体数，或者叫作群落的个体饱和度。

根据群落中种类数目的多少通常把群落划分为单种群落、寡种群落和多种群落。单种群落通常指由一个高等植物组成的群落，如杉木人工林群落。寡种群落是由少数几个高等植物组成的群落。多种群落则是由几十个甚至几百个高等植物组成的群落，自然界中的大多数群落都属于多种群落。

（3）群落特征的最小面积、表现面积和最小点数。最小面积是指对一个特定群落类型能提供足够的环境空间，或能保证展现出该种群落类型的种类组成和结构的真实特征的最基本的面积。表现面积是指某一群落的一切重要特征都能充分表现出来的最基本的面积。最小点数是应用无样地法进行调查时获得某群落类型的种类组成和结构的真实特征所需的最基本的样点数目。

植物群落调查的最小面积、表现面积和最小点数随植物群落类型的不同而异。通过比较群落特征的最小面积可以发现：组成群落的植物种类越多，群落最小面积越大；环境条件越优越，组成群落的植物种类也就越多。

（4）群落成员型。群落成员型是根据植物种在群落中的各种特征、作用和地位划分的植物种类群。根据种在植物群落中各类植物的重要性和数量可以将植物种划分为优势种与建群种、亚优势种、伴生种、偶见种（稀见种）四类。

3. 群落的种间关系

一个生物群落的特征主要取决于物理因素，但也取决于生物种之间的相互作用。种与种之间的关系从总的效果来说可分为三种情况，即有利的作用（+）、有害的作用（-）和没有明显效果的作用。这种种间作用可能发生于动物与植物间、动物与动物间和植物与植物间。种间相互作用的方式主要可分为共生和对抗两大类，共生是发生关系的双方均有肯定的效果或者对一方有利而对另一方无害；对抗是指仅对一方有利而对另一方有害或者对双方均有害的情况。其中，对抗又分为非消费性的物理掠夺、消费性的物理掠夺（包括寄生、捕食和植食等）、抗生（包括异株克生）和竞争四类。这种分类是相对的，实际上很多关系都是介于各类之间的并且可以彼此转化。

（1）互利共生。共生原来是用来描述如藻类和真菌某些种共同生活并紧密结合的一类种间关系。目前，这个术语已扩大到对双方有利或对其中一方最低限度无害的种间关系上，而不管结合形式及参加的种究竟属于哪种范畴。

共生可分为两种类型：互利共生和偏利共生。互利共生又可分为两种类型：连体互利共生和非连体互利共生。

（2）偏利共生。偏利共生这种相互作用是对一种有机体有利而对另一种有机体无害。附生植物在树木上的生长是偏利共生的例子之一。附生植物可能是多年生草本植物，如兰花、蕨类、仙人掌等，也可能是低等植物，如藓类、藻类或地衣等。在任何情况下，附生植物都不从宿主获取任何食料，只利用它作为寄居场所。每一种附生植物都占据树冠的不同部位，这反映了不同的光照条件，同时反映了宿主的分枝状况、树皮粗糙度等。

附生关系很容易过渡为其他类型的相互作用，如互利共生和寄生。如果附生植物产生的营养物质被雨水淋溶到树干下面并进入宿主周围的土壤中，则会转变为互利共生关系。如果附生植物的根扎入树皮下面的韧皮部和木质部中并发育出吸收器官，则会转变成寄生关系。在纯附生和纯寄生之间可存在各种过渡状态。如果附生植物的大小和重量对宿主压力过大，最后也会变成寄生。例如，榕树可在一个宿主的树冠中萌发，最初可作为典型的附生植物生活，以后气根向土壤中发展，达到地面并变粗，结果使宿主的树干的生长受到严重的阻碍。同时，榕树的树冠日益在宿主上面扩展，剥夺了它的光线，最后导致宿主死亡。

（3）非消费性的物理掠夺。致使最低限度一方受到不利影响的种间关系称为对抗。这种相互作用在决定种群的多度和分布上起着主要作用，在种的特征进化上亦属重要因素。在非消费性的物理掠夺中，藤本或攀缘植物即是例子。一般的木本植物为了建造强大的树干以支持叶子能够得到阳光并抵抗强风，要消耗大量的能量。藤本或攀缘植物则靠其他树支持自己。开始时藤本和支持者之间可能为偏利共生关系，但后来由于支持者的叶子所需要的日光局部或全部被藤本剥夺了，它们就会生长削弱甚至死亡。有时藤本植物甚至会紧缠支持者的茎部，使其因水分和营养运输受阻而死亡。这种藤本植物因而被称为绞杀植物。攀缘植物的发达程度与气候关系很大，在寒温带的北方森林中很少有，温带略多，而在热带南亚热带森林中则非常发达，发育良好，木质藤本的直径有时可达 20~30 厘米，如风车藤、刺果藤。

（4）消费性的物理掠夺。

①寄生。危害林木的寄生植物主要是桑寄生科、菟丝子科和列当科。寄生性的种子植物对寄主的依赖和寄生活动有所不同。桑寄生科植物（包括桑寄生属和槲寄生属等）均具有正常的绿色叶片或绿色茎，可自行进行光合作用，制造碳水化合物，但它们缺少正常的根系，所需的水分和无机盐类必然取自寄主，这类植物称为半寄生植物。菟丝子科和列当科植物不具有叶绿素和正常的根系，生长发育所需要的一切物质均靠寄主供给，称为全寄生性植物。除高等植物外，

真菌、细菌、类菌质体等亦为寄生物而与寄主发生寄生关系。

②捕食。捕食关系中双方的位置是相对的。各类草食者对初级肉食者而言是被捕食者，而初级肉食者反过来又成为次级肉食者的被捕食者。一般公众认为捕食者是凶残的，是不合乎人类要求的，这实际上是一种误解。捕食者一般清除掉的仅是有病的、弱小的个体，这可使被捕食者的种群维持在环境容纳量之下。当然，也有被捕食者惨遭捕食者大肆虐杀的实例。这一般是由于捕食者和被捕食者之间的正常适应关系被人类活动或其他环境因素打乱造成的。

③草食。植物和草食动物之间的关系广泛存在于自然界。在各种生境上，草食动物造成的植物死亡率可在 0%~100% 变动。一般来说，动物对种子和幼苗死亡的影响大于对成年植物的影响。成年植物对动物危害的抵抗力较大，因为大多数草食动物吃掉的仅是该植物的一部分或吸取其部分汁液，而留下的其他部分仍可以进行繁殖。草食动物对成年植物死亡的影响常是间接的，受到冻害、旱害及其他逆境因素危害的植物最易受虫害的侵袭。

草食动物对植物的作用有多种方式，如通过咬食或咀嚼（如野兔、蜗牛），由个别细胞或植物的维管系统吮吸汁液（如蚜虫）、在宿主内部挖孔。草食动物一般不会威胁到某种植物的生存。草食动物本身的多度还受到捕食者和寄生物的限制，并且相对来说草食动物是稀少的，而植物是较丰富的。但是，当自然平衡受到破坏时，某种草食动物由于捕食者或寄生物的缺乏而多度大增，就会对某种植物造成重大损害，如我国林业上的松毛虫、天牛。

（5）抗生作用。很多有机体彼此间在化学上都可能有着相互作用，如在微生物之间、在植物和动物之间、在不同种类的植物之间及在不同种类的动物之间。很多植物含有的化学物质使其对草食动物不适口。冬蛾幼虫只食年幼橡树的叶子，因为老橡树单宁含量高，不适口。由于昆虫摄食而受伤的植物可产生能抑制该种昆虫种群增长的多酚类物质。受到巨蜂的侵袭后，欧洲松的多酚代谢会发生改变。越来越多的证据说明抗生作用可能比较普遍。当一种草食动物的活动促进了植物的防御机制，而摄食同一种植物的其他草食动物则可能受到不利的影响，这可能导致它们在种群变动上的同步性。最近的研究表明，一些植物种受到草食动物的攻击后，可产生挥发性化学物质，促进相邻植物的化学防御，这可称为植物的早期警报系统。

异株克生是植物之间发生的抗生作用。植物的代谢是极端复杂的，包括大量的有机物质。多种次生化学物虽然对自己没有价值，但对其他植物的发芽、生长和繁殖则有抑制作用。人们将这种化学物称为异株克生物，将这种植物之间的抗生作用称为异株克生作用。异株克生是进化过程中形成的一种普遍现象，它存在于各种气候下的各种群落中。异株克生化学物以挥发气体的形式释放出来或者以水溶物的形式渗出、淋出或被分泌出来。

树木异株克生最著名的例子是黑胡桃树对其他植物生长的抑制作用。早在1881年，就有人观察到黑胡桃树下植被稀少的现象，并且指出这种树下及其附近均不能栽植农作物，后来确认黑胡桃树产生的异株克生物是胡桃醌，它在叶子、果实和其他组织中以可溶于水的、无毒的形态存在（水合胡桃醌），一旦被雨水冲到土壤中，就被氧化成能抑制其他种植物发芽和生长的胡桃醌。

（6）竞争。当两个不同的种利用相同的资源而这种资源的供应又受到限制时，则会发生种间竞争。当资源虽不短缺而两种发生彼此直接干涉时，亦可发生种间竞争。竞争可发生于不同层的及同层不同种的植物之间。竞争可导致一个种被另一个种排挤。

一个种竞争能力的大小常取决于它的一系列生物学特性和生态学特性，如种子的萌发速度、早期生长速度、生长高度、对光热和水分的要求等。在森林群落中，各树种的竞争结局常是各种因素综合作用的结果。在最近遭受干扰的土地上，种子的繁殖能力和方式，对裸地不良环境的适应能力及对干扰的抵抗能力等因素起的作用更大些。在比较稳定的条件下，耐阴性超出其他植物生长的最长寿命和最大高度，常使树木具有更强的竞争力。

4.物种多样性

物种多样性又称物种丰富度，是指一个群落中的物种数目、各物种的个体数目及其均匀程度。

（四）植物群落结构

群落结构是群落中相互作用的种群在协同进化中形成的，其中生态适应和自然选择起着重要作用。因此，群落外貌及其结构特征包含了重要的生态学信息。群落的结构可以是表现在空间上的（垂直结构和水平结构），也可以是表现在生活上的。

1. 群落的垂直结构

群落的垂直结构主要是指在垂直方向上的配置，其最显著的特征是成层现象，即在垂直方向上分成若干层次的现象。这是由于植物群落在其形成的过程中，群落内小环境的变化导致群落中的不同生态习性的植物、不同高度的植物分别位于不同的层次，形成群落的垂直结构。群落的成层现象包括地上成层现象和地下成层现象。

植物群落中森林群落的垂直结构层次最为明显，其地上部分的垂直结构一般从上到下依次为乔木层、灌木层、草本层、活地被物层四个基本层次，各层中又按照植株的高度划分亚层。乔木层由高大的乔木组成，位于森林群落的最上层，一般高度按照乔木的划分标准在 3 米以上，也叫林冠层。乔木层的高差超过平均高度 20% 以上的群落，乔木层可以划分亚层。具有一个乔木层次的群落称为单层林，具有多个亚层乔木层的群落称为复层林。灌木层由所有灌木和在当地气候条件下不能达到乔木层高度的乔木树种组成，也叫下木层。草本层由草本植物组成，不具有多年生的地上茎。活地被物层位于群落的最下层，一般由苔藓、地衣、菌类等非维管束植物组成。

群落的成层性保证了植物对环境和空间资源的更充分利用。在森林群落中，上层的乔木可以充分利用阳光，而下层的乔木幼树、幼苗及灌木能够有效利用主林冠层下的弱光，草本层能够利用更微弱的光线，苔藓和地表更耐阴。所以，成层结构是自然选择的结果，它显著提高了植物利用环境资源的能力，缓解了生物间对营养空间的竞争。群落的分层结构越复杂，对环境利用越充分，提供的有机物质也越多，群落分层结构的复杂程度也是群落环境优劣的标志。

2. 群落的水平结构

群落的水平结构通常是指群落内的水平结构，但有时也指多个群落一起构成的群落间的交错与过渡。

（1）群落内的水平结构。群落内的水平结构是指群落各组成种在水平空间上的配置状况或分布格局，主要表现为均匀性和镶嵌性。

均匀性是指组成群落的各个植物种在水平方向上分布均匀。单个种群的分布格局属于均匀分布。这种水平结构一般多出现在人工群落，如人工种植的果园、农田和一些城市园林植物群落，具有均匀的株行距。自然群落中的草本植物群落有这种均匀结构，但是森林群落很少具有。

镶嵌性，即组成群落的各个种群在水平方向上的不均匀配置，也就是具有典型的成群分布的格局，使群落在外观上表现为斑块相间的现象，具有这种特征的群落叫作镶嵌群落。在镶嵌群落中，每个斑块就是一个小群落，由习性和外貌相似的骨干树种组成。例如，在森林群落中，潮湿地带分布的沼泽植物和湿生植物就是典型的小斑块。

（2）群落的交错与过渡。

群落交错区又称生态交错区或生态过渡带，是两个或多个群落之间（或生态地带之间）的过渡区域。例如，森林和草原之间有森林草原地带，两个不同森林类型之间或两个草本群落之间也都存在交错区。北亚热带的常绿落叶阔叶群落被认为是亚热带常绿阔叶群落和暖温带落叶阔叶群落的交错带。地球上呈连续性的自然植物群落往往具有典型的交错与过渡现象。这种过渡带有的宽、有的窄，但是在人工植物群落间往往没有这种交错与过渡，而是变化突然，或者群落间由其他景观要素（如道路等）人为分隔开。群落交错区种的数目及一些种的密度增大的趋势称为边缘效应。例如，我国大兴安岭森林边缘具有呈狭带分布的林缘草甸，每平方米的植物种数达 30 种以上，明显高于其内侧的森林群落与外侧的草原群落。

3.影响群落结构的因素

不同的群落具有不同的结构，同一个群落随着时间的推移，结构也会发生变化，影响群落结构的主要因素有以下三种。

（1）环境因素。一般来说，群落结构与群落所在地的环境有很大的关系。环境温暖潮湿更容易形成垂直结构复杂的群落；相反，寒冷干旱的环境易形成垂直结构简单的群落。在土壤和地形变化频繁的地段容易形成复杂的镶嵌结构，而在地形和土壤高度一致的地段倾向于形成均质的结构。

（2）生物因素。竞争被认为是影响群落结构的重要生物因素。竞争导致生态位分离，从而也导致不同的物种在对空间和资源的利用方式上出现更大限度的分隔。植物种群往往表现为高度的分化、生长期的差异及根系在土壤中的分层。最终使单位空间能够容纳更多的物种，形成更复杂的结构。

（3）干扰。干扰对群落某些层次的影响很大，如森林群落郁闭后，下层光照的迅速降低会使灌木层和草本层的种类减少、盖度降低，从而使群落垂直结构趋向简单化，干扰可以延缓或阻止乔木层郁闭度的增加，从而维持灌木层和草本层物种的多样性，并使群落保持较复杂的结构。

同时，有些干扰可以在群落中形成一些缺口，缺口又将被新的植物填充，不断形成和被填充的缺口在水平结构上具有更复杂的镶嵌性。

（五）植物群落变化

群落的动态按照变化的性质和特征可以分为三个层面：群落的外貌变化、群落的内部变化和群落的演替。

1.植物群落的外貌变化——季相

植物群落外貌常随时间的推移而发生周期性的变化，这是群落动态中最直观的一种。随着气候的季节性交替，群落景观不同外貌的现象就是季相。

形成群落季相的原因是群落各组成种在不同季节的不同物候期，也就是各植物种在不同的季节处于不同的生长发育阶段，而这些不同发育阶段在外貌上会有不同的色彩、质感等特征，如新春萌芽的嫩绿、夏季满眼的浓绿、秋季的金黄和冬季的深褐或枯黄；又如，垂柳的柔软、松柏的刚硬。群落的季相直接决定着群落的景观效果，因此群落的季相是园林植物群落设计中必须考虑的要素，而且是很多设计者需要考虑的首要要素。

影响群落季相的主要因素是群落的优势种和季节变化。不同的植物种具有不同的外貌特征，优势种是群落中数量、盖度和优势度最高的种类，因此对群落的外貌有决定性作用。同一个地区、同一个季节，不同的群落具有不同的季相，就是由于这些群落的组成种的不同，尤其是优势种差异引起的。例如，在亚热带地区的秋季，常绿针叶林呈现墨绿的季相，而落叶阔叶林呈现色彩斑斓的季相。不仅是优势层的优势种，还包括其他层次的优势种，如同样在亚热带地区的马尾松群落，马尾松—杜鹃群落在春季花开时呈现杜鹃花的绚烂色彩，而马尾松—樫木群落则为一片白色，林下优势种樫木和杜鹃花的色彩的差异导致这两个群落的春季季相的差异。

同一个群落在同一地区不同季节呈现出的季相就是季节变化的结果。比如，我国中部长江流域常见的湿地植物群落——池杉群落在春季、夏季、秋季和冬季均有不同的季相。

另外，不同气候带一年中的季节变化程度不同，也会使不同气候带的植物群落的季相存在差异，一般地，四季分明地区的群落季相变化明显；相反，四季不分明的热带地区群落的季相变化不明显。温带地区四季分明，群落的季相变化十分明显，如在温带草原群落中，一年可有四个或五个季相。早春气温回升，植物开始发芽、生长，草原出现春季返青季相；盛夏初至，水热充沛，植物生长繁盛，百花盛开，出现夏季季相；秋季植物开始干枯休眠，呈红黄相间的秋季季相；冬季季相则是一片枯黄。

2. 植物群落的内部变化——群落波动

群落的波动是指群落物种组成、各个组成种的数量、优势种的重要值、生物量等在季节和年度间的变化。比如，干旱和寒冷年份，群落生长量下降，在降水充沛的年份，群落生长量上升；一些偶见种可能次年消失，也可能又出现新的种；或者优势种的重要值在年度间也会产生或高或低的波动；等等。这些都属于群落的内部变化，被认为是短期的可逆的变化，其逐年的变化方向常常不同，一般不会使群落发生根本性的改变。有些波动会带来外貌上的变化，但是大多数的群落波动在外貌上不会产生明显的变化。

波动的原因主要有以下三种情况。

（1）环境条件的波动，如温度、降水的年度变化，突发性灾害；

（2）生物的活动周期，如植物种子的大小年、虫害的爆发周期等；

（3）人为活动的影响，如放牧强度的改变等。

每一个群落类型都有其特定的波动特点。一般来说，森林群落较草原群落要稳定些，常绿阔叶群落较落叶阔叶群落稳定。在群落内部，定性的特征（如种类组成、种间关系、成层现象等）较定量特征（如密度、盖度、生长量等）稳定。

虽然群落波动具有可逆性，但是这种可逆性是不完全的，一个群落经过波动后的复原通常不是完全恢复到原来的状态，而只是向原来的状态靠近。有时候这种波动变化相当大，而且在波动的过程中环境或者其他干扰因子的变化逐渐加剧，则可能导致波动加剧并且成为不可逆转的变化，从而引起群落性质发生改变，即群落的演替。

3. 群落性质的改变——群落演替

群落演替（succession）是指在一定地段上，一种群落被另一种群落替代的过程，也就是随着时间的推移，生物群落内一些物种消失，另一些物种侵入，群落组成及其环境向一定方向产生有序的变化。演替是群落长期变化积累的结果，其主要标志是群落在物种组成上发生质的变化，使优势种或全部物种发生变化。一般认为，群落的优势种的改变就可以作为群落发生演替的主要判断依据。

演替和波动的区别在于演替是一个群落代替另一个群落的过程，而波动一般不发生优势种的定向代替。而且一般的波动是可逆的，群落的演替是不可逆的，往往朝着一个方向连续进行。

因为群落的演替主要是群落的物种组成尤其是优势种发生了改变，所以任何导致原有优势种衰退的因素都可以引起群落的演替，可以分为内因和外因两大类。

（1）内因。内因通常指群落内部组成中的某些变化或者原有的格局被打破引起的群落演替。内因包含如下四个方面：

①群落内种间种内关系发展的结果。群落内各种种间种内关系，特别是优势种和其他物种间的竞争他感作用导致优势种成为失败的一方后，原有的优势种就被竞争和他感的胜利方代替了。另外，原有优势种种群内的激烈竞争也会削弱自身在其他种间竞争中的竞争力，从而导致自身的衰退及群落的演替。

②群落组成种特别是优势种为自己的生长发育创造了不利条件，导致在新的竞争中失去优势，从而被代替。一些由典型的先锋种组成的先锋群落被中性和耐阴种代替的演替过程就属于这一类。例如，马尾松群落是典型的先锋群落，特别适应南方的荒山，耐瘠薄、耐干旱，但是随着时间的推移，群落郁闭度增加、群落小环境逐渐变得潮湿、温度变化幅度逐渐减小、土壤逐渐变得肥沃、群落

内光照逐渐减弱，这种小环境的改变为中性和耐阴的阔叶种的进入提供了条件，但是马尾松幼苗由于缺乏足够的阳光，无法在林下存活，最终导致马尾松群落被中性的耐阴的阔叶群落代替。

③外来种的入侵。外来种中的部分适应性极强的物种一旦进入本地群落，经过一段时间的适应、定居和繁殖后，其竞争能力会迅速增强，最终使本地群落原有的优势种衰退。例如，我国华南地区引进的观赏地被澎蜞菊和入侵我国西南地区的紫茎泽兰都已经迅速蔓延成为林下的绝对优势种。外来种的入侵导致本地群落的衰退和消亡在国内外都非常常见。尤其是现在园林观赏植物的引种越来越频繁、越来越随意，可能会带来无穷后患。这是需要引起重视的。

④其他原因导致的原有优势种的衰退，如病虫害、火灾等引起的原有优势种的衰退导致了群落演替。

（2）外因。外因是指群落组成种以外的因素，包括群落外环境的改变和人为的干扰。

①环境的改变。外环境的改变会引起群落物种的重新适应和调整，从而导致一些不能适应环境变化的物种或者本身适应性较差的物种的消失，出现一些新的适应物种。

②人为干扰。人为干扰可以在极短的时间内让原有的群落面目全非，也可以长时间缓慢地影响群落，引起群落的演替。例如，人为砍伐森林，人为让原有群落消失，然后再人为培植另外一种人工群落，农田的开垦、人工林的形成及城市园林植物群落都属于此类。内因演替实际上是群落自身的生命活动使群落小环境发生改变，然后被改变了的环境又反作用于群落本身，如此使群落发生演替；外因最终是通过影响群落组成种的生长发育改变群落性质的，因此外因是通过内因起作用的。

三、园林植物与生态环境

（一）植物与生态环境的生态适应

1.植物与环境关系所遵循的原理

（1）最小因子定律。1840年利比希在研究各种生态因子对作物生长的作用时发现，作物的产量往往不是受其大量需要的营养物质（如 CO_2 和水）所制约，因为这些营养物质在自然环境中的贮存量是很丰富的，而是取决于那些在土壤中较为稀少，而且又是植物所需要的营养物质，如硼、镁、铁等。后来进一步的研究表明，利比希提出的理论同样适用于其他生物种类或生态因子。因此，利比希的理论被称为最小因子定律。定律的基本内容是任何特定因子的存在量低于某种生物的最小需要量是决定该物种生存或分布的根本因素。

为了使这一定律在实践中得以运用，奥德姆等一些学者对定律进行了两点补充。

①该定律只能用于稳定状态下。如果在一个生态系统中，物质和能量的输入和输出不是处于平衡状态，那么植物对各种营养物质的需要量就会不断变化，在这种情况下，该定律就不能应用。例如，人为活动使污水流入水体中，由于富营养化作用造成水体的不稳定状态，出现严重的波动，即藻类大量繁殖，然后死亡，再大量繁殖。在波动期间，磷、氮、二氧化碳和许多其他成分可以迅速互相取代而成为限制因子。解除限制的根本措施是要控制污染，减少有机物的输入，尽管有机物会产生二氧化碳，促进植物生长。

②应用该定律时，必须考虑各种因子之间的关系。当一个特定因子处于最小量时，其他处于高浓度或过量状态的物质可能起着补偿作用。例如，当环境中缺乏钙但有丰富的锶时，软体动物就会部分地用锶弥补钙的不足。

（2）耐性定律。利比希定律指出了因子低于最小量时会成为影响生物生存的因子，实际上因子过量时，同样会影响生物生存。1913 年，美国生态学家谢尔福德提出了耐性定律，即任何一个生态因子在数量或质量上的不足或过多都会影响该种生物的生存和分布。生物不仅受生态因子最低量的限制，还受生态因子最高量的限制。生物对每一种生态因子都有其耐受的上限和下限，上下限之间就是生物对这种生态因子的耐受范围，称为生态幅。在耐受范围中包含一个最适区，在最适区内，该物种具有最佳的生理或繁殖状态，当接近或达到该种生物的耐受性限度时，就会使该生物衰退或不能生存。耐性定律可以形象地用一个钟形耐受曲线表示。

（3）限制因子。耐受性定律和最小因子定律相结合便产生了限制因子的概念。在诸多生态因子中，使植物的生长发育受到限制甚至死亡的因子称为限制因子。任何一种生态因子只要接近或超过生物的耐受范围，就会成为这种生物的限制因子。

如果一种生物对某生态因子的耐受范围很广，而且这种因子又非常稳定，那么这种因子就不可能成为限制因子。相反，如果一种生物对某一生态因子的耐受范围很窄，而且这种因子易于变化，那么这种因子就值得特别研究，因为它很可能是一种限制因子。比如，氧气对陆生植物来讲，数量多、含量稳定且容易获得，因此一般不会成为限制因子。但氧气在水体中的含量是有限的，而且经常波动，因此常成为水生植物的限制因子。限制因子概念的主要价值是使人们掌握认识生物与环境关系的钥匙，一旦找到了限制因子，就意味着找到了影响生物生长发育的关键因子。在园林植物的栽培与养护中，掌握限制因子知识尤为重要。

2. 植物的生态适应

生物有机体在与环境的长期相互作用中形成了一些具有生存意义的特征，依靠这些特征，生物能免受各种环境因素的不利影响和伤害，同时能有效地从其生境中获取所需的物质能量，以确保个体生长发育的正常进行，这种现象称为生态适应。生物与环境之间的生态适应通常可分为两种类型：趋同适应与趋异适应。

（1）趋同适应。不同种类的生物生存在相同或相似的环境条件下，常形成相同或相似的适应方式和途径，称为趋同适应。这些生物在长期相同或相似的环境作用下常形成相同或相似的习性，并从生物体的形态、内部生理和发育上表现出来。比如，在长期干旱的环境条件下，不同的生物往往具有抵抗干旱的形态、行为或生理适应。

（2）趋异适应。亲缘关系相近的生物体由于分布地区的间隔，长期生活在不同的环境条件下，因而形成了不同的适应方式和途径，称为趋异适应。趋异适应常在变化的环境中得到不断发展和完善，从而构成了生物分化的基础。

3. 植物生态适应的类型

植物由于趋同适应和趋异适应而形成了不同的适应类型：植物的生活型和

植物的生态型。

（1）植物的生活型。长期生活在同一区域或相似区域的植物由于对该地区的气候、土壤等因素的共同适应，产生了相同的适应方式和途径，并从外貌上反映了出来，这些植物属于同一生活型。植物的生活型是植物在同一环境条件或相似环境条件下趋同适应的结果，它们可以是同种，也可以是不同种。趋同适应范围可大可小。在荒漠地区，植物种类较少，对该环境的适应结果是形成了相同的生活型；在复杂的森林群落内，生物环境复杂，物种繁多，植物对该环境的适应形成了不同的生活型，表现为成层现象，即在每层的小范围内形成相同的生活型，如乔木、灌木、藤本、草本等属于不同的生活型。

（2）植物的生态型。同种植物的不同种群分布在不同的环境里，由于长期受到不同环境条件的影响，在生态适应的过程中，发生了不同种群之间的变异与分化，形成不同的形态、生理和生态特征，并且通过遗传固定下来，这样在一个种内就分化出不同的种群类型，这些不同的种群类型称为"生态型"。显然，生活型是不同植物对相同环境条件趋同适应的结果，生态型是同种植物的不同种群对不同环境条件趋异适应的结果。

"生态型"一词是由瑞典学者 Turesson 于 1922 年提出的，他指出生态型是一个种对某一特定生境发生基因型反应的产物。Turesson 对多种分布很广的欧亚大陆性植被（主要是多年生草本）进行了生态型的研究后，指出来自不同地区和生境的同种植株表现出某些稳定的差异，如开花早迟、株高、直立与否、叶子厚度等。这种差异与它们生存的生境有明显的关系，如有的只限于高山地区、有的只限于低地、有的只限于滨海地区等。由此表明，在分类学上，种不是一个生态单元，而可能是由一个或许多个在生理上和形态上具有稳定性差异的生态型组成。因此，他认为生态型是植物对生态环境条件相适应的基因型类群。

生态型是植物种内遗传基础的生态分化，其分化程度通常与种的地理分布幅度呈正相关。也就是说，生态分布广的植物比生态分布窄的植物所形成的生态型相应地多一些。当然，生态型多少也与该种对环境的适应能力呈正相关关系，生态型多的植物种必然能够适应大范围的环境变化，而生态型少的植物种对环境的变化适应性相对较弱。

生态型的形成有很多原因，如地理因素、气候因素、生物因素、人为因素等，通常按照形成生态型的主导因子将其划分为气候生态型、土壤生态型、生物生态型和人为生态型四类。

①气候生态型。气候生态型是植物长期受气候因素影响所形成的生态型。气候生态型在全球非常普遍，表现为形态上的差异、生理上的差异或二者兼而有之。

②土壤生态型。长期受不同土壤条件的作用而产生的生态型叫作土壤生态型。例如，地处河洼地和碎石堆上的牧草鸭茅由于土壤水分的差别而形成了两个明显的生态型：长在河洼地上的生长旺盛、高大、叶厚、色绿、产量高；长在碎石堆上的植株矮小、叶小、色淡、萌发力微弱、产量低等。又如，对土壤中矿质元素的耐性不同也会形成不同的生态型，如羊茅有耐铅的生态型、细弱剪股颖有耐多种金属的生态型等。

③生物生态型。主要由于种间竞争、动物的传媒及生物生殖等生物因素的作用所产生的生态型叫作生物生态型。

④人为生态型。由于人类的影响而形成的生态型。人类对生态型的影响伴随科技发展日渐扩大，人类利用杂交、嫁接、基因重组、组织培养等手段培育筛选的生态型能更好地适应光照、水分、土壤等一个或几个生态因子。

4. 植物生态适应的方式及其调整

（1）植物生态适应的方式。植物的生态适应方式取决于植物所处的环境条件及与其他生物之间的关系。在一般逆境时，生物对环境的适应通常并不限于一种单一的机制，往往要涉及一组（或一整套）彼此相互关联的适应方式，甚至存在协同和增效作用。这一整套协同的适应方式就称为适应组合。比如，沙漠植物为适应沙漠环境，不但表皮增厚、气孔减少、叶片卷曲（这样，气孔的开口就可以通向由叶卷缩形成的一个气室，从而在气室中保持很高的湿度），而且有的植物形成了贮水组织等特性，同时具有减少蒸腾（只有在温度较低的夜晚才打开气孔）的生理机制，运用适应组合来维持（有的植物在夜晚气孔开放期间吸收环境中的二氧化碳并将其合成有机酸贮存在组织中，在白天该有机酸经过脱酸作用将二氧化碳释放出来，以维护低水平的光合作用）低水分条件下的生存，甚至达到了干旱期不吸水也能维持生存的程度。

在极端环境条件下，植物通常采用一个共同的适应方式——休眠。因为休眠植物的适应性更强，如果环境条件超出了植物生存的适宜范围而没有超过其致死点，植物往往通过休眠的方式来适应这种极端逆境。休眠是植物抵御暂时不利环境条件的一种非常有效的生理机制。有规律的季节性休眠是植物对某一环境长期适应的结果，如热带、亚热带树木在干旱季节脱落叶片进入短暂的休眠期，温带阔叶树则在冬季来临前落叶以避免干旱与低温的威胁，等等。植物种子通过休眠度过不利的环境条件并可延长其生命力，如埃及睡莲历经1 000年仍可保持80%以上的萌芽能力。

（2）植物生态适应的调整。植物对某一环境条件的适应是随着环境变化而不断变化的，这种变化表现为范围的扩大、缩小和移动，使植物的这种适应改变的过程就是驯化的过程。植物的驯化分为自然驯化和人工驯化两种。自然驯化往往是由于植物所处的环境条件发生明显的变化而引起的，被保留下来的植物往往能更好地适应新的环境条件，所以说驯化过程也是进化的一部分。人工驯化是在人类的作用下使植物的适应方式改变或适应范围改变的过程。人工驯化是植物引种和改良的重要方式，如将不耐寒的南方植物经人工驯化引种到北方，将不耐旱的植物经人工驯化引种到干旱、半干旱地区，将不耐盐碱的植物经人工驯化引种到耐盐碱地区，等等。

（二）生态因子对园林植物的生态作用

1. 环境因子和生态因子的概念

组成环境的因素称为环境因子。在环境因子中，对生物个体或群体的生活或分布起影响作用的因子统称为生态因子，如岩石、温度、光、风等。在生态因子中，生物的生存所不可缺少的环境条件称为生存条件（或生活条件）。各种生态因子在其性质、特性和强度方面各不相同，但各因子之间相互组合、相互制约，构成了丰富多彩的生态环境（简称生境）。

2. 环境中生态因子的生态分析

虽然环境是由各种生态因子的相互作用和相互联系所形成的一个整体，但各个生态因子本身环境具有各自的特点，因此认识环境要注意环境中生态因子的生态分析。

（1）生态因子的不可替代性和可补偿性。在生态因子中，光、热、水、氧气、二氧化碳及各种矿质养分都是生物生存所必需的。它们对生物的作用不同，生物对它们的数量要求也不同，但它们对生物来说同等重要，缺一不可。缺少其中任何一个因子，生物就不能正常生长发育，甚至会死亡。任何一个生态因子都不能由其他因子代替。当水分缺乏到足以影响到植物的生长时，不能通过调节温度、改变光照条件或矿质营养等条件来解决，只能通过灌溉去解决。不仅光、热、水等大量因子不能被其他因子代替，生物需要量非常少的微量元素也不能缺少，如植物对锌元素的需要量极少，但当土壤中完全缺乏锌元素时，植物生命活动就会受到严重影响。从根本上说，生态因子具有不可替代性，但在一定程度上具有可补偿性，即如果某因子在量上不足，可以由其他因子补偿，以获得相似的生态效应。当光照强度不足时，光合作用减弱，通过提高光强度或增加二氧化碳浓度，都可以达到提高光合作用的效果，如林冠下生长的幼树能够在光线较弱的情况下正常生长发育，就是因为近地表二氧化碳浓度较大补充了光照不足的结果。显然，这种补偿作用是非常有限的，而且不是任何因子间都有这种补偿作用。

（2）生态因子的主导作用。众多因子中有一个对生物起决定作用的生态因子为主导因子。不同生物在不同环境条件下的主导因子不同。例如，生长在沙漠中的植物的主导因子为水因子，水的多少决定了植物的生长形态及数量：水分充足的地方为绿洲，植物生长茂盛，水分十分缺乏的地方则植物稀少。又如，在光线较暗的环境中生长的植物的主导因子为光照，光照的强度决定了植物能否生存。还有许多其他因子在特定情况下会成为生物的主导因子，如高海拔地区的氧气成为限制动物生存的主导因子。在高纬度地区，水由于从液态变成了固态，土壤中虽然有大量的水，但是植物根系吸收不到水而成了限制主导因子，在这些地区分布的植物往往都是一些浅根系的植物，深根系的植物往往不能生存。

（3）生态因子的阶段性。植物在整个生长发育过程中对各个生态因子的需求会随着生长发育阶段的不同而有所变化，也就是说，植物对生态因子的需求具有阶段性。

最常见的例子就是温度，通常植物的生长温度不能太低，如果太低往往会对植物造成伤害，但在植物的春化阶段低温又是必需的。同样，在植物的生长期，光照长短对植物影响不大，但在有些植物的开花、休眠期间，光照长短是至关重要的。比如，在冬季低温来临之前仍维持较长的光照时间，植物就不能及时休眠而容易造成低温伤害。

（4）生态因子的直接作用和间接作用。生态因子对植物的影响往往表现在两个方面：一是直接作用；二是间接作用。

直接作用的生态因子：一般是植物生长所必需的生态因子，如光照、水分、养分元素等，它们的大小、多少、强弱都直接影响着植物的生长甚至生存。

间接作用的生态因子一般不是植物生长过程中所必需的因子，但是它们的存在间接影响着其他必需的生态因子，进而影响到了植物的生长发育，如地形因子，地形的变化间接影响着光照、水分、土壤中的养分元素等生态因子，进而影响到了植物的生长发育。

3. 光因子对园林植物的生态作用

（1）光因子的生态作用。太阳辐射能是生命的主要能源，但太阳辐射的生态作用并不只限于对能量的供应，由于太阳辐射能会引发其他生态因子的变化，所以它在确定全球温度、气候和天气类型等方面有重要作用。另外，太阳辐射的信息功能也在逐渐引起人们的注意。因此，太阳辐射是大多数生命之源，也是大多数生物的生理、形态、行为及其生活史的主要决定因子。

实验表明，红光有利于糖的合成；蓝光有利于蛋白质的合成；蓝紫光与青光对植物的生长及幼芽的形成有很大的作用，能抑制植物的伸长生长而使植物形成矮粗的形态，也是支配细胞的分化最重要的光线，还影响着植物的向光性。生活在高山上的植物的茎、叶富含花青素，这是因为短波光较多的缘故，是避免紫外线伤害的一种保护性适应。另外，高山的植物茎干粗短、叶面缩小、茸毛发达也是短波光较多所致。

（2）光照强度。光照强度是指生物体被可见光照明的强度。光照强度对生物生长发育和形态都有重要影响。

①光照强度即通过植物的光合作用影响植物的生长发育。当光照强度由弱到强，植物的光合作用速度加快，表现在叶子对二氧化碳的吸收量随光照强度的增加而按比例提高，但在光照强度达到一定数值后，二氧化碳吸收量趋于最大，光合作用速度开始稳定下来，此时的光照强度称为光饱和点。若光强达到光饱和点后仍继续增加，则光合作用的速度反而减慢。光合作用不断固定二氧化碳，呼吸作用又不断放出二氧化碳，当光照强度比较弱时，光合作用固定的二氧化碳恰好等于呼吸作用释放的二氧化碳，这时的光照强度称为光补偿点。光合作用速率可用固定二氧化碳的速度表示，呼吸作用速率也可用释放二氧化碳的速度表示，光补偿点即光合作用生产的有机物和呼吸作用消耗的有机物相抵消，净光合等于零，植物只是维持基本生命活动而没有生长时的光照强度。

喜光植物是指在全光照或强光下生长发育良好，在遮阴或弱光下生长发育不良的植物。阳性植物需光量一般为全日照的 70% 以上，在自然群落中为上层乔木，多数露天散生植物也属于该类。树种中的落叶松、杨树、柳树、槐树、马尾松、桦树、樟子松、油松、侧柏、栓皮栎、杨、柳、银杏、泡桐，花卉中的郁金香、芍药、蒲公英等，一般草原和沙漠植物及先叶开花植物都属于阳性植物。这类植物的光饱和点和补偿点较高，光合速率和呼吸速率也都比较高，它们多生长在旷野、路边和阳坡，其生境没有任何遮阴。喜光植物很容易识别，通常树冠枝叶稀疏，树梢散开，阳光很容易透进来，几乎所有的叶片都在阳光中暴露，生长非常快。喜光植物特别不耐阴，如果光照减少到全光照的 3/4 时就生长不良。因此，在引种栽培植物时，千万不要把喜光植物种到北坡或阴湿的地方。

耐阴植物是指在较弱的光照条件下比强光下生长良好的植物。阴性植物能较好地忍耐庇荫，需光量一般为全日照的 5%~20%。在自然群落中常处于中下层或生长在潮湿背阴处，常见的树种有云杉、冷杉、铁杉、红豆杉等，文竹、杜鹃花、人参、三七、黄连、酢浆草、连钱草、观音座莲等草本及花卉中的杜鹃、地锦、兰草、中华常春藤等都属于阴性植物。这类植物的光饱和点和光补偿点都较低，其光合速率和呼吸速率也比较低。与喜光植物相反，它们在弱光下才能正常生长发育，阴暗湿润、北坡、密林底下都是耐阴植物的"家"。耐阴植物也很容易识别，它们的茎细长，叶薄，细胞壁薄，机械组织不发达，但叶绿素颗粒大，叶片呈深绿色。它们都具有耐阴能力，以森林群落而言，林下仅有很微弱的阳光，可是林下的耐阴植物哪怕只有 5% 的光照也能顽强地生长。

中生植物是介于阳性植物与阴性植物之间的植物。一般对光的适应幅度较大，在全日照下生长良好，也能忍耐适当的庇荫，或在生育期间需要较轻度的遮阴，大多数植物属于此类，如树木中的红松、水曲柳、元宝枫、椴树、罗汉松、杉木、侧柏、榕树、香梅，花卉中的月季、珍珠梅等。这类植物在全光照下生长较好，但能忍耐一定程度的庇荫，或是在生长发育期间，随株龄与环境不同，表现出不同程度的偏阳性或偏耐阴的特征，如红松幼苗较耐阴，20 年后比较喜光。

光饱和点和光补偿点，除受植物种类影响外，还随环境条件、生理状况和株龄的变化而变化。植物的发育、花芽的形成和分化、落叶时机的选择、休眠状态的交替均受很多复杂因素的影响，但首先要有体内的养分积累，当光照不足时，同化量减少，养分不足，花芽形成减少，即使已形成的花芽也将因养分不足而发育不良或早期死亡。在开花期或幼果期如光照不足，还将引起果实发育不良，甚至落果。

植物对太阳辐射的适应能力常用耐阴性来表示。因此，阳性植物的耐阴性最差，阴性植物的耐阴性强。我国北方地区常见树种的耐阴性由弱到强的次序大致为落叶松、柳、山杨、白桦、刺槐、臭椿、枣、油松、栓皮栎、白蜡树、辽东栎、红桦、白榆、水曲柳、华山松、侧柏、椴树、青杆等。

一般来说，阳性植物生长发育快，开花结果相对较早，寿命也较短，阴性植物正好与此相反。从植物的生境来看，阳性植物一般耐干旱瘠薄，抗高温、抗病虫害能力较强；而阴性植物则需要比较湿润、肥沃的土壤条件，抗高温、抗病虫害能力较弱。

植物的耐阴性一般相对固定，但外界因素（如年龄、气候、纬度、土壤等条件）的变化，会使植物的耐阴性发生细微的变化，如幼苗、幼树的耐阴性一般高于成年树木，随着年龄的增加，耐阴性有所降低；湿润温暖的条件下的植物耐阴性较强，而干旱寒冷环境中的植物则趋向于喜光；在土壤肥沃的环境下生长的植物耐阴性强，而长于瘠薄土壤的植物则趋向喜光。

②太阳辐射强度对园林植物生长发育的影响。太阳辐射是植物进行光合作用的能量来源，而光合作用合成的有机质是植物生长发育的物质基础，因此，太阳辐射能促进细胞的增大与分化，影响细胞分裂和伸长；植物体积的增大、重量的增加都与太阳辐射强度有紧密的联系，太阳辐射还能促进植物组织和器官的分化，制约器官的生长发育速度，植物体内各器官和组织保持发育上的正常比例与太阳辐射强度直接相关。

太阳辐射对种子发芽有一定的影响。植物种子的发芽对太阳辐射强度的要求各不相同，有的种子需要在光照条件下才能发芽，如桦树；有的植物需要在遮阴的条件下才能发芽，如百合科的植物。

太阳辐射影响着植物茎干和根系的生长。控制植物生长的生长素对光是很敏感的，在强光照下，大部分现成的激素被破坏，因此在高光强下，幼苗根部的生物量增加，甚至可以超过茎部生物量的增加速度，表现为节间变短、茎变粗、根系发达，很多高山植物节间强烈缩短成矮态或莲座状便是很好的例证。而在较弱的光照条件下，激素未被破坏，净生物量多用于茎的高生长，表现为幼茎的节间充分延伸，形成细而长的茎干，而根系发育相对较弱。同种同龄树种，在植物群落中生长的植株由于光照较弱，因而茎干细长而均匀，根量稀少，而散生的植株由于光照充足，茎干相对较矮且尖削度大，根系生物量较大。大多数树种在水分和温度适宜的情况下，可进行全光育苗，以获得高质量苗木。

太阳辐射影响植物的开花和品质。光照充足能促进植物的光合作用，使植物积累更多的营养物质，有助于植物开花。同时，由于植物长期对光照强弱的适应不同，开花时间也因光照强弱而发生变化，有的要在光照强时开花，如郁金香、酢浆草等，有的需要在光照弱时才能开花，如牵牛花、月见草等。在自然状况下，植物的花期是相对固定的，如果人为地调节光照，改变植物的受光时间，则可控制花期，以满足人们造景的需要。太阳辐射的强弱还会影响植物茎叶及开花的颜色，冬季在室内生长的植物的茎叶皆是鲜嫩淡绿色，春季移至直射光下，茎叶产生紫红或棕色色素。

③光照强度对植物形态的影响。植物在暗处生长，由于不能生成叶绿素，

就会产生黄化现象，表现为叶子不发达、形体小、侧枝不发育、机械组织分化差等特征，黄化植物经阳光照射后，可恢复正常形态。处于不同光照条件下的叶子会产生适应变态，如阳生叶和阴生叶。强光对植物胚轴的延伸有抑制作用，并能促进组织分化和木质部的发育，使苗木幼茎粗壮低矮，节间较短，还能促进苗木的根系生长，形成较大的根茎比率。利用强光对植物茎生长的抑制作用，可培育出矮化的更具有观赏价值的园林植物个体。林缘树木由于各方向所受光照强度不同，会使树冠向强光方向生长旺盛，向弱光方向生长不良，形成明显的偏冠现象。城市的行道树也会因受光不均，产生偏冠现象。

（3）光周期。

在不同的地区，日照时间长短随季节的更替而产生周期性的变化，这种周期性的变化称为光周期。生长在不同地方的生物通过进化已适应了日照时间长短的这种变化，称为光周期现象或植物的光周期性。

植物的光周期反应主要表现在诱导花芽的形成和开始休眠。根据植物对日照时间长短的反应，可以将植物分成以下四类。

①长日照植物。长日照植物在生长过程中需要发育的某一阶段每天有较长的光照时数，即日照必须大于某一时数（这个时间称为临界光期，通常为 14 小时）才能形成花芽，日照时间越长，开花时间越早。这类植物的原产地在长日照地区，即北半球高纬度地带。例如，北方体系植物中的小麦、大麦、天竺葵、唐菖蒲、紫茉莉、甜菜等都属于长日照植物。它们的开花期通常是在全年光照最长的季节里，如果人工施光，延长光照时间，就可使其提前开花；如果光照时数不足，植物停留在营养生长阶段，则不开花。

②短日照植物。与长日照植物相反，要求光照短于临界光期（通常需 14 小时以上黑暗）才能开花的植物称为短日照植物。暗期越长，开花越早，这种植物在长日照下是不会开花的，只能进行营养生长。我国南方体系的植物，如一品红、菊花、麻、烟草、蟹爪兰等，均属于短日照植物，它们多在深秋或早春开花，人工缩短日照时数，则可提前开花。

③中日照植物。这类植物要求日照与黑暗各半的日照时间才能开花。甘蔗是具有代表性的中日照植物，要求每天 12.5 小时的日照。

④日照中性植物。对光照时间长短不敏感，只要温度、湿度等生长条件适宜，就能开花的植物，如月季、仙客来、蒲公英、大丽花、紫薇等，这类植物受日照长短的影响较小。研究证明，在光周期现象中，对植物开花起决定作用的是暗期的长短，也就是说，短日照植物必须超过某一临界暗期才能形成花芽，长日照植物必须短于某一临界暗期才能开花。如果在暗期中间给予植物短暂的光照，即使光期总长度短于临界日长，由于临界期遭到中断，也使花芽分化被抑制，因此短日照植物不开花，而同样情况却可促使长日照植物开花。光周期不仅对植物的开花有影响，对植物的营养生长和休眠也有明显的作用。一般来说，延长日照能使植物生长期延长，缩短日照则使其生长减缓，促进芽的休眠。了解植物的光周期现象对植物的引种驯化工作非常重要，引种前必须特别注意植物开花对光周期的需要。园艺工作中也常利用光周期现象人为控制开花时间，以满足观赏需要。

第三节　近现代西方风景园林设计的生态思想发展

从19世纪下半叶至今，西方风景园林的生态设计思想先后出现了四种倾向：自然式设计，与传统的规则式设计相对应，通过植物群落设计和地形起伏处理，从形式上表现自然，立足于将自然引入城市的人工环境；乡土化设计，通过对基地及其周围环境中植被状况和自然史的调查研究，使设计切合当地的自然条件，并反映当地的景观特色；保护性设计，对区域的生态因子和生态关系进行科学的研究分析，通过合理设计减少对自然的破坏，以保护现状良好的生态系统；恢复性设计，在设计中运用种种科技手段恢复已遭破坏的生态环境。

一、自然式设计

18世纪，工业革命和早期城市化造成了城市中人口密集、与自然完全隔绝的单一环境，引起了一些社会学家的关注。为了将自然引入城市，同时受中国自然山水园的影响，英国自然风景式园林开始形成并很快盛行。但它只是改变了人们对园林形式的审美品位，并未改变风景园林设计的艺术本位观。正如唐宁所说，设计自然式风景园林就是"在自然界中选择最美的景观片段加以取舍，去除所有不美的因素"。

真正从生态学的角度出发，将自然引入城市的当推奥姆斯特德。他对自然风景园林极为推崇。运用这一园林形式，他于 1857 年在曼哈顿规划之初，就在其核心部位设计了长约 32 千米、宽 800 米的巨大的城市绿肺中央公园。1881 年开始，他又进行了波士顿公园系统设计，在城市滨河地带形成 2 000 多千米的一连串绿色空间。这些极具远见卓识的构想意在重构日渐丧失的城市自然景观系统，有效地推动了城市生态的良性发展。

受其影响，从 19 世纪末开始，自然式设计的研究向两方面深入。一是依附城市的自然脉络——水系和山体，通过开放空间系统的设计将自然引入城市。继波士顿公园系统之后，芝加哥、克利夫兰、达拉斯等地的城市开放空间系统也陆续建立起来。二是建立自然景观分类系统，作为自然式设计的形式参照系。例如，埃里沃特继奥姆斯特德之后为大波士顿地区设计开放空间系统时，先对该地区的自然景观类型进行了分析研究。

二、乡土化设计

乡土化设计是美国南北战争后中西部建设蓬勃发展的产物。奥姆斯特德的风景园林模式以外来植物为主，表现林地和草坪相间的旷野景观，并不适用于美国中西部地区的干旱气候和盐碱性土壤。为了提高植物成活率与乡土景观的和谐性，19 世纪末以西蒙兹、詹逊为代表的一批中西部风景园林建筑师开创了草原式风景园林，体现了一种全新的设计理念：设计不是想当然地重复流行的形式和材料，而要以适合当地的景观特色为特点，造价低，并有助于保护生态环境。

西蒙兹提议"向自然学习如何种植"，哈普林认为风景园林设计者应从自然环境中获取整个创作灵感。他在一本工作笔记中记录了独特的生态观，认为"在任何既定的背景环境中，自然、文化和审美要素都具有历史必然性，设计者必须充分认识它们，然后才能以之为基础决定在此环境中该发生些什么"。

在 1962 年开始的旧金山海滨牧场共管住宅的设计中，他先花费了两年时间调查基地，通过手绘生态记谱图的方法，把风、雨、阳光、自然生长的动植物、自然地貌和海滨景色等自然物列为设计考虑因素，最终完成的住宅呈簇状排列，自然与建筑空间相互穿插，在不降低住宅密度的同时留出更多的空旷地，保护了自然地貌，使新的设计成为当地长期自然变化过程中的有机组成部分。这一设计广受赞誉，合作者摩尔从中受到极大的启发。

为了能更科学地认识自然生态要素，哈普林对由现代建筑大师格罗皮乌斯创建的仅限于部分专业人员的集体创作思想进行了改革，推崇设计师与科学家及其他专家的广泛合作。这对风景园林设计向科学的方向发展起到了积极的推动作用。

三、保护性设计

保护性设计的积极意义在于它率先将生态学研究与风景园林设计紧紧联系到一起，并建立起科学的设计伦理观：人类是自然的有机组成部分，其生存离不开自然，但必须限制人类对自然的伤害行为，并担负起保护自然环境的责任。

早在 19 世纪末，詹逊受生态学家考利斯的影响，积极倡议对中西部自然景观进行保护。20 世纪初，曼宁提出应建立关于区域性土壤、地表水、植被及用地边界等自然情况的基础资料库，以便设计时参考，并首创了叠图分析法，但并未得到推广应用。

第二次世界大战后，以谢菲尔德和海科特为首的一些英国的风景园林建筑师开始提倡通过生态因子分析使设计有助于环境保护。海科特认为，对整体景观环境进行研究是设计工作的必要前提；所谓整体景观环境，应包括"土壤、气候及能综合反映各种生态因子作用情况的唯一要素——植物群落"。麦克哈格于 1969 年出版的《设计结合自然》一书直接揭示了风景园林设计与环境后果的内在联系，并提出了一种科学的设计方法——计算机辅助叠图分析法。其主要观点如下：

（1）肯定自然作用对景观的创造性，认为人类只有充分认识自然的作用并参与其中，才能对自然施加良性影响。

（2）推崇科学而非艺术的设计，强调依靠全面的生态资料解析过程获得合理的设计方案。

（3）强调科学家与设计人员合作的重要性。

麦克哈格开创了风景园林生态设计的科学时代。此后保护性设计主要往两个方向发展。一是以合理利用土地为目的的景观生态规划方法。由于宏观的规划更注重科学性，而非艺术性，最新的生态学理论（如生态系统理论、景观生态学理论等）往往首先在此得到运用。二是先由生态专家分析环境问题并提出可行的对策，然后设计者就此展开构想的定点设计。由于同样的问题可以有不同的解决方法，这类设计具有灵活多样的特点。例如，同样为了增加地下水回灌，纳绍尔在对曼普渥的两个旧街区进行改造时采用了大面积的沙土地种植乡土植物，而温克和格雷戈则在其位于丹佛的办公楼花园内设计了一整套暴露的雨水处理系统，将雨水收集、存储、净化后用于灌溉。

随着生态科学的发展，保护性设计经历了景观资源保护、生态系统保护、生物多样性保护等认识阶段。但近年来西方风景园林界开始注意到科学设计的负面效应。首先，由于片面强调科学性，风景园林设计的艺术感染力日渐下降；其次，鉴于人类认识的局限性，设计的科学性并不能得到切实保证。因此，生态设计向艺术回归的呼声日益高涨。

第四节　生态的风景园林设计

一、生态的风景园林设计模式

纵观近现代西方风景园林生态设计思想的发展，有两个特点发人深省：一是风景园林建筑师对社会问题的敏感性及责任感；二是其勇于及时运用最新生态科学成果的大胆创新精神。正因为如此，西方风景园林生态设计思想才得以不断更新和发展。西方风景园林界提出了生态展示性设计的概念；通过设计向当地民众展示其生存环境中的种种生态现象、生态作用和生态关系。以此为契机，通过研究前人的工作成果，提出四种融入生态学理念的风景园林设计模式：一是生态保护性设计；二是生态恢复性设计；三是生态功能性设计；四是生态展示性设计。

（一）生态保护性设计

通常在生态环境比较好的区域或具有文化保护意义的区域，为保护当地良好的生态环境和当地有历史文化价值的遗址等，按照生态学的有关原理，风景园林师对场地进行设计，使当地良好的生态环境免遭破坏，又通过风景园林的设计手法创造出符合大众审美的园林空间。例如，北京菖蒲河公园就是一项保护古都风貌、促进旧城有机更新的重要工程。该项目中采用了种种生态学的设计理念。

（二）生态恢复性设计

这种设计模式一般指的是工业废弃地的风景园林设计，由于原有的工业用地污染严重，区域的生态环境恶劣，如果不对环境进行改善，工业废弃地将很难作为城市的其他用地。而将它们变成绿地，不仅能改善生态环境，还可以将被工业隔离的城市区域联系起来。在绿地紧缺的城市，这对满足市民休闲娱乐的需要是行之有效的途径。

这个模式的风景园林设计一般是通过对有价值的工业景观的保留利用、对材料的循环使用、对污染的就地处理等一些融入生态学理论的设计手法，创造出注重生态与艺术的结合、适应现代社会、具有较高的艺术水准、融入生态思想与技术的园林景观。可以说这类园林景观一方面承袭了历史上辉煌的工业文明，另一方面将工业遗迹的改造融入现代生活，因此这些工业废弃地的更新设计并不仅是改变它荒凉的外貌，而是与人们丰富多彩的现代生活紧密联系在一起。例如，西雅图的炼油厂公园是这个设计模式最早、最典型、最成功的案例之一。

（三）生态功能性设计

这种设计模式指的是在设计项目中，以生态学理念为先导，主动应用生态技术措施，对场地进行合理、有效、科学的规划设计，使之既具有生态学的科学性，又具有风景园林的艺术美，从而达到设计目的，改善场地及周边环境，营造出与当地生态环境相协调的、舒适宜人的自然环境。例如，奥古斯堡巴伐利亚环保局大楼外环境设计。

（四）生态展示性设计

近年来，全民关注环境问题成为新的社会热点，基于环境教育目的的生态设计表现形式开始成为最新的研究方向。这种类型的设计模式是出于环境教育的目的，如成都活水公园。所设计的场地不是因为生态环境的恶化必须进行改造，而是通过设计，模拟自然界的生态演替过程，向当地民众展示其生存环境中的种种生态现象、生态作用和生态关系。

二、对风景园林设计中生态学思想的分析

（一）场地特征

在做一个项目之前，一个很重要的工作就是现场勘察，即必须遍访场地及其周边环境，观察并记录下各种外形的状况、所有细微及容易被忽视的方面。项目所在区域留下了各种遗迹、外形、布局。在设计中，注意那些人们认为真正的本质，或将其植入未来的整治中，是很有意义的。这种节约的设计手法能尽可能地使设计不至于脱离场所的个性。

在设计中尊重场地特征，就是要谨慎地遵循场地的特点，尽量减少对地形地貌的破坏、改造，将场地的自然特征和人工特征都保留下来，经过设计，使其得到强化。遵循场地特征做设计就像医生给病人看病一样，传统中医看病采用望、闻、问、切来了解病人的情况，现代医学采用各种技术手段、先进的仪器设备来诊断病人的病情。在设计中只有在外形和文化层面及在我们与实体的关系上，观察、调研、综合相互交织的现状条件、事物的联系和各种情况，做出的决定和设计方案才能得到灵感，即来自世界本身的灵感。通过最小干预的设计手法，创造出来的人工环境与周围的环境和谐、协调，如同场地中自然生长出来的一样。尊重场地特征、因地制宜、寻求与场地和周边环境密切联系、形成整体的设计理念已成为现代园林景观设计的基本原则。风景园林师并非刻

意创新，更多的在于发现，在于用专业的眼光观察、认识场地原有的特性，发现与认识的过程也是设计的过程。因此，最好的设计看上去就像没有经过设计一样，只是对场地景观资源的充分发掘、利用而已。这就要求设计师在对场地充分了解的基础上，概括出场地的最大特性，以此作为设计的基本出发点。就像"潜能布朗"所说的，每一个场地都有巨大的潜能，要善于发现场地的灵魂。

（二）地域性

地域文化是一定地区的自然环境、社会结构、教育状况、民俗风情等的体现，是当地人经过相当长的时间积累起来的，是和特定的环境相适应的，有着特定的产生和发展背景。设计应该适用于这种特定的场所，适宜特定区域内的风土人情、文化传统，应该挖掘其中反映了当地人精神需求与向往的深刻内涵。

所谓地域性景观，是指一个地区自然景观与历史文脉的总和，包括气候条件、地形地貌、水文地质、动植物资源及人的各种活动、行为方式等。人们看到的景物或景观类型都不是孤立存在的，都是与其周围区域的发展演变相联系的。园林景观设计应针对大到一个区域、小到场地周围的景观类型和人文条件，营建具有当地特色的园林景观类型和满足当地人们活动需求的空间场所。

当前，经济的迅猛发展并没有解决人类和谐生存的精神问题，幸福的概念也被物化。在全球人们开始关注文化本土化的问题，关注人类生存的根本问题，关注不同种群的历史生命记忆和独特的生存象征问题，关注人类文化不同的精神存在问题的大背景下，发展中国家文化传统的存在与可持续发展问题更加令人关注。此外，如何营造符合全球一体化趋势又具有地域文化特征和本国景观特色的城市形象，抵御外来文化的全面入侵与占领，成为世界各国风景园林设计师关注的焦点问题。

例如，在法国苏塞公园中，视线所及之处，林间宽阔的园路、多岔路口和林中空地构成法国传统的平原上的树林景观。巴黎雪铁龙公园的空间布局有着尺度适宜、对称协调、均衡稳定、秩序严谨的特点，反映出法国古典主义园林的影响。设计者充分运用了自由与准确、变化与秩序、柔和与坚硬、借鉴与革新、既异乎寻常又合乎情理的对立统一原则对全园进行统筹安排，雪铁龙公园继承并发展了传统园林的空间等级观念，延续并革新了法国古典主义园林的造园手法。

随着时代的发展，风景园林师吸收、融合国际文化，以创造新的地域文化或民族文化，但是不能离开赖以生存的土壤和社会环境，在设计中应该把握以下原则：

（1）将传统设计原则和基本理论的精华加以发展，运用到现实创作中；

（2）将传统形式中最有特色的部分提炼出来，经过抽象和创新，创造性地再现传统；

（3）尊重地域传统、环境和文化。

（三）植物群落

植物有很重要的生态作用，如净化空气、水体、土壤，改善城市小气候，降低噪声，监测环境污染等。风景园林设计应兼顾观赏性和科学性，以地带性植被为基础，保证植物的生态习性与当地的生态条件相一致。植物配置以乡土树种为主，体现本地区的植物景观特色。具体的植物配置应该以群落为单位，乔、灌、草相结合，注意植物之间的合理搭配，形成结构稳定、功能齐全、群落稳定的复合结构，以利于种间的相互补充、种群之间相互协调、群落与环境之间相互协调。

注重植物景观的营造，尤其是种植适应性强、管理粗放的野生植物和草本植物，甚至对外来植物进行引种驯化，保护生物的多样性。同时，利用对地形地貌、土壤状况和小气候条件的深刻了解，将植物的生命期和生长周期对景观的影响、植物群落的适应性和植物景观的季相变化作为风景园林设计理念的基本出发点。

例如，北杜伊斯堡风景园林工厂中的植被均得以保留，荒草也任其自由生长；在海尔布隆市砖瓦厂公园中，鲍尔保留了野草与其他植物自生自灭的区域；在奥古斯堡巴伐利亚环保局大楼的外环境设计中，设计师在最大限度保护好原有生境条件的前提下，根据具体情况，创造出不同的小生境，丰富植物群落景观，在有限的空间内共设计了10种不同的草地群落景观；在中山岐江公园中，设计师用水生、湿生、旱生乡土植物传达新时代的价值观和审美观，并以此唤起人们对自然的尊重，培育环境伦理。

（四）水处理

从前面的实例可以看出，风景园林设计中从生态因素方面对水的处理一般集中在水质的清洁、地表水循环、雨水收集、人工湿地系统处理污水、水的动态流动及水资源的节约利用等方面。

菖蒲河公园通过假山中藏着的一套水处理系统 24 小时工作，将河道中的水抽到净水装置中进行处理，然后排回河道，周而复始，循环利用。同时，在河道中栽植香蒲、芦竹、睡莲、水葱、千屈菜等 10 余种野生植物来保证水质的清洁。

成都活水公园充分利用湿地中大型植物及其基质的自然净化能力净化污水，并在此过程中促进大型动植物的生长，增加绿化面积和野生动物栖息地，有利于良性生态环境的建设。它模拟和再现了在自然环境中污水是如何由浊变清的全过程，展示了人工湿地系统处理污水工艺具有比传统二级生化处理更优越的污水处理工艺。

中山岐江公园中岐江河由于受到海潮的影响，水位每日有规律地发生变化，日水位变化达 11 米，故按照水位涨落的自然规律，通过人工措施加以适当调整和控制，满足观赏的要求，并采用了栈桥式亲水湖岸的方式，成功解决了多变的水位与景观之间的矛盾。在具体实践中，尝试了以下三种做法。

（1）梯田式种植台。在最高和最低水位之间的湖底修筑 3~4 道挡土墙，墙体顶部可分别在不同水位时被淹没，墙体所围空间回填淤泥，由此形成一系列梯田式水生和湿生种植台，它们在不同时段完全或部分被水淹没。

（2）临水栈桥。在梯田式种植台上，空挑一系列方格网状临水步行栈桥，它们也随水位的变化而出现高低错落的变化，都能接近水面和各种水生、湿生植物和生物。在视觉上，高挺的水际植物又可遮去挡墙及栈桥的架空部分，取得了很好的视觉效果。

（3）水际植物群落。根据水位的变化及水深情况，选择乡土植物形成水生—沼生—湿生—中生植物群落带，所有植物均为野生乡土植物，使岐江公园成为多种乡土水生植物的展示地，让远离自然、久居城市的人们能有机会欣赏到自然生态和野生植物之美。同时，随着水际植物群落的形成，许多野生动物和昆虫也得以栖居、繁衍。

在北杜伊斯堡风景园林中，水可以循环利用，污水被处理，雨水被收集，并引至工厂中原有的冷却槽和沉淀池，经澄清过滤后，流入埃姆舍河。在萨尔布吕肯港口岛公园，园中的地表水被收集，通过一系列净化处理后得到循环利用。

奥古斯堡巴伐利亚环保局大楼的外环境设计中更是贯彻了地表水循环的设计理念：充分利用天然降水，使其作为水景创作的主要资源，尽量避免硬质材料作为地面铺装，最大限度地让雨水自然均匀地渗入地下，形成良好的地表水循环系统，以保护当地的地下水资源。对硬质地面，利用地面坡度和设置雨水渗透口使雨水均匀地渗入地下。对半硬质地面，雨水直接渗入。屋面雨水大部分（60%~70%）通过屋面绿化储存起来，经过蒸腾作用向大气散发，其余部分则经排水管系统向地面渗透或储存，并为水景创作提供主要的水源。

同时，设计中水景的形式和容积是通过对屋面雨水的蓄积量计算来设计的。该建筑2/3的屋面进行了屋顶绿化，约有30%的屋面雨水，日常能保持在600立方米左右，这些为院落总水景设计提供了重要参数。

（五）废弃材料的利用

自然界是没有"废弃物"的，"废弃物"是相对于生态系统而言的，这样的物质在生态系统内是不能分解或者需要很长的时间才能分解的。随着生态学思想在风景园林中的运用，景观设计的思想和方法发生了重大的转变，它开始介入更为广泛的环境设计领域。设计师倡导对场地生态发展过程的尊重、对物质能源的循环利用、对场地的自我维持和可持续的处理技术。

在后工业时期，一些景观设计师提出并尝试了对场地最小干预的设计思路，在废弃地的改造过程中，北杜伊斯堡风景园林中原有的材料仓库尽量尊重场地的景观特征和生态发展的进程。在这些设计中，场地上的物质和能量得到了最大限度的循环利用，很多工业废弃地经历了从荒野到工业区，再转变为城市公园，成为市民的日常休闲场所。而场地中的残砖破瓦、工业废料、混凝土板、铁轨等都成为景观建筑的良好材料，它们的使用不但与场地的历史氛围很贴切，而且是"自然界是没有'废弃物'的"最好证明。

中山岐江公园是在保留原有造船厂自身特征的基础上，采用现代景观语言改造成的公园，其设计保留了船厂浮动的水位线、残留锈蚀的船坞及机器等。铁轨是工业革命的标志性符号，也是造船厂的重要元素，新船下水、旧船上岸都有赖于铁轨。设计者把这段旧铁轨保留下来，铺上白色的鹅卵石，两边种上杂草，制造了一种怀旧情调。

在北杜伊斯堡风景园林中，庞大的建筑和货棚、矿渣堆、烟囱、鼓风炉、铁路、桥梁、沉淀池、水渠、起重机等构筑物都予以保留，部分构筑物被赋予新的使用功能。高炉等工业设施可让游人安全地攀登、眺望，废弃的高架铁路可改造成为公园中的游步道，并被处理为大地艺术的作品，工厂中的一些铁架可成为攀缘植物的支架，高高的混凝土墙体可成为攀岩训练场……公园的处理方法不是努力掩饰这些破碎的景观，而是寻求对这些旧有的景观结构和要素的重新解释。设计也从未掩饰历史，任何地方都让人们去看、去感受历史，建筑及工程构筑物作为工业时代的纪念物被保留下来，它们不再是丑陋的废墟，而是如同风景园林中的景物供人们欣赏。

在萨尔布吕肯港口岛公园中，拉茨采取了对场地最小干预的设计方法，使原有码头上重要的遗迹均得到保留，工业的废墟（如建筑、仓库、高架铁路等）经过处理，得到了很好的利用，还有相当一部分建筑材料利用战争中留下的碎石瓦砾，成了花园的重要组成部分。西雅图油库公园是世界上对工业废弃地恢复和利用的典型案例之一。设计师哈格认为，应该保护一些工业废墟，包括一些生锈的、被敲破的和被当地居民废弃了多年的工业建筑物，以作为对过去工业时代的纪念。它的地理位置、历史意义和美学价值使该公园及其建筑物成了人类对工业时代的怀念和当今对环境保护的关注的纪念碑。

海尔布隆市砖瓦厂公园的设计谨慎地遵循基地的特点，尽量减少对地形地貌的改造，基地的自然和人工特征都被保留了下来，并经过设计而得到强化。砖瓦厂的废弃材料也得到再利用。砾石作为路基或挡土墙的材料，或成为土壤中有利于渗水的添加剂，石材砌成干墙，旧铁路的铁轨作为路缘。保护区外围有一条由砖厂废弃石料砌成的挡土墙，把保护区与公园分隔开来。

（六）自然演变过程

自然系统生生不息，不知疲倦，为维持人类生存和满足其需要提供各种条件和过程。自然是具有自组织或自我设计能力的。盖亚理论认为，整个地球都是一种自然的、自我设计中生存和延续的一个水塘，如果不是人工将其用水泥护衬或以化学物质维护，便会在其水中或水边生长出各种藻类、杂草和昆虫，并最终演化为一个物种丰富的水生生物群落。自然系统的丰富性和复杂性远远超出人为的设计能力。

自然系统的这种自我设计能力在水污染治理、废弃物的恢复及城市中地域性生物群落的建立等方面具有广泛的应用前景。湿地对污水的净化能力目前已广泛应用于污水处理系统中。成都活水公园植物塘、植物床系统由 6 个植物塘和 12 个植物床组成。这个系统仿造了黄龙寺五彩池的景观，并种有浮萍、凤眼莲、荷花等水生植物和芦荟、香蒲、茭白、水竹、菖蒲等挺水植物，伴生有各种鱼类、青蛙、蜻蜓、昆虫和大量微生物及原生动物，它们组成了一个独具特色的人工湿地塘床生态系统，在这里污水经沉淀吸附、氧化还原和微生物分解等后，有机污染物中的大部分被分解为可以吸收的养料，污水就变成了肥水，在促进系统内植物生长的同时，也净化了自身，水质明显得到改善。人工湿地塘床系统好似一个生态过滤池，污水通过这个过滤池可以得到有效净化。

滨海博物馆海尤尔领地景观设计中，吉尔·克莱芒认为海尤尔领地景观的再现就如同是一片熟地经过一场大火的焚烧后，许多乡土植物逐渐出现，呈现出具有返祖性的景观特色。那些具有惊人适应能力的植物会很快在火烧迹地上重新生长起来，形成先锋植物群落。面对各种外来植物的入侵，植物群落在竞争中演替，直至新的熟地出现。

（七）气候因子

风景园林设计中涉及的气候因子主要有太阳光、气温、风等，这些因子直接或间接地影响着设计的效果。在设计之始，就要融入环境理念，充分利用自然地形地貌配置道路、建筑、水体、植物等，减少土方开挖或土方就地平衡，保护和尊重原有自然环境。在规划布局中，应先分析场地的特定气候状况，充分利用其有利气候因素来改善场地的生态环境条件。

在设计中营造小气候环境，不但有利于植物的生长，节约能源，减少废弃物的排放，而且对园林的使用者来说，创造了宜人的生态环境，有利于人们的身心健康。

拉维莱特公园中的竹园采用了下沉式园林的手法，低于原地面 5 米的封闭性空间处理，形成了园内适宜的小气候环境。在排水处理上，遵循技术与艺术相结合的设计思想，在园边设置环形水渠，既解决了排水问题，又增加了园内的湿度。

竹园的照明设计采用类似卫星天线的锅形反射板，形成反射式照明效果，在将灯光汇聚并反射到园内的同时，将光源产生的热量一并反射到竹叶上，借此局部地改善竹园中的小气候条件，以促进竹子的生长。

（八）土壤因子

在风景园林设计中，植物是必不可少的要素，因而在设计中选择适合植物生长的土壤就很重要。对此，主要考虑土壤的肥力和保水性，分析植物的生态学习性，选择适宜植物生长的土质。特别是在风景园林的生态恢复设计模式中，土壤因子很重要，一般都需要对当地的土壤情况进行分析测试，采取相应的对策。常规做法是将不适合或污染的土壤换走，或在上面直接覆盖好土以利于植被生长，或对已经受到污染的土壤进行全面技术处理。采用生物疗法，处理污染土壤，增加土壤的腐殖质，增加微生物的活动，种植能吸收有毒物质的植被，使土壤情况逐步改善。比如，在美国西雅图油库公园，旧炼油厂的土壤毒性很高，几乎不适宜作为任何用途。设计师哈格没有采用简单且常用的用无毒土壤置换有毒土壤的方法，而是利用细菌来净化土壤表面现存的烃类物质，既改良了土壤，又减少了投资。

第六章　城市景观设计与生态融合

随着城镇化的发展，越来越多的人口涌入城市，使原本就十分脆弱的城市环境承受着巨大压力。人的整个生命过程对环境有着巨大的影响，如何通过合理的风景园林生态设计来改善城市环境并满足人们的需求，是目前设计工作者研究的热点。本章将对城市景观设计与生态融合进行分析。

第一节　城市滨水区多目标景观设计途径

城市滨水区作为城市中人类活动与自然过程共同作用强烈的地带之一，其规划涉及多学科、多方面的问题，要求设计人员从综合的视角进行多目标的规划设计。以浙江省慈溪市三灶江两岸的景观设计为例，阐述进行城市滨水区多目标景观设计的一些理念与方法。同时认为目前国内的滨水区规划仍存在目标单一和片面的不足，进一步提出了旨在协调人与自然关系的景观设计应是多目标的。

城市滨水地带的规划和景观设计，一直是近年来的热点。滨水区设计的一个最重要的特征，在于它是复杂的综合问题，涉及多个领域。作为城市中人类活动与自然过程共同作用强烈的地带之一，河流和滨水区在城市中的自然系统和社会系统中具有多方面的功能，如水利、交通运输、游憩、城市形象及生态功能等。因此，滨水工程就涉及航运、河道治理、水源储备与供应、调洪排涝、植被及动物栖息地保护、水质、能源、城市安全及建筑和城市设计等多方面的内容。这就决定了滨水区的规划和景观设计，应该是一种能够满足多方面需求的、多目标的设计，要求设计人员能够全面、综合地提出问题和解决问题。本书以浙江省慈溪市三灶江两岸风貌景观设计为例，阐述进行多目标滨水景观设计的一些理论与方法。

一、现状条件概述

三灶江（又名新城河）位于浙江省慈溪市，该河流具有以下几个特点。

（1）位于即将形成的新的城市中心。慈溪市新的城市发展战略为东延北拓，其中市政府将东迁至三灶江沿岸，所带动的一系列新的大型公共建筑的兴建均集结在三灶江的两岸，从而使该地区成为未来新的城市中心，而三灶江也因而成为重要的城市轴线。这就要求它必须与城市功能密切结合，提供良好的景观和丰富多样的滨水活动空间，形成具有活力的城市滨水区域。

（2）属于慈溪市的骨干河网，担负着城市的防洪排涝、蓄水和生态功能。

（3）塑造城市精神的重要载体。作为慈溪市未来的景观中轴线，三灶江在体现城市个性风貌、历史文化方面负有重要的使命。

二、问题的提出

在对现状条件充分了解的基础上，发现其中存在的问题并找到下一步设计的切入点，是设计中至关重要的一步。因为景观设计不是纯形式意义上的游戏，景观设计旨在解决问题，而发现问题是设计的开始。对于滨水地带的景观设计，它的复杂性和综合性就更加要求设计人员多角度、多层次地去思考和发现、运用多学科的知识，从更广阔的视野范围内来综合分析。

通过现场踏勘、地方文献的阅读、咨询规划部门，特别是征询水利部门的意见，我们综合提出了三灶江两岸景观设计所必须解决的问题。

（1）防洪问题：三灶江是慈溪市的规划骨干河流之一。防洪排涝是其主要的功能。

（2）水量问题：慈溪市属于缺水城市，平常水量有限，三灶江的水源为雨水，70 m 的规划河道难以恒常丰水。

（3）水质问题：地势平坦，水体流动性差，水质较差。

（4）河流与城市功能的结合问题：三灶江两岸作为未来的城市中心，如何使水系规划与城市功能相得益彰。

（5）亲水性问题：水面与地面高差达 1.5 m，河流亲水性差，河岸处理至关重要。

（6）滨水区可达性和连续性问题：城市支路紧邻河堤，交通混杂，滨水区可达性差，东西向城市道路损害河流廊道的连续性。

（7）水体面积减少问题：慈溪属于填海造地形成城市，规划范围原本河网密集，而在未来的规划中只保留拓宽后的三灶江和四灶江，水体面积和河网密度急剧缩减，给城市防洪、排涝和地下水的平衡带来不利影响。

（8）城市历史的延续性问题：慈溪是典型的江南水乡城市，围海造田的历史和独特的水乡文化，使河流、水道与城市的社会生活和历史文化紧密相依，而在新的城市建设中，水网的形态可能发生彻底的改变，与之相关的城市记忆也将难以保存。

三、对问题的整理与目标的提出

上述问题比较零散，仔细考察，可以归结为三个方面的内容：对水系本身和水系生态的治理和设计、城市功能布局与城市结构、景观和历史文化。在此基础上，我们提出了本次滨水区景观设计的多层次复合目标。

（1）安全、稳定、健康的基础水环境。水系要能满足城市防洪排涝的要求，有较稳定的水源补给。同时应具有健康的生态状况，包括对污染的治理及自然生态系统功能的恢复和健全。

（2）良好的经济和社会效益。水系应能够充分地与城市生活相融合、促进，带动城市商业和经济的发展，为市民提供休闲游憩的场所。

（3）积极的精神文化意义。水系应能够塑造和承载城市的景观特色和文化内涵，成为城市个性和地方精神的代表。

四、解决途径与规划方案的提出

景观设计要面向目标，立足于解决问题。根据目标的三个层次，我们的设计可以相应分为以下三部分内容。

第一，水系规划和设计，同时包括以其为基础的绿地系统的设计；

第二，土地利用规划和设计，主要包括以水系为基础的城市功能、布局和城市形态；

第三，历史文化解释系统的规划和设计。

每一部分都面向实现本层次的目标，并针对问题和制约因素提出了有效的解决方案。其中，水系是本次设计的中心，也是整合和联系三部分内容的基本框架。

1. 水系规划和设计——建立安全、稳定、健康的水环境

其内容包括水系治理与河流生态的建设，以实现一个安全、稳定、健康的基础水环境，它是进行其他滨水区域市开发的基本前提。对此我们提出了两套水系、循环利用水系设计方案。

（1）两套水系。

根据三灶江两岸未来的城市功能局面，其西岸为未来的市级大型公共设施所在地，包括市政府、体育中心、会展中心等，而东岸则几乎全部以居住用地为主。综合这种特点，我们将三灶江设计为功能、流向、水质、水位、宽度、深度各不相同的两条河流，以长堤为界，并与场地内其他支流构成水系。各自结合流经区域内不同的城市功能，发挥不同的效应，东部为生态水系，西部为景观水系。该方案可以综合解决本次规划提出的诸多基础问题，构筑三灶江两岸景观风貌的基本格局。

东部生态水系主要解决防洪、蓄水和水质问题，同时兼顾景观功能，包括拓宽、挖深三灶江主河道，保证防洪、排涝所需的宽度和深度，解决防洪问题，加宽河道，建立滨河滩地，形成自然的湿地生态系统，实现水体的生态净化，部分地解决水质问题，利用横河江和潮塘江两个规划中的城郊公园，建立两个大型湿地湖泊，保留有特色的水乡农业，扩大的水面增加了水体对降雨的调蓄能力，有利于防洪的同时增加蓄水面积。

西部景观水系主要解决亲水利用的问题。在三灶江主河道西侧新建两条平行于主河道的景观溪流，宽度 10~15 米，水深 1.0 米左右，岸高 0.5~1.0 米。利用生态循环净化系统为其提供清洁水源，以弥补三灶江主河道水位低、水质差的不足。它结合城市人流较多、活动丰富的大型公共设施和开放空间，设计

形成多样的水位和亲水堤岸，满足城市生活多样的亲水需求。

（2）水循环和能量利用。

自然状态下三灶江的主流向是从南向北的，但在大部分时间里，河流没有明确流向，水体流动性差，水质难以保证。因此在规划中，我们结合各区不同的亲水要求所形成的水位差，通过建立堰坝、水闸、风能水泵等水利基础设施改善水的循环，使三灶江主河道潮塘江至前应路区段水流方向从北向南，之后沿景观溪流由南向北流动。雨季时，堰坝打开水闸，放水泄洪，使整条三灶江主河道流向变为从南向北。这套水循环的建立主要通过风能和太阳能（慈溪属滨海城市，风力资源丰富，同时可再使用太阳能作为补充能源，通过估算所需水泵功率约 15 千瓦，选用适宜的风力和太阳能发电装置均可满足此要求）来带动，利用滨海地区丰富的风力资源，形成良好的景观，同时也是江南水利文化的延续，具有环境教育功能。

（3）雨水综合利用。

雨水是三灶江的主要水源，因此对雨水的收集和综合利用非常重要，应建立完整的雨水收集、净化、蓄积和循环系统。它包括保留并梳理现状零散的河渠沟塘，依照城市的功能，与社区绿地系统相结合，建构新的水系。它既是贯穿社区间的滨水休闲网络，也是一套暴雨时的自然排水系统，以替代水的管道系统，具有滞流、过滤、减少径流量和补给地下水的综合功能，并且，它也是一套雨水收集系统，实现了雨水的初次过滤、沉淀和生物净化，随后排入三灶江主河道作为河流的部分水源补给。

保护并增加现有的水体面积，建立湿地湖泊以蓄积雨水，实现在丰水和枯水季节均有良好的景观。同时在滨水地带加强地被植物的种植，推行生态河岸的设计，建设半自然的湿地系统，以更好地发挥生物净化功能。为景观水系单独建立一套人工湿地系统，对水体进行二次生物过滤，以达到国家有关景观用水的水质要求。整个河段通过所建立的水循环保证水体的流动性。

2. 土地利用规划和设计——实现良好的经济和社会效益

内容包括以水系为基础，组织城市功能，建立城市形态，使水系充分地融入城市生活，带动城市商业和经济的发展，为市场提供休闲游憩的场所，实现良好的经济和社会效益。具体措施如下。

（1）水系与城市功能相结合。

规划方案实现了不同水位、不同水景与不同城市功能区、城市活动和城市场所的结合。根据三灶江两岸的未来功能布局，西岸主要是市级公共设施所在地。

（2）城市、社区间的绿色休闲网络。

规划没有单纯强调一条河流的规划，而是强调整个水系的建设。通过水系河网的建立构成社区间的绿色网络，联系了每栋住宅的庭院绿地、每个社区的绿地、城市公共绿地、公园和开放空间，成为社区间、社区与城市间联系的纽带，成为一个没有机动车的绿色休闲体系，它是对传统水乡城市格局和生活方式的新的延续。

（3）生态基础设施的建立，提高了土地的价值，带动土地的开发。

由于本次规划整合了整个区域内的水系和绿地系统，使其构成了完整和较为独立的基础体系，因此可以将其作为生态基础设施，与市政基础设施一起进行先期建设，纳入由政府实施的土地整备和一级开发。它一方面保证了绿地系统的完整结构和功能，另一方面改善了土地的开发环境，提升了土地的价值，实现了良好的经济和社会效益。

3.景观和历史文化体系的规划和设计——塑造优美的景观，体现地方精神

（1）历史挖掘。

景观的塑造应体现地方精神，因此规划首先要做的是对历史文化的解读，它包括场地深层次的历史内涵和即将消失的生活记忆。这部分工作主要通过文献阅读分析和现场的踏勘、体验、记录来完成。

①深层历史：围垦文化、移民文化、青瓷文化是慈溪的三大文化。其中，千年来先民们的围垦活动是塑造今日慈溪地方景观的基本动因，唐涂宋地，倚山向北围垦形成的土地景观的演替和纵横交错的水网络最富慈溪地方特色。根据历史文献的记载，我们绘制了一系列的历史地图和土地景观画面，解析了规划区域的深层次历史。今天看到的三灶江两岸的城市区域，从汉唐年间开始，经历了从海洋、盐沼、盐田、棉田、农区到城市的漫长演变过程，如今这些景

观都已不再，唯一遗留的是经过场地的三个石塘——大古塘、周塘和潮塘的遗迹，诉说着曾有的填海历史。同时，这种土地时间维度的景观历史，今天仍展开在整个区域范围的空间维度上，从城市南郊的山林到海边正在修筑的海塘、山海之间，从城市到村庄农田，再到滩涂鱼塘，慈溪演变的历史依然在上演。

②场地记忆：规划场地现状仍保留着城郊村镇的水乡格局，其中所蕴含的生活场景，作为普通人的记忆，在新的城市建设中，同样应得到适当的保留。它包括现状水网和街区的纵向平面肌理，旧的河堤、石桥、埠头，小面积的稻田村舍，以及乡土植物群落等。

（2）具体规划措施。

①建立区域性的遗产廊道和解说系统

建议将三灶江的滨河绿带继续延伸至城郊，建立山海之间一条完整的区域性遗产廊道，讲述土地的故事，展示山海之间一系列的景观深化和不同年代的旧塘遗迹，成为城市最好的环境教育和休闲廊道。

建立场地内的解说系统，包括解说牌和博物馆，标明历史遗迹，同时可用历史剖面讲述每块土地的历史。

②景观设计体现地方精神和场地记忆。

三灶江两岸的景观设计，从对场地历史内涵的解读中获得灵感。将土地所经历的5种类型景观——海洋、盐沼、盐田、棉田、农田作为三灶江沿岸5个重要节点景观设计的基本概念，如市政广场、体育会展区广场等，用抽象和现代的语言形式进行讲述。而对于人价值的场地记忆，则作为历史碎片与新的社区绿地相结合，成为有意蕴的社区中心。在绿化规划中则强调了对乡土植物的使用。

目前国内的滨水区规划，包括从城市规划角度出发的规划设计和水利部门的河流治理，都往往存在着一定的片面性，未能将滨水区的问题予以综合理解和综合解决。而景观设计学，作为一门正在发展中的更为综合的学科，其优点之一在于可以从比其他学科更广阔的视野范围来解决问题，综合建筑学、艺术、城市规划、地理学、生物学和生态学等多学科的知识，提出更完善的解决方案。景观设计学更善于综合地、多目标地解决问题，同时掌握关于自然系统和社会系统两方面的知识，懂得如何协调人与自然关系的景观设计师，更应努力发挥其综合优势，致力于更完善的滨水区建设，而多学科的知识和综合分析的能力也应是景观设计人员首先应具备的基本素质。本次规划作为进行多目标滨水景观设计的一次尝试，运用了综合的知识、方法，进行综合的分析和设计，以期实现综合的目标。

第二节　城市公园的景观生态设计原则

一、异质性原则

景观异质性导致景观的复杂性与多样性，从而使景观生机勃勃、充满活力、趋于稳定。因此，在对文华公园这种以人工生态主体的景观斑块单元性质的城市公园设计的过程中，以多元化、多样性，追求景观整体生产力的有机景观设计法，追求植物物种多样性，并根据环境条件之不同处理为带状（廊道）或块状（斑块），与周围绿地整合起来。

二、多样性原则

城市生物多样性包括景观多样性，是城市人们生存与发展的需要，是维持城市生态系统平衡的基础。文华公园的设计以其园林景观类型的多样化，以及物种的多样性等来维持和丰富城市生物多样性。因此，物种配置以本土和天然为主，让地带性植被——南亚热带常绿阔叶林等建群种，如侵萍婆、秋枫、樟树、白木香等作为公园绿化材料的主角，让野生植物、野草、野灌木形成自然绿化，这种地带性植物多样性和异质性的设计，将带来动物景观的多样性，能诱惑更多的昆虫、鸟类和小动物来栖息。例如，在人工改造的较为清洁的河流及湖泊附近，蜻蜓各类昆虫十分丰富，有时具有很高的密度。而高草群落（如芦苇等）、花继木、地被植被附近，将会吸引各种蝴蝶，这对于公园内少儿的自然认知教育非常有利。同时，公园内，随着景观斑块类型的多样性的增加，生物多样性也在增加，为此，应首先增加和设计各式各样的园林景观斑块，如观赏型植物群、保健型植物群落、生产型植物群落、疏林草地、水生或湿地植物群落。

三、景观连通性原则

景观生态学名用于城市景观规划，特别强调维持与恢复景观生态过程与格局的连续性和完整性，即维护城市中残遗绿色斑块、湿地自然板块之间的空间联系，这些空间联系的主要结构是廊道，如水系廊道等。

除了作为文化与休闲娱乐走廊外，还要充分利用水系作为景观生态廊道，将园内各个绿色斑块联系起来。滨水地带是物种最丰富的地带，也是多种动物的迁移通道。要通过设定一定的保护范围（如湖岸 50 米的缓冲带）来连接整个园内的水际生态与湖水景观的保护区。

在园内，将各支水系贯通，使以水流为主体的自然生态流畅、连续，在景观上形成以水系为主体的绿色廊道网络。在设计的同时，充分考虑了上述理想的连续景观格局的形成。一方面，开敞水体空间，慎明渠转暗，使市民充分体验到"水"这一自然的过程，达到亲水的目的；另一方面，节制使用钢筋水泥、混凝土，还湖的自然本色，以维护城市中难得的自然生境，使之成为自然水生、湿生及旱性生物的栖息地，使垂直的和水平的生态过程得以延续。同时，亦可减少工程造价。

四、生态位原则

所谓生态位，即物种在系统中的功能作用及时间与空间中的地位。文华公园设计充分考虑系统构成名植物物种的生态位特征，合理配置选择植物群落。在有限的土地上，根据物种位原理实行乔、灌、藤、草、地被植被及水面相互配置，并且选择各种生活型（针阔叶、常绿落叶、旱生湿生水生等）及不同高度和颜色、季相变化的植物，充分利用空间资源，建立多层次、多结构、多功能科学的植物群落，构成一个稳定的长期共存的复层混交立体植物群落。景观整体优化原则从景观生态的角度来看，文华公园即是一个特定的景观生态系统，包含有多种单一生态系统与各种景观要素。为此，应对其进行优化。首先，加强绿色基质。由于文华公园独特的自然环境、生态条件及佛山市民对生态、自然景观空间的重视与追求，使得公园内绿地面积超过总用地面积的 85%(含湖面水体)。公园绿地作为景观基质（ 面积占 73% ），设计将所有园路种上树冠宽大的行道树或草皮，形成具有较高密度的绿色廊道网络体系。其次，强调景观的自然过程与特征，设计将公园融入整个城市生态系统，强调公园绿地景观的自然特性，优先考虑湖面、河涌的无完整性与可修复性，控制人工建设对水体与植被的破坏，力求达到自然与城市人文的平衡。

五、缓冲带与生态交错区原则

作为公园内湖泊、河涌的缓冲区湖滨湿地景观设计将注意以下四个方面。

第一，按水流方向，在紧临湿地的上游提供缓冲区，以保障在湿地边缘生存的物种的栖息场所与食物来源，保持景观中物种的连续性。

第二，在温地中建立走道来规范人类活动，防止对湿地生态系统的随意破坏。

第三，为保持亲水性与维持生态系统完整性间的矛盾，或者湖滨水位变化与植物配置方法间的矛盾，采取挺水植物、浮水植物与沉水植物搭配的方式，设计临水栈桥来解决，其中栈桥随水位错落叠置变化。

第四，为避免湿地或湿地植被产生的臭味影响，将通过植物类型的搭配，使植物与植枝落叶层形成一个自然生物滤器来控制臭味，并阻止杂草生长，进而控制昆虫的过量繁殖，避免在感观上造成负面影响。而湿地中树木的碎屑为其中的各种鱼类繁殖提供了必需的多样化的生境。

第三节　城市湿地景观的生态设计

由于人类与湿地相互储存的关系，1971 年 2 月在伊朗拉姆萨通过的《关于特别是作为水禽栖息地的国际重要湿地公约》(以下简称《湿地公约》)，旨在认证、保护并促进合理使用全球范围内具有重要生态意义的湿地系统。随着对湿地重要性认识的提高，许多国家也积极投入对各类广义湿地的保护和恢复的行动中，包括在规划人类居住区时更多地考虑体现其自然环境的意义。

一、为什么要对城市湿地景观进行生态设计

湿地环境是与人们联系最紧密的生态系统之一，对城市湿地景观进行生态设计，对加强对湿地环境的保护和建设具有重要意义。首先，能充分利用湿地渗透和蓄水的作用，降解污染，疏导雨水的排放，调节区域性水平衡和小气候，提高城市的环境质量。其次，将为城市居民提供良好的生活环境和接近自然的休憩空间，促进人与自然和谐相处，促进人们了解湿地的生态重要性，在环保和美学教育上都有重要的社会效益。一定规模的湿地环境还能成为常住或迁徙途中鸟类的栖息地，促进生物多样性的保护。此外，利用生态系统的自我调节功能，可减少杀虫剂和除草剂等的使用，降低城市绿地的日常维护成本。

二、如何对城市湿地景观进行生态设计

1. 保持湿地的（系统）完整性

湿地系统，与其他生态系统一样，由生物群落和无机环境组成。特定空间中生物群落与其环境相互作用的统一体组成生态系统。在对湿地景观的整体设计中，应综合考虑各个因素，以整体的和谐为宗旨，包括设计的形式、内部结构之间的和谐，以及它们与环境功能之间的和谐，才能实现生态设计的目的。

调查研究原有环境是进行湿地景观设计前必不可少的环节。因为景观的规划设计，必须建立在对人与自然之间相互作用的最大化的理解之上。对原有环境的调查，包括对自然环境的调查和对周围居民情况的调查，如对原有湿地环境的土壤、水、动植物等的情况，以及周围居民对该景观的影响和期望等情况的调查。这些都是做好一个湿地景观设计的前提条件，因为只有掌握原有湿地的情况，才能在设计中保持原有自然系统的完整，充分利用原有的自然生态掌握居民的情况，则可以在设计中考虑人们的需求。这样能在满足人们需求的同时，保持自然生态不受破坏，使人与自然融洽共存。这才是真正意义上保持了湿地网络系统的完整性。

利用原有的景观因素进行设计，是保持湿地系统完整性的一个重要手段。利用原有的景观因素，就是要利用原有的水体、植物、地形地势等构成景观的因素。这些因素是构成湿地生态系统的组成部分，但在不少设计中，并没有利用这些原有的要素，而是另起一格，按所谓的构思肆意改变，从而破坏了生态环境的完整及平衡，使原有的系统丧失整体性及自我调节的能力，沦为仅仅是美学意义上的存在。

2. 植物的配置设计

植物是生态系统的基本成分之一，也是景观视觉的重要因素之一。因此，植物的配置设计是湿地系统景观设计的重要一环。对湿地景观进行生态设计，在植物的配置方面，一是应认识到植物的多样性，二是尽量采用本地植物。

多种类植物的搭配，不仅在视觉效果上相互衬托，形成丰富而又错落有致的效果，对水体污染处的处理功能也能够互相补充，有利于实现生态系统的完全或半完全（配以必要的人工管理）的自我循环。具体地说，植物的配置设计，从层次上考虑，有灌木与草本植物之分，挺水（如芦苇）、浮水（如睡莲）和沉水植物（如金鱼草）之别，将这些各种层次上的植物进行搭配设计：从功能上考虑，可采用发达茎叶类植物以有利于阻挡水流，沉降泥沙，发达根系类植物以利于吸收等的搭配。这样，不仅能保持湿地系统的生态完整性，带来良好的生态效果，而且在进行精心的配置后，或摇曳生姿，或婀娜多姿的多层次水生植物还能给整个湿地的景观创造一种自然的美。

采用本地的植物，是指在设计中除了特定情况，应利用或恢复原有自然湿地生态系统的植物种类，尽量避免外来种。其他地域的植物，可能难以适应异地环境，不易成活；在某些情况下又可能过度繁殖，占据其他植物的生存空间，导致本地植物在生态系统内的物种竞争中失败甚至灭绝，严重者成为生态灾难。在生态学史上，不乏这样的例子（生物入侵）。维持本地种植物，就是维持当地自然生态环境的成分，保持地域性的生态平衡。另外，构造原有植被系统，也是景观生态设计的体现。

3. 水体岸线及岸边环境的设计

岸边环境是湿地系统与其他环境的过渡，岸边环境的设计，是湿地景观设计需要精心考虑的一个方面。在有些水体景观设计中，岸线采用混凝土砌筑的方法，以避免池水漫溢。但是，这种设计破坏了天然湿地对自然环境所起的过滤、渗透等作用，还破坏了自然景观。有些设计在岸边一律铺以大片草坪，这样的做法，仅从单纯的绿化目的出发，而没有考虑到生态环境的功用。人工草坪的自我调节能力很弱，需要大量的管理，如人工浇灌、清除杂草、喷洒药剂等，残余化学物质被雨水冲刷，又流入水体。因此，草坪不仅不是一个人工湿地系统的有机组成，相反加剧了湿地的生态负荷。对湿地的岸边环境进行生态的设计，可采用的科学做法是水体岸线以自然升起的湿地基质的土壤沙砾代替人工砌筑，还可建立一个水与湿地的自然调节功能，又能为鸟类、两栖爬行类动物提供生活的环境，还能充分利用湿地的渗透及过滤作用，带来良好的生态效应。从视觉效果上来说，这种过渡区域能带来一种丰富、自然、和谐又富有生机的景观。

三、城市湿地景观生态设计的实例分析

随着对自然湿地作用的深入认识，世界上城市水体景观设计也逐渐从纯粹的水景设计过渡到对湿地系统的设计或改造。在进行湿地的景观设计时，除了考虑美学上的功能外，生态功能也是首要考虑的因素之一。下面，对国内外的一些实例进行分析，以说明如何在对湿地系统进行景观设计时，兼顾美学与生态。

1. 安姆斯（AMES）湖计划——美国圣保罗市

美国圣保罗市的 PHALEN 购物中心，于 1960 年左右建于一个填平的小湖区上，由一个可容纳 100 多辆车的停车场和一排一层结构的商店组成。后来，这个购物中心由于商业区迁移而被废弃。1998 年，圣保罗市政府决定恢复原来的安姆斯湖，重建为湿地公园。目的是将不远的 PHALEN 湖区与密西西比河连接起来，恢复野生动物走廊，同时为当地居民提供一片无须远足便可领略的自然风貌。在对地下和地表水体、土壤结构、居民意见等进行详细的调查论证以后，项目实施的第一步是彻底移去所有的人工建筑、蓄水盆地和小运河通道。然后，在底部填入腐殖质丰富的淤泥层，以构造接近自然状态下的土壤结

构。接下来，引入活水，在水体内外栽种多种原生的沉水、浮水、挺水和旱生植物，构筑完整的湿地生态景观。最后，在湿地周边种植一片传统型的公园草坪和若干种类的城市绿化树木，建立一条绿化带：此举一来可做游人野炊休息场所，二来是在居民区与湿地区之间形成过渡。原来的水泥停车场和年久失修的商店建筑用地上，如今清水潺潺、草木茂盛。这是城市湿地景观重建的一个例子，它说明，即便是一片不大的空间，经过科学的生态设计，也能达到重建生态系统、兼顾生态良性循环和为城市生活服务的目的。

2. 湿地中心（The Wetland Center）——英国伦敦

2000 年夏天正式向大众开放的伦敦湿地中心，紧邻繁忙的希思罗（Heathrow）国际机场，距离伦敦市中心不到 6 千米，被誉为展示在未来的世纪里人类与自然如何和谐共处的一个理想模式。它是由一系列大小不一的池塘和错落有致的植被组成的生态组群。这里 6 年前还只是泰略士思考南岸 4 个废弃的混凝土水库的旧址，英国野生鸟类和湿地基金会耗资 2 500 万美元，引水排淤，分隔水域，种植了 30 多万株水生植物和 3 万多棵树，将其改造成为现今欧洲最大的城市人工湿地系统。该中心占地 43 公顷，分割为 30 多片湿地，由世界湿地区、水生生物区及一个现代化的游览中心组成。若干条步行小径贯穿全区。世界湿地区如同一个湿地博览馆，通过构造不同的土壤结构、植被类型，真实展示了 14 种世界不同地域的湿地，如尼罗河的水鸟，在各处安家落户。由于科学的规划和管理，各个湿地区虽是开放体系，却相对独立，自成一格，确保外来和本地物种的界限。水生生物区则通过生动灵活的设计，如水下观测窗，让人们从各个侧面观察生活在水中的生物。湿地中心的大面积水域和植被，使之成为伦敦地区小环境气候和空气质量的有力调节。另外，由于良好的栖息环境，这里也吸引了大量野生鸟类，据中心记录观察到的便有 130 多种。这是一个在城市边缘创造丰富的生物多样性的生态环境，以连接城市人们和自然环境为目的的成功的景观模式。

3. 活水公园——中国成都

四川省成都市的活水公园，是我国第一例以水为主题的城市生态景观公园。这一占地 2.0 公顷的公园，坐落于成都市的护城河——府河上。府河与南河，是公元前 250 年人工开凿的引水分流系统的 2 支，总称府南河，两千多年来，与成都人民的生活息息相关，密不可分。然而，随着人口的增长、城市经济的发展，府南河的严重污染问题日益受到人们的关注。活水公园的方案，便是在市政府为期 5 年的府南河综合治理工程背景下启动的。这是一个集现代意识和传统园林于一体的公园，蕴含了丰富的文化、艺术和生态意义。

活水公园的创意者，美国水的保护者组织的创始人贝西·达蒙（Betsy Damon）女士，同其他设计者一起，吸收了中国传统的美学思想，取鱼水难分的象征意义，将鱼形剖面图融入公园的总体造型，全长 525 米，宽 75 米，喻示着人类、水与自然的依存关系。

公园起始的鱼嘴部分，拆除部分河岸堡坎，用地方石材砌筑台阶式浅滩，栽种有大量的天竺葵、桢楠、黑壳楠、桫椤、连香、含笑等植物，乔木、灌木、草本植物等的配置，参照峨眉山自然植物群落。两架川西水车，将府河水泵入全园最高处的鱼眼蓄水池。临河仿照旧有木构民居建——三层通透式茶楼，以供游人品茶休息。河水继续流入水流雕塑群代表的肺区，这里利用气旋，使水流如山涧溪流般回旋跳跃，生动地体现了活水曝气的意义。鱼鳞状的人造湿地系统，是一组水生植物塘净化工艺设计，错落有致地种植了芦苇、菖蒲、凤眼莲、水烛、浮萍等水生植物，对吸收、过滤或降解水中的污染物，各有功能上的侧重。蜿蜒的塘边小道、塘中木板桥，营造出九寨沟黄龙风景区的意境。经过湿地植物初步净化的河水，接着流向由多个鱼塘和一段竹林小溪组成的鱼腹，在那里通过鱼类的取食（浮游动植物）、沙子和砾石的过滤（鱼类的排泄物），最后流向公园末端的鱼尾区。至此，原来被上游污染源和城市生活污水污染的河水，经过多种净化过程，重新流入府河。每天，活水公园的流量可达 200 立方米，该流量当然不足以改变整条河流的水质，却足以让游人在顺流而下的途中，亲眼看见死水被渐渐激活，逐步净化，最后变为活水的过程，其对人们的环境生态观念的影响是深远而成功的。

活水公园在植物的配置、景观的处理、造园材料的选择上，妙趣天成，通过具有地方性景观特色的净水处理中心、川西自然植物群落的模拟重建，以及地方特色的园林景观建筑设计，组成全园整体，对环境的主题进行了多方位的诠释，可以说是城市湿地景观生态设计的一个完整而又生动的例子。活水公园由于在生态、美学、文化、教育功能上的完美结合获得了包括 1998 年联合国人居奖在内的多项国际奖项。目前，它已经成为成都市到访率颇高的公园景点之一。

城市的湿地景观是城市景观的重要组成部分。由于湿地系统在生态上具有重要的调节作用，在对其进行景观设计时，应充分考虑湿地景观方面的设计。景观设计师需要在思想中树立生态的观念，从而在对城市湿地系统的景观设计中，做到美学与生态兼顾，使自然与人类生活环境有良好的结合点，使人与自然达到和谐。

4. 城北水库——中国舟山

浙江省舟山市城北水库自由表面流人工湿地在入库口淹没区自然湿地的基础上，于 2008 年 6 月改建而成并开始运行，该工程共投资 10 万余元，规划湿地面积为 800 平方米，实用湿地面积约 600 平方米。该工程每天能处理来自上游的水（主要是农村生活污水、雨水等）约 100 立方米。湿地植物主要有黄花鸢尾（*Iris tectorum*）、再力花（*Thalia dealbata*）、水葱（*Scirpus tabernaemontani*）和梭鱼草（*Pontederia cordata*），各种植物各 1 块长方形的样地，每块样地面积约 150 平方米。黄花鸢尾属鸢尾科鸢尾属，多年生挺水草本植物，是园艺圈久负盛名的花卉，具有很高的观赏价值和经济价值。鸢尾耐寒性较强，四季常绿，对维持人工湿地冬季净化效果及美化冬季景观具有一定的作用。鸢尾科植物的野生种的分布地点主要是在北非、西班牙、葡萄牙、高加索地区、黎巴嫩和以色列等。再力花属竹芋科再力花属，多年生挺水草本。适于水池湿地种植美化，为珍贵水生花卉。株形美观洒脱，叶色翠绿可爱，是水景绿化的上品花卉，也可作盆栽观赏，主要种植城市：三亚、高雄、深圳、湛江、南宁、景洪等。水葱属莎草科藨草属，多年生宿根挺水草本植物，水葱喜欢生长在温暖潮湿的环境中，需阳光。自然生长在池塘、湖泊边的浅水处、稻田的水沟中。较耐寒，在北方大部分地区地下根状茎在水下可自然越冬。水葱分布于我国东北、西北、西南各省。梭鱼草属雨久花科梭鱼草属，多年生挺水或湿生草本植物，叶柄绿色，圆筒形，叶片较大，是一种观赏类植物。梭鱼草的生长习性为喜温暖湿润、光照充足的环境条件，常栽于浅水池或塘边。原产北美，现我国都有分布。

5. 西溪国家湿地公园——中国杭州

杭州西溪国家湿地公园，距离杭州西湖 5 千米，具有"杭州之肾"的美称。西溪国家湿地公园是因地制宜发展湿地公园的典型案例，在原有基础上进行可持续的建设，既保护了生态自然环境，又兼有科研、教育、旅游观光等功能。西溪国家湿地公园优秀之处就在于充分发挥了湿地的三大效应，即生态效应、社会效应、可持续利用效应。"杭州之肾"的美称也是源于西溪国家湿地公园极大地美化了杭州的城市风貌，净化了空气。并且西溪国家湿地公园优美的景色也为城市带来了经济效益。不足之处是相较于国外优秀的城市湿地公园，园区内景观较为单一，基础设施缺乏，景观构筑物没有与人的互动性。

第四节 城市生态基础设施景观战略

一、城市生态基础设施

国人常常为伦敦百年不落后的市政基础设施而惊叹不已。城市的可持续发展依赖于具有前瞻性的市政基础设施建设，包括道路系统、给排水系统等，如果这些基础不完善或前瞻性不够，在随后的城市开发过程中必然要付出沉重的代价。关于这一点，许多城市决策者似乎已有了充分的认识，国家近年来在投资上的推动也促进了城市基础设施建设。如同城市的市政基础设施一样，城市的生态基础设施需要有前瞻性，更需要突破城市规划的既定边界。因此，需要从战略高度规划城市发展所赖以持续的生态基础设施。

市政基础设施规划在传统的城市设计中被重视，道路、桥梁和场地等灰色基础设施形成了城市空间网络，交通便利，同时保证了工业化经济的正常运行。在中国城市化进程中，灰色基础设施日趋标准化。例如，道路都是具有单一功能的，而河道也因为只具有防洪的目的被截弯取直。客观上来看，灰色基础设施提高了人们生活的便利性，但由于其忽视了适当的社会和生态功能，因而也引发了一部分的城市生态环境问题。

在这个大时代的背景下，生态基础设施和绿色基础设施的概念被专家学者提出，提供了一个富有想象力的解决方案，结合灰色基础设施的应用，创造出一个便捷又富有生态的城市生活环境。因此，研究 EI 和 GI 的内涵，对于构建城市的生态系统具有实际意义。

（一）起源与发展

1. 生态基础设施（Ecological Infrastructure，简称 EI）

EI 在 20 世纪 50 年代萌芽，随着生态城市的建设应运而生。随后，"生态基础设施"在 1984 年 *Man and the Biosphere Program* 报告中正式出现。它表示自然景观和腹地对城市的持久支持能力。后来有些学者扩大了应用范围，从生物与环境保护和资源利用的角度出发，如 1988 年 EI 的概念被用于表示栖息地网络设计，1990 年荷兰的农业、自然管理和渔业部的自然政策规划中提出了全国尺度上的生态基础设施（EI）概念。随后，一些科学家和研究机构开始强调自然环境和生命支撑系统在城市土地利用规划（包括雨水花园、屋顶绿化和湿地等）及促进环境健康方面的重要作用。

我国的俞孔坚团队率先在 2002 年将"生态基础设施"引入并应用于城市规划之中。经过多年的发展和演变，EI 的理念和优势越来越受到科学家、工程技术人员和决策者的重视，其内涵和意义也逐渐被丰富和扩充。

2. 绿色基础设施（Green Infrastructure，简称 GI）

美国是现代绿色基础设施的发源地。1991 年美国马里兰州绿道运动是 GI 概念的起源之处，希望能够为解决城市发展过程中的建设与环境之间的矛盾提出新的思路和策略。美国可持续发展委员会于 1999 年发表了《美国为 21 世纪创造可持续发展》，现代绿色基础设施被明确提出。

我国最早涉及 GI 研究的论文为 1999 年在杭州召开的 IFPRA 中刊登的一篇会议论文，自提出现代 GI 概念后，我国 GI 的理论与实践研究便开始逐渐地拓展和深化。

（二）概念辨析

1. 定义与概述

（1）EI。

EI 是一种城市可持续发展的自然系统，它维持着城市生态网络的安全与健康，并确保城市及居民获得连续的自然生态服务，是城市扩张和土地开发利用不可触犯的刚性限制。

为了提升 EI 理论研究的丰富性，景观生态学、生物保护学、生态经济学等可与其交叉研究。EI 理念强调保持完整连续的生态格局，对恢复受损生态系统，维护景观完整性具有重要意义，是可持续发展的可行性景观策略。

（2）GI。

GI 在保护地球的自然生态功能和价值方面意义重大。"相互关联的自然区域和其他开放空间网络"是人们通常给其下的定义。GI 代表绿色空间的互联网络时，被当作一个名词使用。作为一个形容词，GI 描述了一个过程，提出了在国家、州、地区和地方范围内的土地保护系统和战略方法，鼓励对于人类土地使用及规划及自然生态系统具有益处的实践。作为一个概念，GI 网络的规划和管理可以建立一个提供保护、户外娱乐和其他人类价值相结合的开放空间分配系统，连接已有的和未来的绿色空间资源。

GI 是一种生态保护的方法，它将保护、基础设施规划及其他理念相互融合。绿色基础设施提供了客观、科学、理性的思维，把重点放在更有价值的方面。绿色基础设施通过增加长期资金对开放空间的保护和管理的重要性，可以确保项目的相关性和可行性。

2. 区别与联系

灰色基础设施，GI、EI 的概念既有区别又有联系。灰色的基础设施是人造的、刚性的、成本高且功能单一。GI 比灰色基础设施更自然，生命保障系统更灵活、更复杂、成本更低。EI 更加关注基础设施的整合性、稳定性和可持续性，强调整个系统的协调统一。

（三）内涵

1.EI

这是一个自然物种可以生长和栖息的生存环境，也是城市可持续发展赖以生存的自然系统。所有能够提供这些自然服务的系统，如城市绿地、农林土地用地、保护区甚至自然和文化遗产等均属于其研究范畴。建立生态基础设施可以创造一个以大自然为背景的生态城市，也是在城市快速发展背景下构建城市生态结构和功能的重要手段之一。

现有的 EI 研究可以分为三个层次，其中国家和区域中 EI 的规划空间结构是重中之重。城市规模重点是 EI 建设的控制性研究；微观场地尺度的重点是如何采用生态设计的手法，进行生态基础设施建设。

2.GI

GI 关注的是人与自然的关系。现在它已经成长为一个理论体系。主要涉及国家和国家公园，野生生物栖息地、森林、湿地及与自然发展规划景观设计和环境敏感性相关的领域分析等。

由 GI 组成的绿色网络是一个中央控制点系统，连接了上述生态系统和景观的走廊和地点。在个人层面，GI 是围绕绿色空间设计住宅和商业设施；在社区层面，GI 意味着创造与现有公园相连的绿色通道；从区域范围上来说，GI 是保护广泛的景观连接性。

（四）实践作用研究

1.EI

土人景观团队在俞孔坚教授带领下，率先将 EI 战略引入，并将景观作为整合的媒介闸通过灵活的河道建设生态基础设施网络，建立生态廊道作为第一功能的生态系统服务功能的增加，提高了物种的多样性，丰富了滨海的活动空间。

浙江台州的规划也是一个典型案例。首先将生态基础设施微观化和网格化，然后再规划道路和建筑，形成基于绿网的网格结构，构建了格网型城市结构的规划模式。

2.GI

GI 的概念目前有两种方法模式。从国家层面来看，最典型的是马里兰州模式，而西雅图模式是从城市过程中演变而来。这两者对于自然生活支持保障系统与城市的可持续发展都具有重要的战略意义。

马里兰的核心理念是"中心（HUBS）—连接（LINKS）的自然系统"，其模式是首先提供未开发的保护土地资源的概念。

西雅图模式的重点是关注城市规模及其建成区，重点关注农村城市建成区，对于城市高度人造的环境，建立了一套操作方法。这为城市的可持续发展提供了新思路。

二、城市生态基础设施建设的景观战略

1.第一大战略：维护和强化整体山水格局的连续性

任何一个城市，或依山或傍水或兼得山水为其整体环境的依托。城市是区域山水基质上的一个板块。城市之于区域自然山水格局，犹如果实之于生态之树。因此，城市扩展过程中，维护区域山水格局和大地机体的连续性和完整性，是维护城市生态安全的一大关键。古代把城市喻为胎息，意即大地母亲的胎座，城市及人居在这里通过水系、山体及风道等，吸吮着大地母亲的乳汁。破坏山水格局的连续性，就切断自然的过程，包括风、水、物种、营养等的流动，必然会使城市这一大地之胎发育不良，以至失去生命。历史上许多文明的消失也被归因于此。

翻开每一个中国古代城市史志的开篇——形胜篇，都在字里行间透出对区域山水格局连续性的关注和认知。中国古代的城市地理学家甚至把整个华夏大地的山水格局，都作为有机的连续体来认知和保护，每个州府衙门所在地、都城的所在地都从认知图式上和实际的规划上被当作发脉于昆仑山的枝干山系和水系上的一个穴场。明皇朝曾明令禁止北京西山上的任何开山、填河工程，以保障京都山水龙脉不受断损。断山、断水被认为是最不吉利的景观，如果古代中国人对山水格局连续性的吉凶观是基于经验潜意识的，那么，现代景观生态学的研究则是对我们维护这种整体景观基质的完整性和连续性提供强有力的科

学依据。从 20 世纪 30 年代末开始，特别是 20 世纪 80 年代中期开始，借助于遥感和地理信息系统技术，结合一个多世纪以来的生态学观察和资料积累，面对高速公路及城市盲目扩张造成自然景观基质的破碎化，山脉被无情地切割，河流被任意截断，景观生态学提出了严重警告，照此下去，大量物种将不再持续生存下去，自然环境将不再可持续，人类自然也将不再可持续。因此，维护大地景观格局的连续性、维护自然过程的连续性成为区域及景观规划的首要任务之一。

2. 第二大战略：保护和建立多样化的乡土生境系统

在大规模的城市建设、道路修筑及水利工程及农田开垦过程中，我们毁掉了太多太多独特而弥足珍贵，却被视为荒滩荒地的乡土植物生境和生物的栖息地，直到最近，我们才把目光投向那些普遍受到关注或即将灭绝，而被认定为一类或二类保护物种的生境的保护，如山里的大熊猫、海边的红树林。然而，与此同时我们却忘记了大地景观是一个生命的系统，一个由多种生境构成的嵌合体，而其生命力就在于其丰富多样性，哪怕是一种无名小草，其对人类未来及对地球生态系统的意义可能不亚于熊猫和红树林。

历史上形成的风景名胜区和划定为国家及省市级的具有良好森林生态条件的自然保护区固然需要保护，那是生物多样性保护及国土生态安全的最后防线，但这些只占国土面积百分之几或十几的面积不足以维护一个可持续的、健康的国土生态系统。而城市中即使是 30% 甚至 50% 的城市绿地率，由于过于单一的植物种类和过于人工化的绿化方式，尤其因为人们长期以来对引种奇花异木的偏好及对乡土物种的敌视和审美偏见，其绿地系统的综合生态服务功能并不很强。与之相反，在未被城市建设吞没之前的土地上，存在着一系列年代久远、多样的生物与环境已形成良好关系的乡土栖息地。

其中包括：

（1）即将被城市吞没的古老村落中的一方龙山或一丛风水树，几百年甚至上千年来都得到良好的保护，对本地人来说，它们是神圣的，但对大城市的开发者和建设者来说，它们却往往不值得珍惜。

（2）坟地。在均质的农田景观上，它们往往是黄鼠狼等多种兽类和鸟类的最后的栖息地。可叹的是，在全国性的迁坟运动中，这些先辈的最后安息之地中，幸存者已为数不多。

（3）被遗弃的村落残址。随着城市化进程的加速，农业人口涌入城市，城郊的空壳村将会越来越多，这些地方由于长期免受农业开展，加之断墙残壁古村及水塘构成的庇护环境，形成了丰富多样的生境条件，为种种动植物提供了理想的栖息地。它们很容易成为三通一平的牺牲品，被住宅新区所替代，或有幸成为城市绿地系统的一部分，往往也是先被铲平后再进行绿化设计。

（4）曾经是不宜农耕或建房的荒滩、乱石山或低洼湿地。这些地方往往具有非常重要的生态和休闲价值。在推土机未能开入之前，这些免于农业刀锄和农药的自然地是均相农业景观中难得的异质斑块，而保留这种景观的异质性，对维护城市的生态健康和安全具有重要意义。

3. 第三大战略：维护和恢复河道和海岸的自然形态

河流水系是大地生命的血脉，是大地景观生态的主要基础设施，污染、干旱断流和洪水是目前中国城市河流水系所面临的三大严重问题，而尤以污染最难解决。于是治理城市的河流水系往往被当作城市建设的重点工程、民心工程和政绩工程来对待。然而，人们往往把治理的对象瞄准河道本身，殊不知造成上述三大问题的原因实际上与河道本身无关。于是，耗巨资进行河道整治，而结果却使欲解决的问题更加严重，犹如一个吃错了药的人体，大地生命遭受严重损害。这些"错药"包括下列种种：

（1）错误之一：水泥护堤衬底。

大江南北各大城市水系治理中能幸免此道者，几乎没有。曾经是水草丛生、白鹭低飞、青蛙缠脚、游鱼翔底，而今已是寸草不生，光洁的水泥护岸，就连蚂蚁也不敢光顾。水的自净能力消失殆尽，水—土—植物—生物之间形成的物质和能量循环系统被彻底破坏；河床沉底后切断了地下水的补充通道，导致地下水文地位不断下降。自然状态下的河床起伏多变，基质或泥或沙或石，丰富多样，水流或缓或急，形成了多种多样的生境组合，从而为多种水生植物和生物提供了适宜的环境。而水泥衬底后的河床，这种异质性不复存在，许多生物无处安身。

（2）错误之二：截弯取直。

古代风水最忌水流直泻僵硬，强调水流应曲曲有情。只有蜿蜒曲折的水流才有生气，有灵气。现代景观生态学的研究也证实了弯曲的水流更有利于生物多样性的保护，有利于消减洪水的灾害性和突发性。一条自然的河流，必然有凹岸、凸岸，有深潭、有浅滩和沙洲，这样的形态至少有三大优点：其一，它们为各种生物创造了适宜的生境，是生物多样性的景观基础；其二，减低河水流速，蓄洪涵水，削弱洪水的破坏力；其三，尽显自然形态之美，为人类提供富有诗情画意的感知与体验空间。

（3）错误之三：高坝蓄水。

至少从战国时代开始，我们的祖先就已十分普遍地采用做堰的方式引导水流用于农业灌溉和生活，秦汉时期，李冰父子的都江堰工程是其中的杰出代表作。但这种低堰只做调节水位，以引导水流，而且利用自然地势，因势利导，绝非高垒其坝拦截河道，这样既保全了河流的连续性，又充分利用了水资源。事实上，河流是地球上唯一一个连续的自然景观元素；同时，也是大地上各种景观元素之间的联结元素。通过大小河流，使高山、丛林、湖泊、平原直至海洋成为一个有机体。大江、大河上的拦腰水坝已经给这一连续体带来了很大的损害，并已引起世界各国科学家的反思，迫于能源及经济生活之需，已实属无奈。而当所剩无几的水流穿过城市的时候，人们往往不惜工本拦河筑坝，以求提高水位、美化城市，从表面上看是一大善举，但实际上有许多弊端，这些弊端包括：其一，变流水为死水，富营养化加剧，水质下降，如不治污，则往往臭水一潭，丧失生态和美学价值。其二，破坏了河流的连续性，使鱼类及其他生物的迁徙和繁衍过程受阻。其三，影响下游河道景观，生境破坏。其四，丧失水的自然形态，水之于人的精神价值绝非以量计算，水之美其之丰富而多变的形态，及其与生物、植物及自然万千的相互关系，城市居民对浅水卵石、野草小溪的亲切动人之美的要求，绝不比生硬河岸中拦筑的水体更弱。城市河流中用于休闲与美化的水不在其多，而在其动人之态，其动人之处就在于自然。其他对待河流之态度包括盖之、填之和断之，则更不可取。治河之道在于治污，而绝不在于发行河道。

4.第四大战略：保护和恢复湿地系统

湿地是地球表层上由水、土和水生或湿生植物（可伴生其他水生生物）相互作用构成的生态系统。湿地不仅是人类最重要的生存环境，也是众多野生动物、植物的重要生存环境之一，生物多样性极为丰富，被誉为自然之肾，对城市及民居具有多种生态服务功能和社会经济价值。

这些生态服务包括：

（1）提供丰富多样的栖息地：湿地由于其生态环境独特，决定了生物多样性的特点，中国幅员辽阔，自然条件复杂，湿地物种极为丰富。中国湿地已知高等植物800余种，被子植物600余种，鸟类300余种，鱼类1 000余种，其中许多是濒危或者具有重大科学价值和经济价值的类群。

（2）调节局部小气候：湿地碳的循环对全球气候变化起着重要作用。湿地还是全球氮、硫、甲烷等物质循环的重要控制因子。它还可以调节局部地域的小气候。湿地是多水的自然体，由于湿地土壤积水或经常处于过湿状态，水的热容量大，地表增温困难，而湿地蒸发是水面蒸发的2~3倍，蒸发量越大消耗热量就越多，导致湿地地区气温降低，气候较周边地区冷湿。湿地的蒸腾作用可保持当地的湿度和降雨量。

（3）减缓旱涝灾害：湿地对防止洪涝灾害有很大的作用。近年来由于不合理的土地开发和人类活动的干扰，造成了湿地的严重退化，从而造成了严重的洪涝灾害就是生动的反面例子。

（4）净化环境：湿地植被减缓地表水流的速度，流速减慢和植物枝叶的阻挡，使水中泥沙得以沉降，同时经过植物和土壤的生物代谢过程和物理化学作用，水中各种有机和无机溶解物和悬浮物被截流下来，许多有毒有害的复合物被分散转化为无害甚至有用的物质，这就使得水体澄清，达到净化环境的目的。

（5）满足感知需求并成为精神文化的源泉：湿地丰富的水体空间、水边的浮水和挺水植物，以及鸟类和鱼类，都充满大自然的灵韵，使人心静神宁。这体现了人类在长期演化过程中形成的与生俱来的欣赏自然、享受自然的本能和对自然的情感依赖。这种情感通过诗歌、绘画等文学艺术来表达，而成为具有地方特色的精神文化。

（6）教育场所湿地丰富的景观要素、物种多样性，为环境教育和公众教育提供了机会和场所。当然，除以上几个方面外，湿地还有生产功能。湿地蓄积来自水陆两相的营养物质，具有较高的肥力，是生产力最高的生态系统之一，为人类提供食品、工农业原料、燃料等。这些自然生产的产品直接或间接进入城市居民的经济生活，是人们所熟知的自然生态系统的功能。在城市化过程中因建筑用地的日益扩张，不同类型的湿地面积逐渐变小，而且在一些地区已经趋于消失。同时随着城市化过程中因不合理的规划，城市湿地板块之间的连续性下降，湿地水分蒸发蒸腾能力和地下水补充能力受到影响；随着城市垃圾和沉淀物的增加，产生富营养化作用，对其周围环境造成污染。所以在城市化过程中要保护、恢复城市湿地，避免其生态服务功能退化而产生环境污染，这对改善城市环境质量及城市可持续发展具有非常重要的战略意义。

5.第五大战略：将城郊防护林体系与城市绿地系统相结合

早在20世纪50年代，与大地园林化和人民公社化的进程同步，中国大地就开展了大规模的防护林实践，带状的农田防护林网成为中国大地景观的一大特色，特别是在华北平原上，防护林网已成为千里平原上的唯一垂直景观元素，而令国际专家和造访者叹为观止。这些带状绿色林网与道路、水渠、河流相结合，具有很好的水土保持防风固沙、调节农业气候等生态功能；同时，为当地居民提供了薪炭和用材。事实上，只要在城市规划和设计过程中稍加注意，保留原有防护林网并纳入城市绿地系统之中是完全可能的，这些具体的规划途径包括：

（1）沿河林道的保护。

随着城市用地的扩展和防洪标准的提高，加之水利部门的强硬，夹河林道往往有灭顶之灾。实际上防洪和扩大过水断面的目的可以通过其他方式来实现，如另辟导洪渠，建立蓄洪湿地。而最为理想的做法是留出足够宽的用地，保护原有河谷绿地走廊，将防护堤向两侧退后设立。在正常年份河谷走廊成为市民休闲及生物保护的绿地，而在百年或数百年一遇洪水时，作为淹没区。

（2）沿路林带的保护。

为解决交通问题，如果沿用原道路的中心线向两侧拓宽道路，则原有沿路林带必遭砍伐。相反，如果以其中一侧林带为路中隔离带，一侧可以保全林带，使之成为城市绿地系统的有机组成部分。更为理想的设计是将原有较窄的城郊道路改为社区间的步行道，而在两林带之间的地带另辟城市道路。

（3）改造原有防护林带的结构。

通过逐步丰富原有林带的单一树种结构，使防护林带单一的功能向综合的多功能城市绿地转化。

第五节　精心随意与刻意追求的城市景观塑造

我们的城市需要什么样的景观？

我们的城市要大规模地搞景观建设吗？

什么是我国城市景观建设的健康之路？

要想很好地回答这些问题十分困难，简单地说要或不要难以让人信服，但大家公认的历史事实是：无论国内国外，美的城市景观大多经历了相当长时间的经营建设，它是那个城市的历史、物质与文化积淀而成的。这里讲长时间是少则数十年，多则数百年、上千年。物质与文化的积淀说明了形成城市美景的过程之艰辛，它浸透了多少代人的心血与苦心经营，汇集了多少人的天才和智慧，经历了多少年来的过滤，完全是千锤百炼锻造出来的结果。但是，现在常常被人忽视或忘记的恰恰是这两点：城市景观形成的时间之长与过程之难。不然的话，怎么会在国内一些景观规划设计招标任务书上经常见到：要大手笔、高标准、一步到位、一百年不落后等词语呢？

走向建筑。地景、城市规划的融合是吴良镛先生对20世纪建筑学发展历程概括性的总结，是21世纪使城市健康发展的必由之路。目前，特别是在城市重大的建筑项目中，将这三者有机地融合一体进行策划、设计和建设。并非割裂的，从属的，更非各自为政。例如，面对一条城市的干道，规划上要研究它沿街建筑的布置，街道空间形态。尺度、商业和人的活动需求，绿化的形式等许多相关因素，颇为复杂。不能仅满足了机动交通的功能就开始实施。

否则，这种没有生命力、残缺不全的病态街道一旦形成连绵数里，长时间处在城市中心就形成丑陋的景观，造成对城市景观的破坏。城市已经规划好的绿地现在有条件实施，却又在绿地中布置大片的硬质铺地、喷泉雕塑等人工设施，造成绿地的绿化量不足，好端端的城市绿色的项链串不起来，是不是很奇怪？城市沿街的建筑就是要遵守一定规划：要控制建筑高度、长度，要精心选择材料，设计好建筑的色彩、细部等。现在有些建筑师过于迷恋自己设计的单体，破坏了城市的整体性，伤害了城市的景观，这种案例比比皆是，以致现在难得在城市中看到一幢很顺眼、谦虚而优雅的建筑。

本质上讲，这些弊病都是策划、设计单打独斗的结果，没有将建筑、地景、城市规划有机地融为一体进行建设。现在的设计招标竞赛有许多好的构思不被专家领导采纳。评委把眼光投向一些外国公司的概念性设计，所谓有想法多半脱离实际或不符国情，根本无法实施。搞竞赛花了许多钱，结果落得不了了之，美其名曰花钱买 idea，最后找个兜底的设计单位东拼西凑，算是综合方案，结果造起来的才真正是质量不高的一般化。明白的甲方有苦难言。其实根本就没有必要搞什么国际招标竞赛，我们国内自己的设计师完全有能力做好这样的题目。

建筑、地景、城市规划三位一体在城市建设的不同阶段不断地变换角色，有时建筑出来唱主角，有时规划要继承延续前人的成果，有时景观设计要默默无闻地衬托别人。过程往往是漫长的，要协调统一、贯彻始终，才能形成整体感很强、美的城市景观。只有这样才能得到我们所刻意追求的东西。这种态度和思想境界是对三位一体唯一正确的深刻理解，动机和效果要统一起来从事，才是城市景观建设的真正意义。对照一下目前我国的社会现实，就会清楚地看到一些决策者、设计者的心态和行为举止又是多么的幼稚、肤浅，他们一味地想要美其实并不美，超级的广场，招摇奢华的街灯，用不着那么高大雄伟的行政办公中心！这似乎是一种病态心理驱动的城市建设行为。

仔细地考证景观或是地景（Landscape）这个词，英文当动词讲是有美化的意思，美化城市景观运动却是件危险而可怕的事，城市就是一般性的美化也要很多很多的钱，何况美没有标准和限度。豪华奢侈的，还是气魄宏伟的，高科技的，一百年不落后的？这些也许能构成一定的美感。但我国现代都市应具备何种美感是要认真地研究一番的。一般地说，城市景观的美是次生的，首要的依然是它在城市的功能和内容，营造城市景观的目的是最大限度地关怀广大的城市市民，构筑健康、有良好品质的城市生活。实用、经济和美观，这对目前的城市景观建设依然适用。现在好像执行起来对前两点强调得不够，有片面地追求形式美、高标准的倾向。我们民族的传统历来讲究朴素自然，它是中国风景园林美的灵魂。古代的皇帝都知道自己的住处要素雅、自然。广大的市民更喜欢那种舒适透出的随意、轻松愉快的生活环境。现在的城市建设滥用材料，用色彩斑斓、磨光花岗石做室外铺地，走起路来打滑，用不锈钢做座椅冰凉又不舒服。若换成地砖铺地、木制的条凳就舒服实用多了，既朴素又美观。现在许多城市景观设计中透出病态的假、大、空，都是滥用的结果，滥用石材，滥用不锈钢，滥用喷泉水景、花饰灯，滥用草皮、花卉等。

一种不讲分寸、缺乏文化修养，像是暴发户的表现欲所炮制的作品实在是俗不可耐，没有半点真正的美感。从侧面也透视出一些决策者、设计者浮躁、表面的心态。

现代的国际大都市的城市生活讲求高效、多样、安全和舒适，表现出开放、热爱自然、尊重人的时代精神，毫无疑问这些都是我国的城市建设的目标和城市应具备的良好品质。尽管过去多数城市的基础设施差、起点低、欠账多、面貌落后。现在，经济的大发展推动了城市建设的高潮，要做的和想要做的事情太多太多，这几年城市面貌有着迅猛的变化是有目共睹的事实，但还是远远不能满足社会发展与百姓的需要。市民需要良好、舒适的户外活动空间，需要人行道通畅无阻，需要大众的公园都免费开放，需要树荫和座椅，需要有些可供儿童和老人活动的场地，人们需要看看那些自然生长的树木草地，听听虫鸣鸟叫。仔细想想这些需求都很基本又正常。其实，人们不太关心那些美丽的城市大广场，那些不让人走进去的观赏草坪、美丽的大花坛，那些不常出水的喷泉，难以轻松通过的宽马路，那些花枝招展的装饰街灯、铺天盖地的广告牌，百姓真正的需要比这些吵闹的景观的标准要低得多。人们在多种多样、小型自然的户外活动空间更感到亲切、轻松、随意，比在那种充满装饰性花丛、修剪整齐的植物、花岗石铺地的人工环境要开心愉快得多。只是城市里这默默无闻、小型多样的户外活动空间仍太缺乏，若是被城市领导重视，就会出奇制胜。设计者以一种精心的随意的态度为百姓营造他们喜欢的空间场所，说不定这才是我们常常犯难的设计创新。刻意追求，设计这种精心的随意的城市景观特色要有较深厚的文化底蕴，要有深知百姓的喜闻乐见，对现代人本主义精神的深刻理解，需要时间和精力去研究、探索，创作过程快乐而又痛苦。简单地抽取一些老北京人的生活片段，捏成一个具象的雕塑，想要表达京城百姓传统文化的内涵，常让人哭笑不得，产生一种厌恶感。

城市最大的户外活动空间莫过于公园、绿地。中华人民共和国成立初期，我们靠艰苦奋斗修建了一大批城市公园，对城市起了很好的作用。

可惜，这些公园目前的处境大都十分尴尬、进退两难，公园用地不断地受蚕食，环境不断地遭到破坏，设施陈旧落后，门票低，百姓过度使用，公园的经费远远不足，连正常的养育维护都难以维持。但是，让人不理解的是政府舍得投入巨大的财力，兴造新的景观园林，却舍不得抽出一些经费给这些老公园补养、更新换代，提高这些公园的环境质量，更新它们的面貌。让公园以园养园自谋生路，把公园为公众服务的设施租出去搞商业，不合情理。设想一下，如果我们能有计划地逐步将这些公园更新，逐步向社会开放，形成城市开放的公共绿地系统，让百姓享用，那该是一番什么样的城市景观和形象！事半功倍何乐而不为呢？这才真正符合可持续发展和适应国际潮流的城市景观建设，群众在开放的公园绿地中锻炼体魄，放松神经，开展健康的文化休闲活动，百姓也会提高自己的文化素质，珍惜公园的一草一木，这正是大都市现代化城市生活的标志和城市应有的魅力。

现在，城市中大有这样的空地来做这样的文章，就看我们如何经营管理。营造多样的城市公共空间的目的是为人所用，不是为了看，可望而不可即忽视功能的城市景观是不美的。开放的公园、绿地就是要纯粹些，为公众服务，不要把城市公园当作摇钱树，或是政府行政中心的陪衬，做成了私家花园，老百姓就不愿意去了，这种建设难说是真正地为民造福。

有专家讲 21 世纪是景观管理的时代，城市公园建设大有可为，的确如此。景观管理的意思是强调规划控制：城市绿地系统的重要性、策划与管理远远重于设计。政府项目的策划与实施如能敏锐地反映出城市未来发展与市民的需求和意愿就一定会获得成功。反之，那些假、大、空的形象工程、夹生饭，必将受到百姓的唾弃厌恶。

目前我国大城市的景观建设正在由广度向深度发展，出现了许多可喜的现象，许多地方整治那些声音建筑以显露插入城市的山体，有的下大力气治理城市长期受污染的河道，有的想方设法恢复历史文物地段的风貌，有的在研究规划城市的生态景观，领导决心大，把文章做到了实处，执行者有信心，百姓拍手叫好，这种建设真正维护了市民权益，让老百姓受益，又使城市的面貌大改观，这种景观建设才是真正地进入正题。如能精心地策划，精心地保育，二十年后，我们的城市又是一番多么了不起的景象！实施过程要考虑景观建设的时间性，树木种植要规划先行，少量地移植些大树要看需要，那些被修剪的残枝败叶的大树放在新建筑边上，很煞风景，要是种大些的树苗，排列整齐，过不了几年长势就很旺盛，那该多好。城市绿化建设是门科学，只有长期、渐进、可持续的发展才能见效。急于求成，违反科学的主观臆造，突击式的做法不仅浪费了财力，也难以收到好的效果，更谈不上能塑造出美的城市景观。

第七章 园林植物的生态配置

现代城市发展，越来越注重健康与生态，通过在城市周围栽种园林植物，可以进一步提升城市生态系统、发挥植物生态链的作用，形成一定范围的净化城市生态系统，系统建设，可以从根本上解决环境污染问题，使城市更加美观与健康。本章将对园林植物的生态配置进行分析阐述。

第一节 植物生态配置的概念及现状

一、植物生态配置的概念

植物生态配置（Plant ecological arrangement）就是利用乔木、灌木、藤本及草本等植物通过艺术的手法充分发挥植物本身形体、线条、色彩等自然美，创造植物景观，供人们观赏，使植物既能与环境很好地适应和融合，又能使各植物之间彼此协调，最大限度地发挥植物群体的生态效应。

一般认为，生态设计下的园林植物造景应该有三个方面的内涵。

（1）具有园林的观赏性，能创造景观，美化环境；

（2）具有可持续发展性，改善环境的生态效应性，通过植物的光合和蒸腾作用、吸收和吸附作用，调节小气候，吸收园林环境中的有害物质，减弱噪声，防风降尘，维护生态平衡；

（3）具有生态结构的合理性，它应具有合理的时间结构、空间结构和营养结构，与周围环境一起组成和谐的统一体。因此，关于园林植物造景的生态设计可以简单概括为在改善城市生态环境、创造融合自然的生态游憩空间和稳定的绿地的基础上，在景观学、生态学、艺术学等学科的理论指导下，运用生态学原理和技术，借鉴地带植物群落的种类组成、结构特点和演替规律，科学而艺术地进行植物配置的一种方法。用生态学观点营造植物景观是环境景观设计的核心，植物景观配置成功与否直接影响环境景观的质量及艺术水平。

人类文明发展的早期，视觉效应在传统植物景观中占主要地位。人们欣赏植物个体和群体的外在形态美、色泽和香味等。对于个体的欣赏更多地取决于个人的爱好，而对于群体美的欣赏，则受人类文化、思想等因素的影响。

法国、意大利、荷兰等国的古典园林中，植物景观多半是规则式配置，其思想根源是人类能征服一切。植物被整形修剪成各种几何形体及鸟兽形体，以体现人类征服植物的意志。规则式植物景观的总体特点表现为植物景观与建筑物的线条、外形等协调一致，烘托出庄严、肃穆、雄伟的气氛，有很高的人工艺术价值。

古老的东方园林则以"天人合一"的自然式配置著称，结合地形、水体、道路来配置植物，将各种森林、草原、草甸、沼泽等景观在园林中重现。自然式配置更能体现个体美和群体美，在宏观变化和微观变化的结合中烘托出宁静、深远、活泼等气氛。随着科技发展和人类欣赏水平的提高，回归自然成为现代人的时尚，追求和创造丰富多彩、变化无穷的自然植物景观已成为园林界的潮流。

植物景观的生态配置随环境问题及对环境认识的深入应运而生，在有限的空间范围内提高植物景观的质量，满足人们对健康和美学的双重追求，已成为植物生态配置的首要问题。

二、植物生态配置的现状

（一）缺乏植物景观的生态效应意识

当前，我国多数园林植物配置追求视觉效应，忽视生态效应。有些设计者秉承中国传统古典园林的写意山水，一味地营造山水，挖湖堆山，将植物景观仅作为陪衬而已。

诚然，中国古典园林的意境美不可否认，但在现代社会，特别是人口高度集中的城市，人们对植物景观的需求，除视觉满足外，更重要的是对其所营造的健康空间的追求。造成重视视觉效应而忽视生态效应现象的原因之一是急功近利的思想，因为植物景观的营造需要经过较长时间才能实现，而营造亭台楼榭则见效较快。因此，园林设计中植物景观的利用偏低。另外，由于人们越来越看重植物在景观中的作用，设计者不得不应用植物造景，但这些植物景观的利用也仅在其表，未在植物景观的质量上下功夫，从而使植物景观的生态效应得不到充分发挥。

（二）植物资源利用率较低

我国是世界上植物种类最多的国家之一。高等植物有 3.28 万种，占世界的 12% 以上，居世界第三位。除普通植物种类繁多以外，还具有特有种、孑遗种和经济种多的特点。我国也是世界上特有植物最多的国家之一。由于中国古代大陆受第四纪冰川的影响较小，保存了许多古老的遗种和特有种，其中有世界著名的珍贵种类，如银杉、珙桐、桫椤、金花茶等。但目前，应用于园林的植物种类和数量并不多，尤其是乡土植物资源的开发利用水平更是亟待提高。

（三）引种、育种不断加强

随着植物景观在园林中作用的增强，园林建设中植物的引种、育种不断加强。1987 年 4 月，中国园艺协会观赏园艺专业委员会在贵阳召开了全国观赏植物种质资源研讨会，会议一致认为观赏植物种质资源是我国的宝贵财富，是发展园林事业的物质基础。之后，各地的植物园、科研院所等都积极开展引种、育种工作，并收到了明显成效。尽管如此，我国对园林植物的利用与发达国家还存在一定的差距，特别是在育种及栽培养护水平上。因此，我们不能满足于现有传统的植物种类，而应向植物分类、植物生态、地植物学等学科学习和借鉴，逐渐丰富园林植物的科学性。

第二节　园林植物生态配置的原则和基础

一、园林植物生态配置的原则

（一）生态位原则

生态位的概念是指一个物种在生态系统中的功能作用及它在时间和空间中的地位，反映了物种与物种之间、物种与环境之间的关系。在城市园林绿地建设中，应充分考虑物种的生态位特征、合理选配植物种类、避免物种间直接竞争，形成结构合理、功能健全、种群稳定的复层群落结构，以利于物种间互相补充，既充分利用环境资源，又能形成优美的景观。要根据不同的环境特点及不同植物的生态习性进行植物配置。例如，喜阳乔木和耐阴灌木或草本相互搭配，就可以各取所需。在医院、疗养院应该选择具有杀菌功能的植物，如桉树，其叶子可以释放出一种可以杀菌的挥发性气体。如果在工厂、道路等灰尘较多处，就应该选择具有吸附功能的植物，如松树、盐肤木等叶子粗糙，可以吸附大量灰尘。如果土地贫瘠，就应该选择耐瘠薄的树种，如豆科植物。在有地下管线的地方则不应该栽植深根性植物，否则会造成植物生长受阻；在有高压线处也不应该栽植生长过快、枝叶茂盛的乔木，因为枝叶有可能会触碰到高压线而造成危险。例如，阴性植物和阳性植物组合可减少因光照不足而引起的竞争，深根植物和浅根植物组合可减少地下空间及营养吸收的竞争。另外，落叶植物和常绿植物组合、高大植物和矮小植物组合，都是避免激烈竞争的有效方式。

（二）美学原则

生态园林不是绿色植物的堆积，也不是简单的返璞归真，而是各生态群落在审美基础上的艺术配置，是园林艺术的进一步发展和提高。在植物景观配置中，应遵循变化与统一、对比与和谐及有关比例、尺度、对称、均衡、节奏、韵律等原则，其原则指明了植物配置的艺术要领。

1. 变化与统一，对比与和谐

变化与统一、对比与和谐，是两个相互制约的美学原则，设计中过分强调其中任何一个，都会造成美的缺失。因此，"在统一中有变化，而变化中有统一"及"在对比中讲求和谐，在和谐中寻求对比"是处理景观空间复杂关系的基本美学原则，这同样适用于植物造景。在植物景观设计中，植物的树形、色彩、线条、质地及比例都要有一定的差异和变化，呈现出多样性，但又要使它们之间保持一定的相似性，引起统一感，同时注意植物间的相互联系与配合，体现调和的原则，使人具有柔和、平静、舒适和愉悦的美感。在配置体量、质地各异的植物时，应遵循均衡的原则，使景观稳定、和谐，如一条蜿蜒曲折的园路两旁，路右侧若种植一棵高大的雪松，则邻近的左侧应植数量较多、单株体量较小、成丛的花灌木，以求均衡。

2. 比例与尺度

在植物造景的美学原则中，比例与尺度很重要。比例的大小及尺度的把握都会影响景观的和谐与否。在植物造景中，比例与尺度有时候很难把握，因为植物与其他园林景观要素很大的不同在于植物有生命，它会随着时间的推移而生长，这对设计者来说是一个难题。如果在设计植物时考虑其成年期的树型，那刚栽时景观效果达不到，甚至难看。如果考虑刚栽植时的树型设计，等长大后，树与树之间就会很拥挤，长势会受到影响，景观效果也大打折扣。雪松在幼年期和成年期体量差异甚大，因此在不同时期会有不同的景观效果。

3. 节奏与韵律

有些景观需要植物有条理地重复、交替和排列，使人在视觉上感受到动态的连续性。配置中有规律的变化会产生韵律感，如杭州白堤上间植桃柳的配置，使游人沿堤游赏时不会感到单调，而有韵律感的变化。

4. 对称、不对称与均衡

植物对称种植给人以庄严、肃穆的感觉，一般在建筑的入口处、寺庙园林中或者是政府机构内采用对称种植；不对称则给人以活泼、明快的感觉，更接近自然。均衡是一种感觉上的平衡与和谐，不一定是一模一样的，但给人的感觉是稳定的。例如，一边种植了一株大型乔木，为了达到均衡的感觉，在另一边则可栽植两棵相对小一点的乔木或灌木。

在栽植植物之前要考虑植物本身的个体美，同时也要想到植物只有在适合其生长的外界环境中才能展现出健康的美，只有这样才能体现出科学性与艺术性的和谐。这就需要在进行植物配置时，熟练地掌握各种植物材料的观赏特性和造景功能，并整体把握整个群落的植物配置效果，根据美学原理和人们对群落的观赏要求进行合理配置，同时对所营造的植物群落的动态变化和季相景观有较强的预见性，使植物在生长周期中，"收四时之烂漫"，达到"体现无穷之态，招摇不尽之春"的效果，丰富群落美感，提高观赏价值。

（三）物种多样性原则

根据生态学上"种类多样导致群落稳定性原理"，要使生态园林稳定、协调发展，维持城市的生态平衡，就必须丰富物种的多样性。物种多样性包含植物品种多样性、植物群落类型多样性及合理科学地引进外来品种或野生品种。物种多样性是群落多样性的基础，它能提高群落的观赏价值，增强群落的抗逆性和韧性，有利于保持群落的稳定，避免有害生物的入侵。只有丰富的物种种类，才能形成丰富多彩的群落景观，满足人们不同的审美要求，也只有多样化的物种种类，才能构建不同生态功能的植物群落，更好地发挥植物群落的景观效果和生态效果。城市绿化中可选择优良乡土树种为骨干树种，积极引入易于栽培的新品种，驯化观赏价值较高的野生物种，丰富园林植物品种，形成色彩丰富、多种多样的景观。

（四）适地适树，因地制宜原则

此原则主要包括提倡使用乡土树种，同时强调绿地各个区域的环境不同，配置的植物不同。例如，在小型的水边可以配置水生植物群落类型，如睡莲、荷叶，也可配置菱角、泽泻等野生水生植物群落，增加自然野趣。岸边可配置碧桃、垂柳，与荷叶、睡莲相映衬；菱角、泽泻或芦苇、菖蒲则衬以自然草地、矮小灌丛，更富情调，如天然草地、散以丛生杜鹃或软枝黄蝉等，于清新淡雅之中又有几点娇妍。而在天然的湖边，则可配置成自然式，岸边大片的草坪，远处高大的乔木，草坪中偶然点缀一两丛花灌木，营造出海天一色的景观。要在适地适树、因地制宜的原则下，合理选配植物种类，避免种间竞争，避免种群不适应本地土壤、气候条件，借鉴本地自然环境条件下的种类组成和结构规律，把各种生态效益好的树种运用到绿化当中去。

（五）经济原则

经济原则事实上是一个很重要的原则，不管如何科学合理的植物配置方案，如果没有经济作为后盾，也无法实现。因此，在做植物配置时只有充分考虑经济条件，才有可能实现，并带来好的生态效益。当然，正确选址，因地制宜，适地适树，本身就节省了大量投资与再投资，也解决了部分经济问题。经济原则的本质是要达到事半功倍的效果，即花少量的钱，达到改善环境、提高生态效益的效果。

二、园林植物生态配置的基础

（一）园林植物对环境的生态适应

园林植物对环境的生态适应包括两个方面的含义：第一，园林植物首先要适应生存的环境，才能保证园林植物的生长发育和景观效应的发挥；第二，对于特定环境应选择相应的园林植物，即在该环境下正常生长发育的园林植物，不管是自然适应还是经过人为辅助适应。

1. 园林植物对环境的适应

适应（adaptation）是指植物在生长发育和系统进化过程中为了应对所面临的环境条件，在形态结构、生理机制、遗传特性等生物学特征上出现的能动响应和积极调整。

要保证园林植物的正常生长发育，必须使之与环境达到良好适应。园林植物最主要的生长环境因素包含太阳辐射、水分、温度、土壤、大气等，而这些因素相互作用构成植物生活的复杂环境，植物的生长状况就取决于这种复杂的环境状况。

气候是园林植物正常生长发育的首要条件。气候根据其范围与影响因素的差异可分为大气候和小气候。大气候又称为区域性气候，是地理和地形位置作用的结果，而小气候则是大气候背景下局部区域或小范围内所表现出来的气候变化，如在植物群落内部、建筑物附近及小型水体附近等的气候。园林植物首先要适应气候的变化，既要适应大气候又要适应小气候。大气候影响植物的分布，低纬度的温度湿润气候显然比高纬度的寒冷干燥气候更适宜植物生长。太阳辐射的变化、温度的高低、水分分布的均匀与否等都会影响植物的适应性，如热带植物椰子、橡胶、槟榔等要求日平均温度在 18 ℃才能开始生长；温带植物如桃、紫叶李、槐等在 10 ℃，甚至有的不到 10 ℃就开始生长；而长白山自然保护区的牛皮杜鹃、苞叶杜鹃、毛毡杜鹃都能在雪地里开花。同样，小气候是园林植物所必须面对的适应对象。城市所形成的特有小气候，如城市"热岛"、城市"雨岛"、城市风、大气污染的高浓度聚集等，都会对园林植物的适应形成障碍。土壤是园林植物生长发育的重要介质。其质地、结构、通透性、保水保肥性能、酸碱度、有机质含量及微生物活动状况等都会影响园林植物的生长发育。同时，园林植物对环境的适应性还应考虑生物因素和人为影响。环境中各生态因子既是相互联系又是相互制约的，如温度和相对湿度的高低受光照强度的影响，而光照强度又受大气湿度、云雾左右等。但对于某一特定环境，往往会有 1~2 个因子起主导作用，因此，考虑园林植物的适应性时应有所侧重。

乡土植物是经过长期进化和自然选择保留下来的，具有较好的适应性，因此，在进行植物配置时，应尽量选用乡土植物。而在选用外来种时，一定要经过栽培实验，确认其适合本地环境后才可以使用。

2. 环境对园林植物的选择

环境是影响植物分布的重要因素。在环境适宜的热带、亚热带地区，植物种类繁多，而寒冷干燥的北方温带地区，植物种类骤减，因此，环境对植物有选择作用。通常，某种环境往往只会生长某一类或相似的植物种类，对于其他类型，则不能生长或生长困难，从而导致植物分布的区域性，这可通过不同纬度植物种类多样性的变化体现出来。

（二）园林植物与环境适应的相互性

园林植物对环境的适应具有一定的范围，在该范围内，植物都可正常生长，而且这种适应性还可通过植物对环境压力的变化进行调整，使适应性发生一定的变化，如有些植物从温暖的区域移植到寒冷区域后，经过抗寒锻炼，会逐渐增强其对低温的抗性。

（三）园林植物间的相互协调

园林植物群落中种群间的协调性是关系植物群落健康旺盛生长和产生生态效益的关键。园林植物间的相互协调存在正关联和负关联的问题，正关联指不同植物对环境条件的适应和反应具有相似性，能相互协调相互促进，并能达到较好的景观效果；而负关联则指在同一生境不利于一方或双方的相互作用，产生相互干扰，形成竞争、互斥的关系，难以达到预期的配置效果。

由此可以看出，园林植物配置并非主观地将不同植物任意组合就可以达到良好的景观效果，而需要充分考虑各自对环境的需求及相互之间的协调性，才能实现植物间相互促进、相互适应的生态配置。例如，豆科和草本科植物、松与蕨类种植在一起可促进生长，而松和云杉之间的对抗性，梨、苹果与圆柏、侧柏混种易得梨锈病等。

（四）园林植物视觉效果和意境效应并举

1.园林植物视觉效应的营造

园林植物视觉效应是园林绿化的重要内容之一，它不仅包含园林植物本身的美，也包含园林植物与周围环境的协调美。因此，园林植物视觉效应的营造首先要注意园林植物形态美的位点，并遵循绘画艺术和造园艺术的基本原则。

（1）园林植物形态美的位点主要体现在以下三个方面。

①园林植物形态各异。其不同部位不同时期的欣赏价值不同，植物的花、叶、果实等的形状、颜色、质感常各具风姿。在园林植物配置时应注重不同观赏位点的表现与搭配。

②园林植物姿态各异。常见的木本乔灌木的树形有柱形、塔形、圆锥形、伞形、圆球形、半圆形、卵形、倒卵形、葡萄形等，特殊的有垂枝形、曲枝形、拱枝形、棕榈形、芭蕉形等。不同姿态的树种给人以不同的感觉：高耸入云或波涛起伏，平和悠然或苍虬飞舞。

③颜色变化是园林植物的特色。园林植物的质感，是其形态美的重要形式之一，如有的植物叶片光滑细腻、有的纤细柔软、有的则坚硬如石。

（2）绘画艺术和造园艺术的基本原则，即统一、调和、均衡和韵律四大原则。

2.园林植物意境美的营造

园林植物意境美是我国园林植物景观独具特色的风格。我国历史悠久，文化灿烂，很多古代诗词及民间习俗都赋予了植物人格化。人们在欣赏植物形态美的同时，将赞美、愤怒、哀怨、抱负、理想等情感寓意于植物，使植物的形态美升华到"天人合一"的意境美。

三、园林植物生态配置的方法

（一）尊重并保留原有地形与植被

在开发利用过程中，要尽量尊重原有场地的地形、地貌，保护好原有生态系统，因为破坏后再重建非常困难。尽可能地保留场地的原有植被，因为原有植被已经在原有场地的生态系统中发挥了一定的作用，同时也是保持这一生态系统稳定的重要因素。一旦原有植被被破坏或者重新培植其他植被，原来的生态体系就会受到影响。如果幸运，可能生态系统会恢复较快，重新建立起一个新的稳定的生态系统；如果破坏很严重，则需要较长时间才能重建。而且原有的生态系统是经过很长时间自然形成的植物群落，物种丰富、群落稳定，而重建的则多是次生群落及人工植被，要花相当长的时间才可以与周围环境相融合。所以，一般情况下都要求保留原有的植被，尤其是一些古树名木，不仅具有景观价值，而且具有一定的历史文化价值。

（二）充分尊重植物的生态习性

植物作为一个有生命的物体，首先必须是活的，才有可能会是美的，所以在进行生态设计时，首先要保证植物是活的，也就是要满足其生态习性，其才会生长良好。除了了解其生命周期外，还应该熟悉其生长环境，这样的植物造景才有生态可言。根据植物对水分需求的不同，可分为：

（1）旱生植物，如景天科、百合科的种类等；

（2）中生植物，如油松、侧柏、牡荆等；

（3）湿生植物，如鸢尾、落羽杉、多种蕨类等；

（4）水生植物，如芦苇、睡莲、金鱼藻等。

根据植物对阳光需求的长短不同，可分为长日照植物、短日照植物、中日照植物和中间性植物。根据植物对光照强度的不同需求，又可分为阳性植物、阴性植物和中性植物。植物其实是很敏感的，其生长环境直接影响其生长状况，只有充分地了解其生态习性，并合理科学地运用于设计当中，才可称为生态设计。

（三）遵循"互惠共生"原理

"互惠共生"原理是指两个物种长期共同生活在一起，彼此相互依存，双方获利。例如，地衣即藻与菌的结合体，豆科、兰科、杜鹃花科、龙胆科中的不少植物都有与真菌共生的例子。一些植物种的分泌物对另一些植物的生长发育是有利的，如黑接骨木（*Sambucus nigra*）对云杉根的分布有利，皂荚、白蜡与七里香等在一起生长时，互相都有显著的促进作用。但有些植物的分泌物也会对其他植物的生长不利，如胡桃和苹果、松树与云杉、白桦与松树等都不宜种在一起，森林群落林下蕨类植物狗脊（*Woodwardia japonica*）和里白（*Diplopterygium glaucum*）则对大多数其他植物幼苗的生长发育不利，这些都是园林景观生态设计中应当注意的。

（四）注意植物营养空间的定位

园林植物的配植是以美观为目的的，因此植物与植物个体间的相互关系是设计师应该首要考虑的问题之一。自然界植物的分布受到气候、土壤、光照、海拔等影响而有水平及垂直分布的现象，深入某群落内部，乔灌木的分布也是有规律的，不同生长型的植物分布于不同的营养空间的层次上，通常所说的模拟自然植物群落就是要求人工栽植计划合乎自然群落构成规律。小型绿地一般以两个配植层次为宜，即乔木与小灌木的搭配和乔木层加上地被层，这两种培植方法的优点是充实顶层及地面，留出中层之虚空，从而保证视线的通透，避免郁闷感并满足植物对营养空间的需求。还有的植物配置为三层甚至更多层，通常为乔、灌、草、藤的搭配。

（五）保持物种多样性，模拟自然群落结构

物种多样性理论不仅反映了群落或环境中的物种丰富度、变化程度或均匀度，也反映了群落的动态与稳定性，以及不同的自然环境条件与群落的相互关系。在一个稳定的群落中，各种群对群落的时空条件、资源利用等方面都趋向于互相补充而不是直接竞争，系统越复杂也就越稳定。因此，在园林景观设计时，应尽量保持物种多样性，避免单一化，注重与自然的协调。在满足自身需要的同时，也要尊重所有其他物种的需要。这样才能达到景观丰富、群落稳定的状态。

第三节　户外园林植物的生态配置

一、户外植物配置要求

（一）户外植物种类的选择

确保人类健康是户外植物配置的首要原则。植物选择以对人体健康无害，并对环境有较好的生态作用为基础，在此基础上选择具有良好特性，特别是对人体健康有益的植物，即要选择那些无飞絮、无毒、无刺激性和无污染的植物种类，在儿童易触及处尽可能不用带刺的植物，如玫瑰、黄刺玫等。针对当地的污染状况选择适宜的抗性植物，以净化空气，这对户外来讲非常有意义。

具有各种防护作用的植物种类应适当采用，特别是具有多种功能的植物应加大选用比例。户外植物对环境要有防护作用。例如，防火植物银杏、棕榈、榕树等，强滞尘植物榆、木槿等，强降噪植物梧桐、垂柳、云杉等。

另外，要注意生物的多样性。在满足以上要求的基础上，尽可能地增加植物的种类，选择不同类型的植物。一方面，可以较好地保持植物群落的生态平衡；另一方面，也可以增加植物群落的观赏效果和生态配置。

（二）户外植物的时空配置

户外植物的配置应灵活，乔、灌、草、花卉等相结合，根据具体地段进行

不同的植物配置。户外的开敞空间应适当增加乔木数量，形成开放空间，以供休闲娱乐之用，多余空间散植灌木，地表适当覆盖草坪，留出人们行走或活动的空间。其间小游园可采用规则式几何配置，或二者结合适当地增加花卉和藤本等植物的使用，如多年生宿根花卉或各类观叶植物等，可形成稳固的景观效果，并辅以不同季节开花的花卉类型，形成错落有致的异时景观。

宅旁庭院应选用季节性强的树木花草，通过不同的季相使宅旁绿化具有浓厚的时空特点，让居民感受到强烈的生命力。宅旁绿化应充分发挥立体配置的优越条件，与建筑物相结合，进行墙面绿化或其他形式的绿化，大力发挥居民的积极性，形成多种配置形式，既可增加绿量，又会增加居民对花草的情感，陶冶人们的情操。在宅旁庭院内的休息活动区，注意选用遮阳能力强的落叶乔木进行配置，既可在夏季为居民提供良好的遮阴场所，又可在冬季获得充足的阳光。在建筑物等的遮阴区域要适当地选择耐阴植物进行配置，以保证此区域内的植物生长良好，同时要注意对区域内不雅设施或景观的遮掩，这样既能增加覆盖率，又形成良好的视觉效果。当然，在配置时也要充分考虑植物与环境之间的适应性。

二、户外植物配置的作用

户外是为居民提供生活居住、从事社会活动的场所，包括居住建筑、公共建筑、户外公园绿地、户外附属绿地、生活道路等居住设施。户外环境质量的优劣是影响人们生活环境的重要因素，户外绿地一方面要满足居民对生活空间的生态效应需求，另一方面还要满足人们的休闲娱乐等社会需求。

（一）生态效应方面

1. 改善空气质量

户外对空气质量的要求相对较高，良好的空气质量首先要保证空气中污染物的含量低于某一水平，并且要保证充足的 O_2 和低含量的 CO_2，保持良好的通风条件。要满足以上需求就要尽可能多地栽种园林植物，并且进行良好的生态配置。可选择一些对当地污染物有较强吸收力、滞尘能力较强、杀菌作用明显的园林植物，从而减少空气中的污染物，减少空气中的有害菌含量，保持充

足的 O_2。

2. 促进绿地小气候的形成

良好的植物配置既可改善户外的空气质量，又可改善其温度和湿度环境，形成舒适的微风，保证内部小气候的形成的同时，又可以向外辐射，扩大舒适环境的面积。各种绿地环境相互连接，就可从整体上改善大范围的气候环境。

3. 改善声环境

安静祥和的环境是居民区所需求和渴盼的。要改善声环境，一方面要减少噪声的产生，避免各种噪声源出现在居民区附近；另一方面，可以通过植物配置来减弱噪声。在减弱噪声方面，植物群落的作用较大，通过配置较为复杂的植物群落可以显著减弱噪声。因此，在居民区尤其是某些特别需要安静的环境通过植物配置能取得良好的减噪效果。

4. 改善光环境

户外对光的需求随不同的季节、不同的位置发生不同的变化。夏季，户外需要大量的遮阴环境，园林植物一方面可降低环境温度；另一方面可增加空气湿度，营造凉爽氛围。冬季，特别是在北方，户外需要充足的光照，一方面，增加热量可驱走冬日的严寒；另一方面，光线增强可以增加室内亮度。这些都可以通过良好的植物配置来调节以满足人们对光的不同需求。

（二）社会效应方面

1. 美化居住环境

在居住范围内，良好的植物配置可使整体空间优雅大方，让人倍感温馨。利用点、线、面进行空间组合配置，既可保持绿色空间的连续性，又可通过层次变化，突出空间异质性，为人们提供丰富的空间层次。利用季节变化，采用颜色和植物外部形态变化，给人以明显的季节氛围，展现季节的魅力。

2. 提供休闲娱乐场所

户外是居民利用率最高的区域，茶前饭后人们可在户外的小绿地、小公园或亭台楼榭内小坐、散步、聊天、游戏或锻炼。良好的植物配置更能为居民提供丰富的休闲娱乐空间。

3. 调节心理

现代快节奏的生活易使人身心疲惫，而良好的植物景观使人身心放松、精力充沛、减少或防止孤僻症等心理疾病的发生。

4. 陶冶情操

户外绿地往往需要将常绿树与落叶树搭配，乔灌花草结合，疏密有致，配以水面的衬托，亭、廊、桥的精心布置，迂回曲折的林荫小道，掩映隐约，供人们尽情地享受大自然的风光。这可以陶冶人的情操，增加生活情趣。

三、户外植物配置方法

（一）遵循生态学原理

植物是园林设计中发挥生态效益、保护生态环境的最直观要素，植物通过合理的配置，便可为城市建设带来四季的美观与常年的舒适。园林植物不仅可以独立地作为景观，更能与建筑、山水、道路、园林小品等组合以丰富城市的景观。但是植物不同于建筑和水体，它有生命，有其自身的生长规律，人们只有按照其生态学规律来合理运用，才能使植物充分发挥各种景观效益。遵循生态的植物设计手法，便是要合理运用与配置乔、灌、草、藤，充分发挥植物形体、色彩方面的特色来打造美好景观，满足环境的生态要求。适地适树是植物配置过程中对生态学原则最好的体现与尊重，因为每一种植物都有自身最适宜的生长环境，它们对温度、湿度、土壤的酸碱度、光照都有自身特殊的要求。只有把植物栽在最适合的环境条件下，才能实现因地制宜，树木的生态习性与栽植环境的条件完美结合，才能生长良好，充分发挥其功能。如今各地景观设计项目中日趋受到重视的乡土化设计，才经得起时代的考验。

（二）维护物种多样性

要想使园林生态建设稳定、协调地发展，进一步维持整个城市的生态平衡，维护物种的多样性是必由之路。只有丰富的物种种类才能形成多彩的植物景观，提高园林的观赏价值，增加群落的抗逆性。在园林景观工程中，植物配置应科学地选择树种，分别从乔木层、灌木层、地被层综合选择，从立体层次、平面构图多方面考虑景观效果。城市绿化中应选择优良的乡土树种为骨干树种，适当引种易栽培的、观赏价值高且抗逆性强的外来树种以丰富园林植物品种，形成色彩丰富、种类多样的景观。一般地，选择乔灌结合，常绿与落叶相结合，适当点缀花卉。在适地适树原则下，应合理地选配植物种类，把生态效益好的树种通过合理配置应用到园林建设中去。

（三）保持和谐，注重细节

植物栽培的方式无论是孤植、片植，还是对植、列植，都要强调其与周围环境的和谐。不同的植物组合会形成不同的景观特色，使植物配置充满魅力。然而植物配置不是根据人的自身意愿随意完成的，而要根据周围的客观环境，结合植物自身的观赏特点，努力形成和谐的环境气氛，力求在统一中体现差异，在差异中完成统一，既要求稳又要求变，既要新颖活泼又要避免轻佻浮躁。植物配置给人们带来的柔和平静、舒适愉悦的美感，便是和谐原则的最好体现。植物的生长与很多外在因素都有着直接关系，要想实现植物配置的成功，就必须注意这些细节。选择植物体量时，要考虑到空间的大小及植物的生长速度。选择树种时要考虑其能否适应当地的温度，特别是能否抵抗当地的最低温度。根据植物的耐水性不同，要选择其种植的位置与水域的合适距离。根据根系的生长状况选择其种植的位置，并选择酸碱度适合的土壤。总之，只有注重了每一个与植物生长息息相关的细节，才有可能设计出优秀的植物配置方案。

（四）水生植物布局设计

城市公园水生植物的选择需要根据公园水体自身的环境特点，选择适合公园的水生植物种类进行栽种。比如，大面积的水域，在进行设计时可以考虑栽种莲藕、芦苇，而较小的公园水域面积，则可以考虑种植莲花、水葱、睡莲等。城市公园水体植物布局设计总的要求是要留出一定面积的活水水域，并且植物的种植要有层次感，使城市公园的水域景致活泼生动。水生植物的选择，除了要考虑公园水域面积的大小外，还要考虑水域的环境特点，根据实际情况，种植一种或多种水域植物，在搭配过程中，既要满足环境需要，又要注意排列得错落有致、协调统一，使公园整体的景观构图优美协调。城市公园景观水体的水质会因为季节变换而产生变化，植物生长也四季不同，会随着季节变换而产生季节色彩，这样一方面能丰富水域景观效果，另一方面也能为整个生态系统做出贡献。水景植物的种植应根据各种类植物的生态习性和其自身的生活方式，因地制宜地采用相应的种植方式，使各种水生植物在不同的季节里相互映衬、协调生长。

第四节　室内园林景观介绍

一、室内园林的产生与发展

在室内园林产生的过程中，室内绿化起到了至关重要的过渡和衔接作用。换言之，室内绿化孕育出了室内园林。而室内绿化是由人开始将植物作为装饰性元素摆放于室内为开端的。室内园林景观，即室内园林所形成的景观，有特定的景观装饰功能，是以景观欣赏为主要目的，以室内园林为构成要素，具有人赋予的内涵或者根据实际条件的约束，经过构思设计所形成的景观。室内园林景观设计是一门与建筑设计、室内设计、园林设计、园艺技术等密切相关的、集科学性与艺术性为一体的新兴学科。在其设计过程中遵循一般原则，利用植物材料形成的各种要素营造各种室内景观。

室内园林出现在室内景观之前，主要取决于室内园林的用途和性质。如果室内植物是以观赏为主要目的，满足人们对美的一种追求，其他用途为辅，如清洁空气、食用等，这株植物同其周围环境就形成了室内园林景观。但如果室内的植物材料不是出于观赏目的，如在客厅摆放的水果，通称果盘，如果这些水果是以食用为目的，用来招待客人，则此果盘就不能说是室内植物景观；反之，如果所盛水果是以观赏为主，调和与丰富室内色彩，那么它就是室内园林景观。在房地产的样板房中常能看到一些仿真水果，就是为了满足室内园林景观的需求而产生的，这是现代人理解了室内园林景观的内涵的体现。

（一）室内园林的起源

在植物由自然生态环境进入室内空间的过程中，盆栽是一个历史性的转折。

盆栽这一简单的栽培形式，彻底解决了野生状态下植物对土壤和水分的依赖，使植物从室外迁到室内成为可能。人类的祖先利用这种栽培形式，出于不同目的，也许是对美的认识提高，对精神生活的追求，或者是仪式的道具，也可能是某种图腾的象征等，把植物从野生状态下搬入室内，经过驯化和培养，形成了室内园林。目前所有有关室内园林起源的有利证据均和盆栽有关，但是盆栽之前是否已经开始培养室内园林尚不可知。

公元前 3000 至前 1100 年，古希腊克里特岛人已开始用富于装饰性的底部有孔的花盆栽植枣椰、伞草，以供欣赏。

公元前 1503 至前 1482 年，古埃及女王 Hatshepsut 在其宫廷中用盆栽植物来装饰及提供芳香，并派人从非洲东部收集来橄榄科的乳香树，单株装盆后规则式排列观赏。在其墓穴壁画中有着保存最早的盆栽植物图形。

古巴比伦国王那布卡那亚二世(前 605 至前 562)为其皇后建造的空中花园，植物均栽于透气的容器或种植池中。这一建筑可谓室内园林绿化的前身，除容器栽培之外，它还具备了现代室内园林景观的其他重要特征：构思巧妙的防水设施、复杂的灌溉系统。其建筑的实用功能已由唯一降到次要，其主旨是人为地再现一种异地景观，供拥有者游憩欣赏。

2 000 多年前的古罗马时期，室内盆栽花园盛行。那时城市的迅速发展使城镇居民用地受到限制，室外花园规模相应缩小，对自然的依恋促使居民兴建室内盆栽花园，以此来弥补室外花园空间的不足。这一时期，建筑设计中出现中庭，人们常在此迎宾，中庭中多用植物布置来营造热情友善的气氛。可见，室内园林的运用始于盆栽，且盆栽在国外有着悠久的历史。

在我国，有据可查的最早盆栽是 1977 年在我国浙江余姚河姆渡新石器时期遗址距今约 7 000 年的第四文化层中，出土的两块刻画有盆栽图案的陶器残块。一块是五叶纹陶块，刻画的图案保存完整。在一带有短足的长方形花盆内，映刻着一株万年青状的植物，共 12 叶，3 叶均略斜向上挺立，生机盎然，富于动感。它是我国迄今为止发现的最早的盆栽，或者说是最原始、最初级、最简单的盆景，也是世界上发现最早的盆景。

（二）近现代室内园林景观的发展

17 世纪英国工业革命带来了建筑材料和建筑结构方面的革新，玻璃与钢结构开始出现。由于大英帝国的海外殖民统治，大量海外植物引入英国，推动了玻璃暖房的发展。

1820 年，世界上第一个玻璃温室在伦敦郊区建成，标志着室内园林作为景观要素的室内设计革命开始酝酿。1840 年以后，玻璃与钢结构不再限于园艺用途，居室开始大量使用这些新建材。玻璃暖房和封闭的玻璃容器箱成了许多维多利亚家庭的景观，无玻璃暖房的家庭也会在光线较好的客厅布置植物。

室内环境的机械控制是由美国人引导的。1878 年爱迪生发明了电灯，1888 年运用于补充植物光照。但最初的白炽灯热效高，光谱多在红光区，不利于植物生长。当温室技术渐渐成熟时，室内园林也日益被人们认识并欣赏。室内园林的普及从维多利亚时代开始，一直持续到 19 世纪下半叶。19 世纪加热系统的改进及透光材料的运用使植物成为居室的重要装饰。直到 1938 年以后，随着日光灯、金属卤化物灯及高压钠蒸气灯等高效节能灯的相继发明，电灯才被广泛用作植物生长光源。

20 世纪初室内环境的机械控制系统的完善则扩大了植物在室内的应用范围。空调系统的发明及其应用为现代室内的照明、通风，以及温度和空气的调节提供了人工控制的可能，也为植物在室内空间中健康地生长提供了技术保障。在此时期，玻璃暖房技术及室内人工环境控制技术得到了很大的发展，室内种植的品种也大大增加，为以后在大型建筑内部空间中种植植物提供了技术上的保障。

当 20 世纪战争的阴云散去之后，从 20 世纪 60 年代起，室内园林景观又成了被大量运用的主题。20 世纪 60 年代，John Portman 重新提出了共享空间的概念，在亚特兰大市的摄政旅馆中设计出了一座 22 层高的中庭，顶部自然采光，底部采用多层次的植物组合造型。其成功引起了建筑风格的改变，其中最重要的是确立了中庭作为现代建筑的焦点地位，而室内园林是整个室内景观的主体材料，因此它是室内园林景观发展的里程碑。

1967 年在纽约落成的福特基金会大楼，标志着以植物景观为主题的室内庭园在现代结构的大型建筑物中开始应用。大楼底层自由布局的室内中庭种植着繁茂的植物，创造出一种稠密、交错、丛林式的景观。60 年代后期波特曼中庭共享空间的兴起，带动了大尺度空间中以景观为主题的室内设计的发展。现代中庭是对户外的隐喻。从周围人工环境中进入以植物景观为主题的中庭，观赏者会把其当作一个替代性的外部空间从而得到满足。

在我国，直至 20 世纪 80 年代初，才开始有在公共建筑室内营造大型植物景观庭园的尝试。其中著名的有广州白天鹅宾馆的以"故乡水"为题的中庭景观、北京香山饭店的四季厅、北京昆仑饭店的四季厅、上海静安希尔顿酒店。这个时期我国的室内园林景观设计很大程度上是将中国传统的室外园林室内化，叠山缀石，摆放一些较大型的植物。近期，又有不少新作品出现，比较有典型意义的如北京长安街上的中国银行大厦及上海威斯汀大酒店等。从这些作品中可以发现，我国当代的室内自然景观从追求园林化的效果转向了自然元素符号化的表达。

虽然在室外造园史上，西方古典园林是以几何化、建筑化为特点的，而东方古典园林是以保持自然元素天然形态为特点的，但在室内景观设计上，由于西方是以温室景观为室内自然景观的鼻祖，而东方传承的是高度抽象化的盆景艺术，因此西方室内自然景观以描摹室外真实景观胜过抽象自然，而东方以提炼自然元素将室内自然景观符号化。

另外，绿色建筑的兴起也对室内自然景观设计产生了影响。从 20 世纪 80 年代开始，国际上对绿色建筑开始关注，设计结合当地气候，在高层建筑空间中，引入绿化等一系列基于生态考虑的措施，开始了更多的实践。其中早期比较著名的有法兰克福商业银行总部大厦，被誉为"全球十大生态建筑之一"。马来西亚建筑师杨经文在生物气候建筑的构想及设计实践中，不仅分析了植物在美学、生态学和能源保护等方面的作用，还试图通过建筑的综合绿化来减轻城市的热岛效应并改善区域微气候，他还在设计中进行了实验，如梅纳拉商厦、马来西亚 IBM 大厦等。

德国汉诺威举办了以"人类、自然、科学：一个诞生中的新世界"为主题的世界博览会。这次博览会把重点放在保护地球环境上，强调"持续可能的发展"，倡导自然和技术的调和。因此，组织委员会要求各参加国和机构承担这样的义务，即尽量使用展览结束之后可以再利用的素材建设博览馆，因此出现了有些国家在博览馆中再现自然中的桦树林、瀑布、沼泽地及鸟语花香等风景，这些主要出现在重视保护自然的发达国家的博览馆中，如西班牙、挪威、荷兰和芬兰馆等。其中以 MVDRV 设计的荷兰馆最为突出，它不仅将绿化引入建筑，使绿化成为展示的重要内容，而且将绿化竖向整合，进一步探索了作为世界人口密度最高的国家构建 21 世纪美好家园的可能性。

另外，在其他领域，也有研究人工环境中的自然生态系统的试验，最著名的当属 1991 年美国在亚利桑那州沙漠中建造的人工生态系统"生物圈 1 号"（指地球）。这是一个全封闭、与外界完全隔绝的生物系统，复制了地球上 7 个生态群落，并有多个独立的生态系统，包括一小片海洋、海滩、潟湖、沼泽地、热带雨林及草场等。它的上面覆盖着密封玻璃罩，只有阳光可以进入，可容纳 8 名科技人员、3 800 种动物和 1 000 万升水。植物为动物提供 O_2 和食物；动物和人为植物提供 CO_2，人以动植物为食，泥土中的微生物转化为废物。试验了 7 年后，因"生物圈 1 号"中 CO_2 含量过高而使系统失去平衡，试验宣告失败。这说明生物圈是一个极其复杂的系统，今日的科技水平还不足以掌控它。此试验虽然失败，但意义却很深远，预示着人类生态时代即将到来。

综上所述，室内园林的室内装饰亘古有之，从原始的洞穴壁画、雕刻、绘画及文学作品中可见一斑，随着人类文明的发展、内涵的丰富，其概念已迥异于从前。室内园林已从佛教圣洁的供物、宫廷显贵的地位象征普及到人皆可得的观赏品；从空间使用后才随意加入的点缀上升到在空间设计时就必须考虑的一个因素；从单盆独立欣赏发展到一种园林化的环境艺术。植物进入室内空间的方式及品种已不再只是空间使用者自己随心所欲地选择，而是需要由专门的从业人员进行规划设计的专业操作。从国外室内园林绿化设计的发展可以看出，盆栽的出现、加热系统及透光材料在温室栽培中的应用、建筑材料及风格的改变、机械通风、空调等现代科技的发展，人们环境意识的加强等，对室内园林景观设计的发展都起到了重要的作用。

二、室内园林景观设计的理论基础

（一）生态美学理论

生态美学（ecological aesthetics），顾名思义，就是生态学和美学相应而形成的一门新兴学科。生态学是研究生物（包括人类）与其生存环境相互关系的一门自然科学学科，美学是研究人与现实审美关系的一门哲学学科，然而这两门学科在研究人与自然、人与环境相互关系的问题上却找到了特殊的结合点。生态美学就生长在这个结合点上。生态美学是生态学与美学的有机结合，实际上是从生态学的方向研究美学问题，将生态学的重要观点吸收到美学之中，从而形成一种崭新的美学理论形态。具体内容包括人工生态美、纯朴自然美、体感舒适美和色彩含蓄美。

生态美学的产生具有重要意义，其产生形成并丰富了当代生态存在论美学观。这种美学观同以萨特为代表的传统存在论美学观相比，在"存在"的范围、内部关系、观照"存在"的视角、存在的审美价值内涵等方面均有突破，是一种克服传统存在论美学各种局限和消极面，更具整体性和建设性的美学理论。它将各种生态学原则吸收进美学，成为美学理论中著名的"绿色原则"。

在室内环境的创造中，它强调自然美，欣赏质朴、简洁而不刻意雕琢；同时强调人类在遵循生态规律和美学原则的前提下，运用科技手段加工改造自然，创造人工生态美。因此，一方面要遵循生态规律和美学法则，使室内设计尽可能地符合生态系统的要求；另一方面，还要发挥人的创造才能，运用科技成果加工改造自然，创造人工生态美的环境，达到人工环境与自然环境的融合。它带给人们的不是一时的视觉震惊，而是持久的精神愉悦，并通过仿生的生物材料和不加雕饰的表面处理，带给人质朴、清新、简洁的视感享受。因此，生态美是一种更高层次的美。在现代建筑的室内环境中，色彩的独立性得到强化，甚至出现了脱离物体本身色彩属性的超级平面美术设计，忽视了环境中的色彩自然属性，造成了色彩的随意滥用，形成新的视觉污染。室内生态设计则强调审视环境色彩的运用，遵循自然的色彩规律，体现新的色彩审美哲理。可以说，新的生态美学观代表了一种可持续性的审美趋向。

（二）生态学理论

生态学是研究生物体与其周围环境（包括非生物环境和生物环境）相互关系的科学，有自己的研究对象、任务和方法的比较完整和独立的学科。它们的研究方法经过描述—实验—物质定量三个过程。系统论、控制论、信息论的概念和方法的引入，促进了生态学理论的发展。

20世纪60年代以后，生态学迅猛发展并向其他科学渗透，逐渐成为一门综合性科学。尚未形成体系的建筑生态学是生态学概念在规划和建筑领域的体现。室内景观设计作为生态建筑设计的一部分，设计时要求以最大限度地减少环境污染为原则，特别注意和自然环境的协调，善于因地制宜、因势利导地利用一切可以运用的因素，高效地利用自然资源。同时，室内自然景观作为一个相对独立的系统，必然和建筑室内环境（甚至建筑外部环境）、建筑内部人的行为有着密不可分的联系。研究不同系统之间的协调性、景观在建筑空间中的格局和尺度及系统的开放程度，是基于生态的室内自然景观设计的另一个方面。

（三）环境心理学理论

环境心理学（environmental psychology）是研究环境与人的心理和行为之间关系的一个应用社会心理学领域，又称人类生态学或生态心理学。此处所提及的环境虽然包括社会环境，但主要指物理环境，包括噪声、拥挤、空气质量、温度、建筑设计、个人空间等。环境心理学涉及心理学、社会学、行为学、人类学、风俗学、生态学及人文地理学等学科领域，是一门新兴的综合性学科。心理学作为一门古老的公共学科，主要研究社会环境中人与人之间行为及在行为过程中人的心理过程的科学，社会环境以外的心理学问题涉及较少，而环境心理学则是用心理学的方法探讨人与各种环境关系和行为的一门学科。

建筑结构和布局不仅影响在其中生活和工作的人，也影响外来访问的人。不同的住房设计引起不同的交往和友谊模式。高层公寓式建筑和四合院布局产生了不同的人际关系，这已引起人们的注意。国外关于居住距离对于友谊模式的影响已有过不少研究。通常居住近的人交往频率高，容易建立友谊。房间内部的安排和布置也影响人们的知觉和行为。颜色可使人产生冷暖的感觉，家具安排可使人产生开阔或挤压的感觉，也影响人际交往。社会心理学家把家具安排区分为两类：亲社会空间和远社会空间。在前者情况下，家具成行排列，如车站，因为在那里人们不希望进行亲密交往；在后者情况下，家具成组安排，如家庭，因为在那里人们都希望进行亲密交往。

（五）室内园林景观的功能

室内园林景观具有特殊的、与众不同的功能。归纳起来室内自然景观一般具有美学功能、生态功能、建造功能和心理功能。

1. 美学功能

（1）室内园林景观美的因素构成。植物景观是室内自然景观的主体，因而室内自然景观具有自然界景观的一些美学因素。具体包括以下六个方面。

①形象美。这是自然景观中最显著的特征，自然景观只有通过其形象显现出来，审美主体才能感受其美。人们常用"雄、奇、险、秀、幽"这些字眼来概括自然景观形象美的主要特征。在宏观上可能突出一两种形象美，或雄，或秀……但在微观上则幻化出各种各样的形象美。雄是壮观、崇高的景象，气势磅礴，给人以震撼的感觉；奇是指有别于常见的同类事物，具有独特的形象；越是"险"处，人们越是想去观赏、领略，这是好奇心理所致；秀是柔和、秀丽、优美，给人以恬美、安逸、心情舒适的审美享受；幽是意境深邃，具有广泛的内涵。幽的美在于深藏而不露，露而自然，景藏得越深，越富于情趣。

②色彩美。随着季节变换，昼夜更替，自然景物相映生辉，呈现出丰富奇幻的色彩，构成"最大众化的一种审美形式"。色彩的变化无疑是自然景观最动人、最富有生机的形象。绚丽的色彩能给人带来赏心悦目的美感，令人振奋。自然景观的色彩主要来源于花草树木、阳光和烟岚云霞等。鲜花的色彩在自然景观中最引人注目，是突破绿色框架，带来缤纷色彩的典型代表，如云南的茶花、峨眉的杜鹃花等都是以色彩美丽而闻名于世。一些赏叶型植被，叶子色调随气候变化而呈现不同的景观面貌。色彩的美对人的视觉产生直接刺激，最易于被人直观感受，或惊叹于大自然的瑰丽色彩变化，或是见景生情，引动情思。因而，色彩美对人有极大的吸引力。

③动态美。自然景观中的动态美主要来自液体和气体的运动，构成动态美的主要因素有流水和池鱼等。中国古典审美观点认为山（静止的代表）的形体

能给观赏者以稳定的视觉效果，代表了仁者；而水（动力的代表）的形体则给观赏者以流动的视觉效果，代表了智者，即古人所说的"仁者见仁，智者见智"，动静结合，富有活力。

④造型美。大自然在空间形态上千姿百态，似人、似物，中国人一般习惯从造型的角度去欣赏自然景观的美，尤其是山岳型的景观。山峰形态各异，造型逼真，惟妙惟肖。

⑤听觉美。在诸多自然景观中，瀑落深潭、岩壁回响、幽林鸟语等大自然的音响，构成了天籁之音，与都市的车喧、人吵等噪声形成了鲜明的对照。在特定的环境中，它们能给人音乐般的听觉享受。自然景区中的听觉美有着丰富的内容，概括起来具有代表性的主要有鸟语、风声、钟声、水声等。

⑥嗅觉美。欣赏自然景观，是一种全身心投入的审美活动。其间，所有感官都在运作，视觉之于景观形象、听觉之于鸟语松风、味觉之于品尝泉水、嗅觉之于花香草馨等，可以说是一种立体性的审美体验过程。

（2）室内园林景观的美学功能。从美学角度来讲，植物有良好的景观视觉美，如上所述的形象美、造型美、色彩美及听觉美、嗅觉美等，既美化环境又提高了品位。将植物因素引入室内，不仅是为了生态意义上的功能，更重要的是要改变因"过分"装饰而与可持续发展背道而驰的现象，强调遵循生态规律和美学法则前提下创造的人工生态美所具有的持久愉悦性，是将其作为提高环境质量，满足人们心理需求所不可缺少的因素。植物具有充满活力的形象，能使人感到生命的韵律；植物拥有的超生物的审美价值，可以让人们寄托自己的感情和意志。

2. 生态功能

（1）室内园林景观对室内环境的调节、净化作用。将观赏植物引入室内不仅是为了装饰，更是为了改善环境质量，满足人们的生理需求。人们无不希望获得物质与精神两方面的双重享受，室内多层次的植物景观一方面补充了室内地面绿色植物的不足；另一方面，室内园林景观又与建筑自然通风、自然调节温湿度的处理方法相结合，大大改善了室内的空气质量。通过现代技术把观赏植物引入室内空间环境，使之构成室内的绿色景观，是目前改善室内环境质量的卓有成效的生物方法。

①观赏植物能够有效地调节室内温、湿度。温度是形成室内微环境的重要条件。第一，植物生命活动过程中的蒸发、冷却可以调节室内温度。白天从空气中吸热，夜间放热，从而缩小昼夜温差，对气温起到有效的调节作用。植物可以通过叶片的吸收和反射作用降低燥热。有资料表明，当室内绿化覆盖率大于 37%~38% 时，对室内环境温度具有明显的调节作用。第二，植物是室内的增湿器。人类生存的适宜空气相对湿度为 40%~70%。冬季在没有栽培植物且相对封闭的北方室内，空气相对湿度仅为 18%~34%。植物通过蒸腾作用及栽培基质的水分蒸发，能够向空气中释放出水汽，从而加大室内的湿度，成为室内的加湿器。在南方的梅雨季节，由于植物具有吸湿性，其室内湿度又比一般室内低一些。

②观赏植物具有吸收 CO_2 及有毒物质、降低噪声和滞尘等生物净化功能。植物有"天然制氧机"的美称，通过光合作用吸收 CO_2，制造 O_2，从而改善空气质量，形成健康的室内环境。植物能够吸收周围环境中的化学物质，并将其降解，这已被许多实验所证明。有些植物具有很强的排污能力。例如，芦荟、香蕉、蜘蛛草等对隔热泡沫和甲醛有排污作用；芦荟、吊兰可以消除甲醛污染；常春藤可以除去办公室中从香烟、人造纤维和塑料中释放的苯；铁树、菊花、常青藤等花草可以减少苯污染；月季、蔷薇等花草可较多地吸收 H_2S、苯、苯酚、HF、乙醚等有害气体；虎尾草、龟背竹等叶片硕大的观叶花草植物，能吸收 80% 以上的多种有害气体。植物还可以有效消耗噪声的能量，阻隔并吸收部分室内噪声，因为植物叶面是多方向性的，对从一个方向传来的声音具有发散作用。此外，植物还可以有效吸附空气中的悬浮颗粒，从而达到滞尘的作用，如室内大面积使用植物可以吸附空气中的 10%~20% 的粉尘污染。

③观赏植物释放其他有益健康的成分。植物可以释放植物杀菌素、负氧离子等有益健康的成分，吸入它可使人体增强抵御潜伏细菌的能力，清除致病隐患，获得大气中的维生素及有益于健康的气体元素。实验证明，地榆根的分泌物可在 1 分钟内将伤寒、痢疾等病菌杀死；松树分泌物可杀死结核、白喉等病菌；柏、樟、杉、槐、柳等许多树木的分泌物都有较强的杀菌作用。

绿色植物还能增加空气中的负离子，绿色植物在进行光合作用的同时，除释放 O_2 外，还能在进行生物化学反应的同时使能量发生转换，使周围分子或原子产生微量的自由电子，然后被 O_2 获取形成 O^{2-}。这也是森林和大面积绿地具有高 O^{2-} 的原因所在。O^{2-} 能消除在室内装修使用的石膏板、大理石、涂料等建材放射出来的苯、甲苯、甲醛、酮、酚等有害气体，也能消除日常生活中剩菜剩饭酸臭味，以及吸烟所产生的尼古丁等对人体有害的气体。O^{2-} 在清洁空气的同时，能调节人体血清素的浓度，对弱视、关节疼、恶心呕吐、烦躁郁闷及心肺病等均有良好的辅助治疗作用，能提高人体抗病的免疫力。

综上所述，在室内引入植物景观，是符合生态原则的改善室内环境质量的有效方法，是创造生态环境的有效手段。

（2）室内园林景观对人体的生理调节作用。生理学研究表明，光在510~555 毫米波段时对人的视神经的刺激是最小的，这个波段的光呈现出黄绿色。植物的绿色能吸收阳光中对眼睛有害的紫外线，且其色调柔和而舒适，经常置身于树丛花簇之中，有益于眸明眼亮和消除疲劳，长时间使用电脑者若能经常注视绿色植物，可以达到消除视力疲劳的作用。植物能增加空气中的负离子，而负离子可调节大脑皮质的功能，从而振奋精神，消除疲劳，提高工作效率；能镇静催眠，降低血压；改善肺的呼吸功能，具有镇咳平喘的功效；能使脑、肝、肾的氧化过程加强，提高基础代谢率，促进上皮细胞增生，增强机体自身修复能力；提高免疫系统功能，增强抵抗力；刺激骨髓造血功能，对贫血有一定的疗效；有抑菌杀菌作用，被称为"空气维生素"。总之，空气中富含负离子对人体大有裨益。同时，植物的色彩以绿色为主，绿色是一种柔和、舒适的色彩，给人以镇静、安宁、凉爽的感觉。植物的青绿色对人体各器官均有良好的医疗保健功效，可使嗅觉、听觉及思维活动的灵敏性得到改善。据测试，绿色在人的视野中达到20% 时，人的精神感觉最为舒适，对人体健康有利。

3.建造功能

室内园林景观作为建筑内部空间的一部分，承担着下述不同的功能。

（1）限定与分隔空间。利用室内园林景观可形成或调整空间，既能使各部分保持其功能作用，又不失整体空间的开敞性和完整性。植物景观可以作为分隔、限定空间的元素，代替实体建筑材料在建筑中被使用。比如，高大的伞形乔木能使树冠之下形成一个类空间，并使地面与天花板之间多了一个空间层次；花坛和灌丛及列植的植物能起到限定空间区域的作用。人可以通过植物稀疏的枝叶看到其他空间，这个空间并不是被限定死的，而是连通渗透的。以植物景观来分隔空间范围十分广泛，如在厅室与走道之间及某些大的厅室需要分隔成小空间的，办公室、餐厅、旅店大堂、展厅的某些空间或场地作为交界线的，室内外之间、室内地坪高差交界处要做标志的，都可用绿化进行分隔。此外，某些有空间分隔作用的围栏，如柱廊之间的围栏、临水建筑的防护栏、多层围廊的围栏等，也可结合植物予以分隔。对于重要的部位，如正对出入口，起到屏风作用的植物，还须做重点处理，分隔的方式大都采用地面分隔方式，如有条件，也可采用悬垂植物由上而下进行空间分隔。

（2）丰富室内空间层次、柔化空间。现代建筑空间单靠建筑元素可以形成的空间层次是有限且较为单调的，大多是由直线形和板块形构件所组合的几何体，显得生硬冷漠。而加入一些自然元素，如植物特有的曲线、多姿的形态、柔软的质感、悦目色彩和生动的影子，可以改变人们对空间的印象并产生柔和的情调，从而改善大空间空旷、生硬的感觉，使人感到尺度宜人和亲切。

（3）空间的提示与指向。在大门入口处、楼梯进出口处、交通中心或转折处、走道尽端等，既是交通的要害和关节点，也是空间的起始点、转折点、中心点、终结点等重要视觉中心位置，是必须引起人们注意的地方。因此，常放置特别醒目、富有装饰效果甚至名贵的植物，从而起到强化空间、突出重点的作用。

（4）为人提供尺度参照。当代许多大型公共建筑内部空间的尺度有时会超越人的正常经验范围，宏大的空间会使人失去尺度感，建筑的构件已不能成为人们所熟悉的尺度参照系，如果建筑空间中有人所熟悉的参照物，则可以使人找回空间的尺度感觉。而自然景观，尤其是植物景观，可以为人提供一个可以认知的参照系。

4. 心理调节功能

心理调节功能主要体现在以下两方面。

（1）自然景观对人的心理有良好的调节作用。人们对各种不同自然景观的感受引起人们不同心理、生理的机体效应。通过对景观的欣赏，观赏者的大脑会形成一种兴奋的信号，使人感到赏心悦目、心旷神怡、身心愉悦。自然景观可调节大脑皮质活动和心理状态，从而提高机体的代谢功能、免疫功能和对环境的适应能力，以达到消除紧张情绪和疲劳，增强体质和提高工作效能的作用。优美的景观可使大脑皮质出现一个新的、外来的活动，从而消除精神紧张和心理矛盾，使人心情愉快、情绪稳定、精力充沛、食欲增加、睡眠改善，起到祛病强身的作用。有环境心理学和临床医学家做过统计，发现处于拥挤状态的都市人，高血压、心脏病、神经衰弱和其他精神性疾病的发病率都高于生活在幽静环境中的乡村居民。景观疗法对于因脑（体）力过度紧张或心理失衡引起的某些心身疾病，如高血压病、冠心病、自主神经功能失调、消化性溃疡、更年期综合征等有良好的治疗作用。医学心理学的研究还证实，绿色自然景观与城市人工景观相比，前者对患者病情的康复更为有利。

（2）室内园林景观满足人们回归自然的心理。现代大都市人口密集，工业发达，必然产生各种污染，容易使人在生理和心理两方面受到损害。生活在繁华的都市和城市水泥方盒子中的现代人奔波于快节奏的工作场所和狭窄的蜗居之间，生活压力使一切都变得实际。城市中的自然景观常见的只有一排排整齐的行道树和灰蒙蒙的天空。在人工建筑内部，自然景观更是稀缺。然而，都市中多数人的大部分时间都是在室内度过的，这就造成人们缺少与自然亲近的机会。但渴望亲近自然是人的天性，长时间和自然疏离会导致生理和心理上的疾病。

植物色彩丰富、形态各异，给室内注入大自然的勃勃生机，使缺少变化的室内空间变得活泼、充满清新与柔美的气息，使人的情绪在"自然"的氛围中松弛。室内园林景观仿佛是一座通向自然的"桥梁"，让人心里升腾起对大自然的神往。绿色，被赞美为生命之色。崇尚绿色、爱护绿色是悠久历史沉积下的根深蒂固的人类本能偏爱。绿色始终维系着一种人类返璞归真的情感，人们身处绿色之中，安心、放心、宽心，回归自然的感觉油然而生。将观赏植物引入室内，可加强人与自然的心理联系，使人既不觉得被包围在建筑空间内而感到厌倦，也不觉得像是在室外那样因失去庇护而产生不安全感，从而增加室内环境的惬意感和自在感。

结　语

生态城市规划设计是现代化城市建设发展的必然趋势，符合城市可持续发展的客观规律。为此，相关单位及工作人员就应重视对生态城市规划在城市规划设计中的有效落实进行积极研究，能够推动城市的生态化发展，让城市规划设计更加合理、更加符合自然发展规律，确保城市经济与城市环境的和谐发展。

近年来，随着经济的发展，人民的生活水平不断改善，人们对居住和工作环境要求越来越高。园林绿化业迅猛发展，绿化公司日益增多，各地相继出现了很多有特色的园林绿化小区，特别是沿海地区，城市园林绿化市场正在慢慢步入正轨。但在内陆各中小城市中，城市园林绿化管理等方面却存在不少问题，必须予以重视。

城市园林绿化在城市建设中起着非常重要的作用，随着城市经济社会的发展，城市园林绿化中也存在着一系列亟待解决的问题。我国的城市规划与园林景观建设正在由广度向深度发展，园林景观建设应以可持续发展为前提，继承和发展中国传统文化，汲取世界科技的新成果，把城市建设得各具特色，多姿多彩。

总而言之，建设生态园林项目可以改善城市的生态环境，提高人们的生活质量，提升城市形象，弘扬城市特色文化。在生态园林的实际建设和管理中，管理人员应加强技术人员的实践技能，以满足新时代生态园林建设的需要，进一步保证生态园林的建设质量，改善生态园林的环境。

参考文献

[1] 卢秀霞，王晓静.园林景观规划设计在甘肃美丽乡村建设中的应用 [J].现代园艺，2022，45（1）：94-96.

[2] 潘宇鑫，孙凡.乡村振兴背景下的新农村建设中园林景观规划路径探析：基于湖北科技学院"青马工程"社会实践分析 [J].山西农经，2021（22）：131-133.

[3] 杨展宏.关于现代城市居住区园林规划设计的研究 [J].居舍，2021（29）：117-118.

[4] 张勍.不同地域对城市风景园林规划设计产生的影响 [J].居舍，2021（28）：110-111.

[5] 黄脘容，马思远.园林规划设计中乡村景观的保护与延续探讨 [J].现代园艺，2021，44（18）：56-57.

[6] 王文军.刍议城市生态绿道在园林景观规划中的应用 [J].现代园艺，2021，44（16）：127-128.

[7] 秦萱.智慧园林规划与建设背景下园林大数据发展的价值 [J].南方农业，2021，15（21）：53-54.

[8] 陈稼林.景观生态园林规划与建设：以张掖芦水湾景区为例 [J].城市住宅，2021，28（6）：140-141.

[9] 苏宁.探讨乡村景观在风景园林规划与设计中的意义 [J].绿色环保建材，2021（6）：185-186.

[10] 陈夏威.绿色生态住宅小区的特征及建设研究 [J].中国园艺文摘，2017，33（10）：114-116.

[11] 裴云峰，张博.绿色生态住宅小区园林绿化建设及发展浅谈 [J].中小

企业管理与科技（上旬刊），2015（3）：189-190.

[12] 李贤敏. 建设园林建桥园区打造绿色生态名片 [J]. 重庆行政（公共论坛），2011，13（4）：62-63.

[13] 朱培荣. 努力建设绿色生态县和宜居呈贡 [J]. 云南林业，2010，31（4）：25.

[14] 祝遵凌. 园林树木栽培学 [M]. 南京：东南大学出版社，2015.

[15] 王浩，王亚军. 生态园林城市规划 [M]. 北京：中国林业出版社，2008.

[16] 北京园林学会，北京市园林绿化局，北京市公园管理中心.2015 京津冀协同发展背景下的园林绿化建设 [M]. 北京：科学技术文献出版社，2016.

[17] 孙凤明. 乡村景观规划建设研究 [M]. 石家庄：河北美术出版社，2018.

[18] 樊国盛，胥辉. 安宁市园林生态城市总体规划研究 [M]. 昆明：云南科学技术出版社，2004.